Gustav Fritsch

Die elektrischen Fische

Erste Abteilung: Malopterurus Electricus

Gustav Fritsch

Die elektrischen Fische

Erste Abteilung: Malopterurus Electricus

ISBN/EAN: 9783955623289

Auflage:

Erscheinungsjahr: 2013

Erscheinungsort: Bremen, Deutschland

@ Bremen-university-press in Access Verlag GmbH, Fahrenheitstr. 1, 28359 Bremen. Alle Rechte beim Verlag und bei den jeweiligen Lizenzgebern.

DIE

ELEKTRISCHEN FISCHE.

NACH NEUEN UNTERSUCHUNGEN ANATOMISCH-ZOOLOGISCH DARGESTELLT

VON

GUSTAV FRITSCH,

DR. MED., PROFESSOR EXTRAORD. AN DER UNIVERSITÄT BERLIN.

ERSTE ABTHEILUNG.

MALOPTERURUS ELECTRICUS.

MIT DREI HOLZSTICHEN IM TEXT UND ZWÖLF LITHOGRAPHISCHEN TAFELN.

LEIPZIG,

VERLAG VON VEIT & COMP.

1887.

HERRN PROFESSOR

Dr. EMIL DU BOIS-REYMOND

IN INNIGER VEREHRUNG UND DANKBARKEIT

GEWIDMET VOM

VERFASSER.

VORWORT.

Die allmähliche Erweiterung unserer in das graue Alterthum hinaufreichenden Kenntniss der elektrischen Fische hat bis zum heutigen Tage eine erstaunlich umfangreiche Litteratur entstehen lassen, in der wohl eine erschöpfende Darstellung des Gegenstandes Platz gefunden haben könnte. Die Liste der betreffenden Autoren weist eine Fülle berühmter Namen auf, deren guter Klang als sichere Bürgschaft erscheint, dass die Werke ihrer Träger werthvolle Beiträge zur Lehre von den elektrischen Fischen enthalten.

Trotzdem genügt ein Blick auf die Tages-Litteratur, um zu zeigen, dass gerade jetzt wieder sich eine stattliche Reihe von Autoren diesem Studium zuwandten, und somit von einer Erschöpfung des Gegenstandes gewiss nicht die Rede sein kann. Es ist unverkennbar, dass die neueste Zeit durch Zusammenwirken mannigfacher Umstände, wie die Vervollkommnung unserer mikroskopischen Instrumente und Methoden, die Ausbreitung des kosmopolitischen Verkehrs und dadurch bedingte Erleichterungen in der Beschaffung des Materials, endlich durch die Begründung zoologischer Stationen, die einschlägigen Untersuchungen sehr viel aussichtsvoller gestaltet hat als ehedem.

Mir persönlich ist die Gunst der Verhältnisse, Dank der wohlwollenden Unterstützung, welche ich von Seiten der Königlichen Akademie der Wissenschaften fand, in besonders reichem Maasse zu Theil geworden, und ich hoffe nicht unbeträchtlichen Nutzen daraus gezogen zu haben. Freilich ist mehr als ein Jahrzehnt verstrichen, seit ich 1874 an der kleinasiatischen Küste die Untersuchungen an den elektrischen Fischen begann, und über ein Lustrum, seit ich von der zu gleichem Zwecke unternommenen Reise nach Aegypten zurückkehrte. Dem wissenschaftlichen Forscher, welcher sich einem schwierigen Gebiet mit Hingebung widmet, wächst der Gegenstand unter den Händen, wie ein aus unbedeutender Quelle entspringender Wasserlauf zum mächtigen Strom anschwillt, und mit Resignation blickt man in die nähere oder fernere Zukunft, wo die übermächtigen Wogen über dem nach Erkenntniss Ringenden zusammenschlagen werden, und das Feld der Thätigkeit den Nachfolgern zu überlassen sein wird.

Wohl haben die Untersuchungen mancherlei Neues ergeben, und es erscheint angezeigt, dieselben der Oeffentlichkeit zu unterbreiten, lückenhaft wie sie trotz der langen darauf verwandten Zeit und vielen Mühe auch sind; die Anforderungen der Kritik möchten sonst, nach diesen Momenten allein abgewogen, stets unerfüllbarer werden.

Mehr als gewöhnlich ist dabei zur Ausfüllung der Lücken und zur Sicherung des einheitlichen Ueberblickes Anschluss an die früheren Beobachter zu suchen und eine Revision der bereits gewonnenen Thatsachen vorzunehmen. Es wird sich nutzbringend erweisen, auch nur weniger allgemein Gekanntes genauer zu erörtern. Manches, was nur als nackte Thatsache hingestellt wurde, eingehender zu begründen; treue Beobachtungen früherer Zeit, die der Epheu der Vergessenheit zu überwuchern droht, mögen dabei ihrem Verhängniss entrissen und in die Erinnerung der heutigen Generation zurückgebracht werden.

Keiner der elektrischen Fische hat in neuerer Zeit eine so gründliche Berücksichtigung erfahren als der *Gymnotus electricus* in einem Buche, zu dessen Herstellung ein verhängnissvolles Schicksal die Theilung der Arbeit gleichsam unabweislich decretirte. Hr. E. DU BOIS-REYMOND, welcher Dr. SACHS' schätzbares Beobachtungsmaterial dem wissenschaftlichen Publikum zugänglich machte und durch eine erstaunliche Fülle eigener Beobachtungen ergänzte, hatte die Güte mir die Besprechung des Centralnervensystems sowie der vergleichend-anatomischen Seite des Gegenstandes, zu übertragen. In der That ist dies Werk „Untersuchungen am Zitteraal“

durch die kritische Würdigung der früheren Arbeiten zumal hinsichtlich der eigentlich elektrischen und physiologischen Fragen selbst zu einer Revision der elektrischen Fische geworden, wenn auch die anatomisch-zoologische Betrachtung wegen Mangels genügenden Materials damals noch nicht umfassend durchgeführt werden konnte.

In den nachfolgenden Blättern wird daher dem *Gymnotus electricus* ein seiner Wichtigkeit entsprechender Platz nicht mehr einzuräumen sein, sondern es mag vorläufig genügen, ihn nur vergleichsweise heranzuziehen und nach Bedarf auf die bezeichnete Fundgrube der wichtigen Thatsachen hinzuweisen.

Muss der gefürchtete „Temblador" Amerika's es sich somit gefallen lassen in das Hintertreffen verwiesen zu werden, nachdem er bei der letzten Campagne die Reihen seiner elektrischen Kameraden erfolgreich anführte, so treten dafür jetzt junge Rekruten mit in die Action, an welche noch vor wenig Jahren Niemand zu denken wagte. Es sollen sich nicht nur die sogenannten Nilhechte, die *Mormyrus*-Arten, ihre Stellung unter den elektrischen Fischen erkämpfen, sondern auch die gewöhnlichen Rochen erheben Ansprüche berücksichtigt zu sein als solche, die es werden wollen.

Ein Hauptergebniss unserer neueren Untersuchungen über das in Rede stehende Gebiet, welches gleich vorweg zu nehmen ist, um die Anordnung des Stoffes verständlich zu machen, ist die Constatirung einer Reihe von Fisch-Organen, die sich in jeder Beziehung so eng an länger bekannte, deutlich elektrische anschliessen, dass es fernerhin unthunlich erscheint, ihnen eine Sonderstellung anzuweisen. Als nur die Aehnlichkeit des Organaufbaues bekannt war, genügte es, dieselben nach Hrn. DU BOIS-REYMOND's Vorschlag „pseudoëlektrische" zu nennen, nachdem aber von einer sich stets vergrössernden Zahl wirklich elektrische Leistungen beobachtet wurden, muss es treffender erscheinen, dieselben mit ihm als „unvollkommen-elektrische" den ausgesprochen elektrischen an die Seite zu stellen. In diesem Sinne sehe ich mich auch veranlasst, ihnen in der Reihe hier betrachteter Formen einen Platz anzuweisen, und wird an geeigneter Stelle Gelegenheit genommen werden, das Verhältniss der Bildungen zu einander näher zu erörtern.

Die Führung mag diesmal ein seit grauer Vorzeit bekannter und trotzdem noch immer nicht genügend erkannter Fisch, der „Donnerer" aus den Flüssen Afrika's, *Malopterurus electricus*, übernehmen. Gerade in Bezug auf ihn ist manches Neue einzufügen, mancher Irrthum Früherer zu berichtigen, und zahlreiche ungelöste Fragen sind späteren Autoren als der Bearbeitung lohnende Hinterlassenschaft zu überweisen. Die Vergleichung mit den übrigen elektrischen Fischen wird dabei lehren, dass dem *Malopterurus* seiner Natur nach eine Sonderstellung einzuräumen ist.

Berlin, Anfang 1887.

Der Verfasser.

Inhalt.

MALOPTERURUS ELECTRICUS Lacépède.

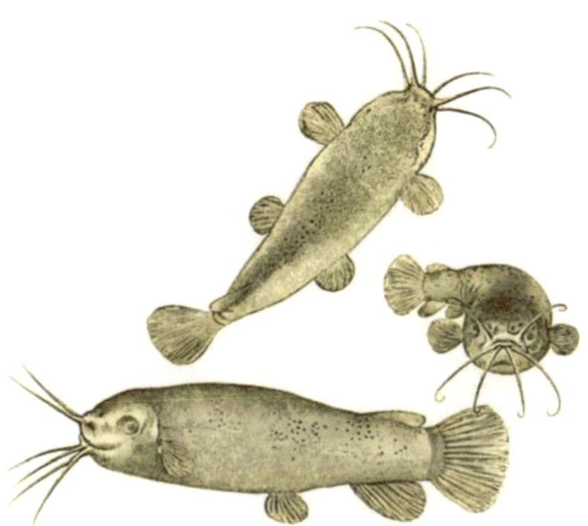

M. electricus Var. affinis Günther nach dem Leben dargestellt.

I.

Name und früheste Erwähnung.

Der Fisch, dessen Betrachtung die vorliegenden Blätter gewidmet sind, wurde von Linné als *Silurus electricus* benannt, während Lacépède ihn später von den eigentlichen Welsen absonderte und *Malopterurus* (von μάλαχος und πτερόν) taufte. Der somit aus *Malakopterurus* durch Abkürzung entstanden zu denkende Name wurde von Peters[1] in *Malopterurus* umgeformt, da diese, auch hier angenommene, Schreibweise vom philologischen Standpunkt richtiger erschien. Im Deutschen bezeichnen wir den Fisch als „Zitterwels". Der Ausdruck „Zittern", obwohl in verschiedenen Sprachen in gleichem Sinne gebraucht, erscheint streng genommen zu schwach, weil es sich um das durch elektrische Schläge veranlasste „Erschüttern" handelt.

Da die elektrischen Entladungen der Atmosphäre gleichfalls erschüttern, so ist der arabische Name des Fisches in Kairo gleichlautend mit dem für den Donner gebrauchten, nämlich „Raâd" (arab. رعد)‎; in Alexandrien, im Delta bis nach Suez hinunter wollen die Bewohner den Zitterwels unter diesem Namen nicht kennen, sondern nennen ihn: „Raâsch" (arab. رعش)‎. Es wurde mir von einheimischen Schriftgelehrten versichert, dass beide Namen im Arabischen auch wirklich verschieden seien, indem der Ausdruck „Raâd" für den Donner gebraucht würde, „Raâsch" nur Zittern bedeute, während unsere Orientalisten (z. B. Wetzstein, Spitta) beide Worte im jetzigen Gebrauch vereinigt, aber von verschiedenen Stämmen abgeleitet erklären. Brehm[2], welcher das in Aegypten gebräuchliche Arabisch geläufig sprach, war ebenfalls für die Trennung beider Worte; er sagt, die Araber nennen den Zitterwels „Raasch", und erklärt den Namen folgendermaassen: „Der Name Raasch ist mit dem deutchen Wort Zitterwels ungefähr gleichbedeutend, nicht aber eine Umbildung des arabischen Wortes Raad, zu deutsch Donner."

Es lag nahe bei solcher thatsächlichen Uebereinstimmung der Bezeichnungen anzunehmen, dass auch die Araber den elektrischen Erscheinungen des Gewitters verwandte Phaenomene in den Schlägen des Raâd erkannt hätten, wie Geoffroy St. Hilaire[3] es ihnen ausdrücklich zuschreibt. Aber auch Adanson, der den Fisch schon lange vor jenem im Senegal beobachtete (1751), erkannte die elektrische Natur der Erscheinung, indem er sie mit dem Schlage der Leydener Flasche verglich. Mag nun auch ein intelligenter Araber einmal instinctiv die Verwandschaft der Erscheinungen beim Donnerschlag und beim elektrischen Schlage des Fisches geahnt haben, thatsächlich beziehen sich beide Ausdrücke „Raâd" wie „Raâsch" auf die erschütternde Wirkung des Schlages; wo solche zur Beobachtung kommt, sehen wir auch die Bezeichnungen wiedererscheinen. Dadurch wird es begreiflich, dass der Zitterrochen von der arabischen Bevölkerung mit dem gleichen Namen belegt wird. Wie die beiden Wörter noch heutigen Tages nebeneinander hergehen, so wurden sie uns auch von den Autoren, die den Zitterwels erwähnten, abwechselnd zugebracht; Bilharz nennt ihn z. B. „Raâd" und will „Raâsch" nicht kennen, Forskål dagegen, der im Jahre 1775 den Fisch im Nil für unsere Zeit wiederentdeckte, schrieb „Raâsch".

Das Zusammenwerfen verschiedener elektrischer Fische zu einem Begriff war auch im Alterthum schon gebräuchlich und erschwert die Entscheidung, ob eine bestimmte Notiz in den alten Schriften für die eine oder die andere Art gemeint sei. So war der griechische Ausdruck „νάρκη" in Anwendung sowohl für den elektrischen

---

[1] Naturwissenschaftliche Reise nach Mossambrique u. s. w. Zoologie IV. Flussfische. Berlin 1868. S. 41.
[2] Brehm's Thierleben. Die Fische. S. 205.
[3] Annales du Muséum d'histoire naturelle. Tom I. 1802. abgedruckt in der: Description de l'Egypte, edit. Panckoucke. Tom 24. p. 304.

Rochen als auch den Zitterwels; wenigstens lässt die Erwähnung des Fisches „νάρκη" aus dem Nil, wie sie sich bei ATHENAEUS[1] findet, nicht wohl eine andere Deutung zu, da *Torpedo* nicht in den Nil hinaufsteigt.

Die elektrischen Eigenschaften des Zitterwelses, welche die Namengebung veranlassten, waren jedenfalls auch schon früheren Generationen bekannt und konnten nicht wohl verborgen bleiben, wenn Jemand den Fisch unbefangener Weise berührte.

Der heilige Nil ist das Gebiet, welchem wir uns zunächst zuzuwenden haben, ein Terrain auf dem späteren Forschern sich noch vielfach Gelegenheit bieten dürfte, wissenschaftliche Lorbeeren zu sammeln. An seinen Ufern finden sich unter den ehrwürdigen Denkmälern vergangener Jahrtausende die ältesten Abbildungen zahlreicher Fische des süssen wie des salzigen Wassers, darunter auch mehrere elektrische Arten, wie vor allem des *Malopterurus* selbst. Obwohl bereits mehrfach publicirt, kann ich es mir nicht versagen hier eine berühmte Darstellung im Holzschnitt wiederzugeben, welchem eine im Jahre 1868 bei Gelegenheit der archaeologisch-photographischen Expedition von uns aufgenommene Photographie zu Grunde liegt, weil das Original trotz seines hohen

Alters (etwa 3000 v. Chr.) mit bewunderungswürdiger Technik ausgeführt ist. Das als Relief auf vertieftem Grunde eingeschnittene und bunt ausgemalte Wandbild befindet sich in der Mastaba Ti zu Sakara, der Todtenstadt des verschwundenen Memphis, und stellt den fürstlichen Inhaber des Grabes, Ti, auf einer Nilbarke dar, in imposanter Ruhe seinen Untergebenen zuschauend, die mit dem Harpuniren von Flusspferden und mit Angeln beschäftigt sind.

Die Nilfauna ist, wie man sieht, recht zahlreich vertreten; es wimmelt unter der Barke in dem durch senkrechte Wellenlinien angedeuteten Wasser von allerlei Gethier, so dass es stellenweise schwer ist, den sich ineinander drängenden Formen zu folgen. Links unweit der Oberfläche schwimmt aber, vom Künstler unverkennbar wiedergegeben, der Donnerer des Nil, der *Malopterurus*. Die charakteristische Flossenstellung, die kurz-

[1] Deipnosophist. Libr. VII, p. 312. Vergl.: DU BOIS-REYMOND: Quae apud veteres de piscibus electricis exstant argumenta. Dissertatio inaug. Berlin 1843. Aus dieser reichen Zusammenstellung der Stellen alter Autoren, wo elektrische Fische Erwähnung finden, hat auch BOLL für seine Abhandlung: „Die elektrischen Fische". (VIRCHOW-HOLTZENDORFF's gemeinverständl. Abhandl. 1874) geschöpft. — Vergl. ferner von oben genanntem Autor: Zur Geschichte der Entdeckungen am Zitterwelse (Malopterurus electricus). Archiv f. Anatomie, Physiologie u. wiss. Med. 1859, S. 209.

gedrungene Gestalt, die Bartfäden des Maules: Alles ist vortrefflich ausgeprägt; ein anderer Fisch etwa in der Mitte des Bildes erinnert ebenfalls an den Elektriker, die etwas schlankere Gestalt, active Haltung und abweichende Behandlung der Bartfäden lässt mich aber annehmen, dass der Künstler durch diese Figur den *Heterobranchus anguillaris* ausdrücken wollte, welcher in der That einige Aehnlichkeit mit dem Zitterwels hat und noch heut gelegentlich irrthümlicher Weise an Stelle des *Malopterurus* von Unkundigen eingeliefert wird. Von dem mancherlei sonstigen Gewürm, das sich unter der Barke tummelt, möchte ich nur noch auf das sonderbare Ungethüm von dunkler Farbe rechts im Bilde hinweisen. Die Figur stellt unzweifelhaft ein Flusspferd dar, der launige Darsteller hat ihm aber in den weit aufgesperrten Rachen gleichzeitig einen grossen Nilfisch mit Rückenstachel (*Pimelodus*) und ein Krokodil gestopft, so dass der Kopf des Flusspferdes nur die obere, normale Hälfte zeigt.

Als Anhang zum vorliegenden Werk beabsichtige ich eine zusammenhängendere Darstellung der bisher sehr vernachlässigten hieroglyphischen Abbildungen von Fischen zu geben, woran sich naturgemäss eine Vergleichung der Nil-Fischerei von Sonst und Jetzt reihen soll; in späterer Abtheilung dieses Buches, bei Besprechung des *Mormyrus*, wird ebenfalls auf hieroglyphische Darstellungen des alten Aegyptens zurückzukommen sein.

Die geringe Beachtung, welche gerade die zoologischen Beigaben bei unseren Aegyptologen fanden, ist vermuthlich nicht allein der Grund, dass wir so wenig über solche Fische aus den Hieroglyphen bisher gelernt haben. Nur, wo das betreffende Thier irgend wie mit dem Cultus verknüpft ist, pflegen die hieroglyphischen Inschriften auf die Darstellungen derselben Bezug zu nehmen; dies ist z. B. bei dem der Hathor geheiligten *Mormyrus* der Fall. Gewöhnlich sind die Wandgemälde der Grabkammern Bilder ohne Worte, die durch die Lebendigkeit des Vortrags für sich selbst sprechen, während die Inschriften in dem gebräuchlichen Tenor verlaufen, d. h. den Verstorbenen in überschwenglichen Worten preisen, seine Stellung, Macht und Reichthum loben, das Besitzthum häufig ganz detaillirt aufzählen und bestimmte den Gottheiten der Unterwelt darzubringende Opfer anordnen. Trotzdem möchte ich die Hoffnung nicht aufgeben, dass es noch gelingt, hieroglyphische Inschriften zu entziffern, die des Malopterurus Erwähnung thun, da er doch offenbar, wie die Abbildungen lehren, schon damals die Aufmerksamkeit auf sich gezogen hatte und seine besonderen Eigenschaften gewiss nicht unerkannt geblieben sind.

Ausser der oben angeführten, nicht ganz sicheren Bemerkung des ATHENAEUS sind bis in's Mittelalter hinein nur spärliche Nachrichten über den Zitterwels vorhanden; bemerkenswerth erscheint darunter die Beschreibung des arabischen Arztes ABD-ALLATIF[1] aus Bagdad (12. Jahrh.), welcher auch die elektrische Wirkung des Fisches treffend charakterisirt, und im 17. Jahrh. der Bericht des Jesuiten GODIGNO[2], in dem die Beobachtung der Fischer erzählt wird, dass ein lebender Zitterwels zwischen bereits abgestorbene andere Fische gebracht, sie wieder (durch die elektrische Reizung) lebend erscheinen liesse. Nach der Erwähnung desselben durch ADANSON[3] (1751) und FORSKÅL[4] (1775) vergingen wiederum Jahrzehnte, bevor unsere Kenntniss des Fisches sich erheblich steigerte und sein grosses Verbreitungsgebiet gleichzeitig festgestellt wurde.

Nachdem ihn TUCKEY[5] (1816) im Congo aufgefunden hatte, beobachtete ihn PETERS[6] im Zambezi und seinen Nebenflüssen (1845).

Doch ist dies, wie es scheint, der südlichste Punkt, wo der Zitterwels bisher angetroffen wurde. Es folgte dann 1857 die klassische Monographie über ihn von BILHARZ, welche den so lange vernachlässigten Fisch mit einem Schlage zu dem (damals) bestgekannten unter den elektrischen Arten machte.

PETERS' Beobachtungen über den Zitterwels verdienen besonders hervorgehoben zu werden, weil aus denselben die Berechtigung herzuleiten ist, an dieser Stelle von einem *Malopterurus electricus* als einheitlicher Species zu sprechen, während andere Autoren, z. B. MURRAY, sowie der berühmte Fischkenner Dr. GÜNTHER[7] sich veranlasst sahen, die beobachteten Formen in mehreren Species: *M. electricus Lac.*, *M. beninensis Murray*[8] und *M. affinis Günther* unterzubringen. Es dürfte genügen im Anschluss an PETERS dieselben als Lokalvarietäten aufzufassen und zu einer Species zu vereinigen, worauf weiter unten mit einigen Worten zurückzukommen sein wird.

[1] Relation d'Egypte par Abd-Allatif, médecin Arabe de Bagdad. Traduction de M. Silvestre de Sacy. Paris 1810.

[2] De Abassiniorum rebus deque Aethiopiae patriarchis libri tres. Lugduni 1615. Der Zitterwels wird hier Torpedo genannt.

[3] Reise nach Senegall übersetzt von MARTINI. Brandenburg 1773. S. 201.

[4] Descriptio animalium, quae itineri orientali observavit. Nach dem Tode FORSKÅL's von NIEBUHRS herausgegeben. Kopenhagen 1775.

[5] Narrative of an Expedition to explore the river Zaire, usually called the Congo, in 1816. London 1818.

[6] Naturwissenschaftliche Reise nach Mossambique u. s. w. Zoologie IV. Flussfische. Berlin 1868, S. 41. — Monatsberichte der Königl. Akad. d. W. zu Berlin. 1868, S. 121. — J. MÜLLER's Archiv für Anat. u. Phys. 1845, S. 375.

[7] Catal. of the Fishes. Vol. V. p. 219. 220.

[8] The Edinburgh New Philosophical Journal. New Series 1855, Vol. II. p. 49. 379. — Vol. III. p. 188.

II.

Lebensweise und Vorkommen des Malopterurus.

Die angeführten Berichte der Autoren ergeben, dass der Zitterwels einem grossen Theil der Flüsse des centralen Theiles von Afrika eigen ist; er bevorzugt offenbar die wärmeren Gewässer und erscheint in diesen besonders häufig, so z. B. in den Küstenflüssen des tropischen West-Afrika. Von dieser Gegend, nämlich von Creek-Town am Old-Calabar, war es, woher zuerst lebende Zitterwelse ihren Weg nach Europa fanden und zwar gebührt der Ruhm durch Ueberführung dieser Fische der Wissenschaft einen grossen Dienst erwiesen zu haben, einer Dame mit Namen Mrs. ANDERSSON, der Frau eines schottischen Missionars daselbst. Der erste unter ihrer liebevollen Pflege nach Edinburgh in Prof. GOODSIR's Hände gelangte Zitterwels hatte alsbald seine Reise weiter nach Berlin fortzusetzen, und am 13. August 1857 konnte bereits Hr. E. DU BOIS-REYMOND der Akademie der Wissenschaften die bahnbrechende Entdeckung mittheilen, dass die Richtung des elektrischen Stromes im Zitterwelsorgan vom Kopf zum Schwanz verläuft, d. h. die umgekehrte ist wie bei den anderen elektrischen Fischen!

Durch die Feststellung dieser einen Thatsache wurde also bereits im Jahre 1857 der wichtigste Grundstein für die jetzt von mir vertretene, anatomisch begründete Behauptung gelegt, dass es wenigstens zweierlei, grundsätzlich verschiedene Kategorien elektrischer Organe giebt.

Bei richtiger Pflege gelingt es, den Zitterwels für längere Zeit in der Gefangenschaft am Leben zu erhalten, wie z. B. ein solcher Fisch, der im Sommer 1859 durch gütige Vermittelung von BENCE-JONES in London in den Besitz des Hrn. E. DU BOIS-REYMOND gelangte, trotz mannigfacher Verletzungen durch die überstandene Reise sich vollständig erholte und bis zum Herbst 1864, d. h. über 5 Jahre, in Berlin lebte. Vielleicht hält Hr. BABUCHIN in Moskau Zitterwelse noch längere Zeit in seiner Obhut, doch ist Genaueres darüber bisher nicht in die Oeffentlichkeit gedrungen, während Hr. E. DU BOIS-REYMOND in seinen Abhandlungen[1], die gemachten Erfahrungen zum Nutz und Frommen anderer Forscher ausführlich wiedergegeben hat. Indem ich auf diese Quelle verweise, will ich mich hier darauf beschränken, derselben einige allgemeine Daten zu entnehmen.

Der Fisch wurde, nachdem seine Verletzungen unter Anwendung eines beständigen Stromes frischen Wassers ausgeheilt waren, in einem heizbaren Glastrog gehalten und anfänglich mit Regenwürmern später mit Rindfleisch, in wurmförmige Streifen geschnitten, gefüttert. Die geeignetste Temperatur, welche der Zitterwels am meisten zu lieben schien, wurde niedriger gefunden, wie angenommen war, nämlich 15° C. (anstatt der von GOODSIR empfohlenen von 21.1° C.). Um mehrere solcher Fische in demselben Trog zu halten, mussten sie durch Gitter von einander gesondert werden, da sie sich gegenseitig lebhaft bekämpften; selbstverständlich vertrugen sie sich auch mit anderen Fischen nicht, sondern griffen sie mittelst ihrer elektrischen Waffen an und tödteten die schwächeren unter ihnen.

Noch in der Gefangenschaft machte sich die Vorliebe der Thiere für dunkle, geschützte Oertlichkeiten geltend, wie sie solche in der Freiheit aufsuchen, und veranlasste sie, sich an dem abgelegensten Theil des Troges ihren Aufenthalt zu wählen.

---

[1] Gesammelte Abhandlungen. Bd. II. S. 604. 620.

Erst als die Fische an einer eigenthümlichen Krankheit, welche, nach den angegebenen Symptomen zu schliessen, wohl mit der leider so sehr verbreiteten Saprolegnien-Erkrankung, des Erbfeindes unserer Süsswasser-aquarien, zusammengehörte, wurden sie gleichgültig gegen das Licht und suchten die Oberfläche des Wassers.

Der am längsten am Leben erhaltene Zitterwels stammte höchstwahrscheinlich ebenfalls aus dem Old-Calabar-Flusse und zeigte in verschiedener Weise die Merkmale der Varietät *M. affinis* GÜNTHER. Er wurde bei Lebzeiten von dem Maler DWORZACZECK eingehend studirt und in drei verschiedenen Stellungen auf einem grösseren Oelbilde portraitirt, wonach die als Titel-Vignette diesem Buche eingefügten Darstellungen entworfen sind.

Besonders in der Seitenansicht weicht die Form des Kopfes bei diesem Zitterwels so sehr von den aegyptischen ab, dass ich mich schwer dazu verstanden hätte, an die Correctheit des Oelbildes zu glauben, wenn nicht die Vergleichung mit dem noch vorhandenen, in Spiritus wohl conservirtem Original die Zuverlässigkeit des Malers ausser Zweifel gestellt hätte. Eine von mir veröffentlichte Abbildung des Thieres, wobei ebenfalls ein lebender, allerdings noch jugendlicher Fisch aus dem Nil zum Vorbild diente, zeigt erhebliche Abweichungen, welche im nächsten Kapitel kurz aufgeführt werden sollen, um die Varietäten zu kennzeichnen.

Gewisse dem lebensfrischen Zitterwels allein eigenen Merkmale möchte ich aber schon an dieser Stelle unter Hinweis auf die Titelvignette erwähnen, da die anatomischen Figuren der beifolgenden Tafeln andern-falls zu irrthümlichen Vorstellungen verleiten könnten.

Der gesunde, kräftige Zitterwels streckt die sechs um das Maul herumstehenden Barteln in straffer, weit nach vorn gerichteter Haltung aus, während sie beim erkrankten oder abgestorbenen Fisch eine schlaffe Be-schaffenheit und beliebige, zufällige Krümmungen zeigen. Bei dem aegyptischen bemerkte ich gelegentlich eine besondere Einstellung, indem von den drei Paaren die Kinnbarteln sich mehr nach vorn streckten als die halb zurückliegenden Maxillar- und Mandibular-Barteln.[1]

In sehr treffender Weise hat der Maler in der Ansicht des Fisches von vorn eine andere Eigenthüm-lichkeit zur Anschauung gebracht, welche unter Umständen selbst noch am abgestorbenen Thier beobachtet werden kann. Während nämlich gewöhnlich die glatte, sehr nachgiebige Haut eines unbeschuppten Fisches den Bewegungen des Körpers sich anpasst und durch seitliche Krümmungen Faltenbildung nicht veranlasst wird, legt sich am gesunden Zitterwels die strotzende, succulente Haut bei stärkeren Bewegungen des Thieres in breite, regelmässige Falten, so dass schon der äussere Anblick erkennen lässt, hier ist etwas verborgen, was besondere Beachtung verdient. Fig. 2 auf Tafel II zeigt einen frischen *Malopterurus,* dem durch glatten Längsschnitt die Hautanlage (mit dem elektrischen Organ) am Rücken getrennt wurde; durch das geringe Herabsinken der schweren, sulzigen Schwarte haben sich auch am todten Thier die Querfalten der Seiten des Körpers theilweise wieder hergestellt, wie sie das lebende zeigte. Auch in diesem Punkte ist also die Correctheit des Malers zu loben.

Der eigenthümliche, ungewöhnliche Umriss des Körpers, wie ihn die Seitenansicht darbietet, ist wohl durch die Entwickelung der Geschlechtsorgane etwas beeinflusst worden. Nachdem dieser, durch Hrn. DU BOIS-REYMOND's mit ihm ausgeführte Untersuchungen berühmt gewordene *Malopterurus* lange treulich ausgehalten hatte, erfüllte er plötzlich sein Geschick, noch im Tode unser Interesse im höchsten Maasse erweckend. Er starb, wie es öfters bei Fischen in der Gefangenschaft beobachtet wird, an dem Unvermögen, die in ihm zu voller Ausbildung gelangten Eier in normaler Weise zu entleeren.

Jeder der für die Entwickelung des Zitterwelses interessirten Forscher wird gewiss mit Bedauern auf die üppigen, mit gut ausgebildeten Eiern, von 2 mm Durchmesser, gefüllten Ovarien dieses Exemplares blicken, welche, befruchtet und normal entleert, ihm zu den werthvollsten Aufschlüssen hätten verhelfen können. Man begreift im Anblick dieser Organe, dass einzelne Forscher sich opfermuthig der schweren Aufgabe unterzogen haben, lebende Exemplare nach der Heimath zu transportiren, um vielleicht nach jahrelangem vergeblichen Warten die Entwickelung der Brut sich unter ihren Augen vollziehen zu sehen; freilich sind die bisher an anderen in der Gefangenschaft gehaltenen Fischen gemachten Erfahrungen mit wenigen Ausnahmen (z. B. beim Katzenhai) solchen Hoffnungen bisher nicht günstig gewesen.

Die Beobachtung der mit den strotzenden Eierstöcken bis zum Bersten angefüllten Leibeshöhle des Thieres lässt mit grosser Wahrscheinlichkeit vermuthen, dass die Verhältnisse des Laichens nicht so sehr von den-jenigen verwandter Arten abweichen dürften, dass vor allen Dingen die Annahme, der Zitterwels könne viel-

---

[1] Vergl.: Die elektrischen Fische im Lichte der Descendenzlehre. Fig. 6. Samml. gemeinverständl. wissensch. Vorträge. herausgeg. v. R. VIRCHOW u. FR. v. HOLTZENDORFF. XVIII. Serie. Heft 430—31. Berlin 1884. Hieraus ist der im nächsten Kapitel eingefügte Holzschnitt wieder aufgenommen.

leicht lebend gebärend sein, unzulässig erscheint. Wie sollten wohl die entwickelten Foetus in einer Leibeshöhle Platz finden, die schon den reifenden Eiern bei ihrer nach vielen Hunderten zählenden Menge zu eng wird?

Wenn man aus diesen, an dem gefangenen Fisch gemachten Beobachtungen erneute Zuversicht schöpft, es müsse sich seine Entwickelung in der Natur selbst leicht genug feststellen lassen, so wird man sich leider schmerzlich getäuscht finden; dennoch müssen wir diese Aufgabe fest im Auge behalten und zur Lösung derselben zunächst das Vorkommen und die Lebensweise des Zitterwelses im Freien möglichst genau erforschen. Folgendes enthält die Erfahrungen, welche ich darüber in Aegypten selbst zu sammeln vermochte und weiter zu vervollständigen trachten werde:

Im Flussgebiet des Nil ist der Zitterwels sowohl im unteren Lauf, von den Mündungen bis hinauf nach Assuan, als auch im oberen Lauf z. B. bei Chartum ein verbreiteter, aber jetzt nicht mehr besonders häufiger Fisch. Die Häufigkeit, mit welcher er irgendwo zu einer bestimmten Jahreszeit gefangen wird, ist kein irgend wie verlässlicher Maassstab für die Häufigkeit seines Vorkommens daselbst zu einer beliebigen Zeit.

Es kann durch übereinstimmende Angaben aller Fischer und der am meisten erfahrenen Forscher als sicher festgestellt gelten, dass er es liebt sich in Schlupfwinkel des Flussbettes zu verstecken, und ist ihm jedenfalls — was auch mit seiner ungeschickten Körperform und geringen Flossenentwickelung stimmt — eine träge Lebensweise eigen. Als Schlupfwinkel dient ihm jeder gegen die Strömung sowie anprallende Gegenstände geschützte Ort, besonders Erdlöcher im unterspülten Ufer, Höhlungen in den Fluss geworfener Gegenstände, Mündungen in den Fluss führender Röhren und Aehnliches.

Beispielsweise führe ich an, dass bei El-Mansura gelegentlich der Renovirung einer vom Nilwasser gespeisten Pumpe, die mehrere Hundert Schritt weit vom Canal entfernt war, der in der Brunnengrube arbeitende Fellah die Arbeit plötzlich aufgab „weil der Teufel in den Brunnen gefahren sei". Nähere Untersuchung des „Teufels" ergab, dass er die Gestalt eines lebenden Zitterwelses angenommen hatte und sich durch empfindliche elektrische Schläge seiner Haut wehrte. In ähnlicher Weise erzählt Hr. BABUCHIN[1], dass eine aegyptische Frau ein irdenes Wassergefäss, welches einige Zeit im Nil gelegen hatte, für behext erklärte, weil sie beim Versuch dasselbe zu reinigen, heftige Schläge bekam; auch hier hatte ein Zitterwels den alten Krug für einen geeigneten Ort betrachtet, um darin ein beschauliches Leben zu führen.

Es erweckt demnach falsche Vorstellungen, wenn Hr. BABUCHIN gleichwohl versichert, der Fisch liebe steinige Ufer. Bekanntlich ist dass Nilufer bis hinauf in die Gegend von Edfu Alluvialschlamm und nur an sehr wenigen Stellen (Gebel Tuk, Schech Embara) erreicht natürliches Gestein das heutige Ufer. Künstlich von Menschenhand ist für ganz kurze Strecken in der Nähe der Ortschaften zur Befestigung des Ufers Steingeröll aus der Umgegend herbeigeschleppt und am Ufer ausgebreitet wurden; in den Seitencanälen ist dies fast nirgends der Fall und doch findet sich gerade in diesen, vermuthlich wegen des ruhiger fliessenden Wassers, der Zitterwels sehr gern.

Ein wichtiger Punkt für das Auftreten, oder besser gesagt für das bemerkbar Werden des elektrischen Welses, der von den Autoren nirgend betont ist, liegt in den allgemeinen Witterungsverhältnissen begründet. Es erscheint mir nach eigenen Erfahrungen zweifellos, dass der Fisch nur bei warmer Luft und Wasser zur Beobachtung kommt. Bis zum 23. Nov. 1881 war er in der Nachbarschaft von El-Mansura noch recht häufig, dann trat plötzlich nach einem kalten Regen aussergewöhnlich frühe, rauhe Witterung bei östlichen Winden ein. Am 6. Dec. lag der Reif am Morgen auf den Baumwollenballen und das Thermometer zeigte + 4 C.

Mit dem Tage, wo die Kälte einsetzte, verschwand der *Malopterurus* in der ganzen Umgegend von El-Mansura und trotz aller Anstrengungen und ausgebotenen Belohnungen wurde bis zu meiner Abreise aus Aegypten am 17. Dec. keiner mehr gefangen. Es lag somit die Frage nahe: Was war aus den Fischen geworden? Ich suchte damals der Lösung näher zu kommen, indem ich alsbald meinen Weg rückwärts auf Cairo richtete, wo die Temperatur erheblich milder ist als im eigentlichen Delta, um dort das Verhalten des Fisches zu untersuchen.

Wirklich gelang es hier auch am 10. Dec. noch ein Exemplar zu erlangen, und es wurden nun unter Beihilfe des deutschen Generalconsulates sämmtliche Fischerschechs der Nachbarschaft vor den Polizeichef von Cairo citirt, um Auskunft zu geben, eventuell den Fisch lebend zu beschaffen. Sie betonten einstimmig die Unmöglichkeit, in der damaligen Jahreszeit die Aufgabe lösen zu können und schieden von der Conferenz sehr beruhigt, obwohl der Pascha eine hohe Strafe von ihnen einzuziehen drohte, wenn es ohne sie gelänge, todte Exemplare des Fisches zu beschaffen.

---

[1] Beobachtungen und Versuche am Zitterwelse und Mormyrus des Niles. Archiv für Anat. u. Physiol. 1877. Physiol. Abthlg. S. 250.

Freilich konnten sie sehr beruhigt sein, da ihre Macht gross genug ist, um die Einlieferung von todten Exemplaren selbst zu verhindern, aber andererseits unterliegt es doch für mich keinem Zweifel mehr, das der Zitterwels entgegen BILHARZ's Angabe, schon im December in der Umgebung von Cairo nur selten gefangen wird. Es ist kein Grund zu der Annahme vorhanden, dass er deshalb die Gegend dann bereits vollständig verlassen habe.

Jedenfalls wird er bei eintretender kalter Witterung seine Schlupfwinkel in der Tiefe aufsuchen und vielleicht eine Art Winterruhe abhalten. Selbst in El-Mansura erklärten die Fischer, der Raâd sei das ganze Jahr über vorhanden, finde sich aber in wechselnder Häufigkeit. Es schliesst diese Behauptung die Annahme nicht aus, dass einzelne Exemplare sich wegen des noch länger warm bleibenden Wassers allmählich mehr und mehr in die Seitencanäle des Flussgebietes zurückziehen. Wenigstens spricht für solche Vorstellung die That-sache, dass damals, d. h. am 20. December, aus dem wenig südlich von Cairo gelegenen Fayum, wo die Gewässer der Canäle durch die benachbarten, überhitzten Wüstenflächen länger in Temperatur gehalten werden, wirklich noch ein lebendes Exemplar durch die Scheechs richtig eingeliefert wurde. Rückt der Zitterwels thatsächlich während des Winters im Nil höher hinauf um wieder wärmeres Wasser zu finden, so geschieht dies sicher nicht so allgemein und plötzlich.

Höchst auffallend und unerwartet, weil von den Autoren völlig todtgeschwiegen, war mir die bemerkens-werthe Häufigkeit des elektrischen Welses im Delta, wo man für viele Meilen in den schlammigen Canälen keinen Stein aufzutreiben vermöchte, gelte es auch sich damit vom Tode zu retten. Die Beschaffung des Fisches im Delta während der Monate, wo die Kälte ihn noch nicht drückt, unterliegt keinen besonderen Schwierig-keiten, und ist hier die europäische Civilisation schon mächtig genug, um die Beschaffung lebender Exemplare durchzusetzen.

Die Orte, welche zu diesem Zwecke vor andern günstig sind, dürften folgende sein: El-Mansura, Zagazig, Mehallet-el-kebîr und Birket-es-Saba; der Fisch wird aber gelegentlich bis Damiette hinauf gefangen.

Der Monat, in dem er am häufigsten in die Hände der Fischer fällt, ist nicht der November (BILHARZ), sondern der August. September, October geht die Häufigkeit herab, so dass man genöthigt ist, in den letzt-genannten Monaten das Untersuchungsmaterial schon aus weiteren Entfernungen zusammenholen zu lassen und daher auf lebende Exemplare nicht wohl rechnen kann. Die weitere Verfolgung der noch unbekannten Ent-wickelung des Fisches, an welche sich auch physiologische Untersuchungen leicht würden anknüpfen lassen, muss selbstverständlich in einer bestimmten Jahreszeit vorgenommen werden, gleichviel wie ungünstig sie in anderer Beziehung durch excessive Temperaturen, Chamsin-Wind oder örtliche Schwierigkeiten sei, anatomisch-histo-logische Arbeiten über den Zitterwels dagegen lassen sich gewiss am besten im Anfang des Winters erledigen.

Um die Aussichten richtig zu taxiren, welche die verschiedenen Monate dem Forscher bieten, darf man nicht vergessen, dass die Jahreszeiten in Aegypten eine wesentlich andere Bedeutung für Thier- und Pflanzen-welt haben als in Europa. In letzterem Lande kommt die belebende Sonnenwärme, wenn es ein fruchtbares Jahr geben soll, zu gleicher Zeit mit der himmlischen Feuchtigkeit, d. h. das organische Leben entwickelt sich im April, Mai.

In Aegypten sind diese Monate dem Typhon geweiht, als dessen fühlbarer Gesandter der Chamsin-Wind, der „Verderber" der Araber erscheint, an welchen auch der Einheimische stets mit einem gewissen Schauder denkt. Alles verdörrt unter seinem glühenden Hauch und wartet verschmachtend auf bessere Zeiten. Dann ist es in der That auch für den Menschen am besten, sich auf das Lager hinzustrecken und mit stoischem Gleich-muth zu ertragen, was er nicht ändern kann.

An diese „schöne Jahreszeit" der Dichter knüpft sich auf aegyptischen Boden kaum eine Verheissung. Die organische Welt schlummert unter dem Druck des Chamsin ebenso wie es die Menschen machen; denn die gute Zeit, wo der strahlende Sonnengott Horus im Verein mit dem Nilgott den Typhon siegreich bekämpft, ist noch fern, oder, mit dürren Worten gesagt: Das Steigen des Nils hat noch nicht begonnen.

Man liest wohl in Büchern von den dreifachen Erndten Aegyptens, von denen eine dem Sommer ange-hören soll, aber nur in ganz beschränkten, besonders günstigen Oertlichkeiten kann von einer solchen Erndte die Rede sein, für den allgemeinen Wohlstand ist sie von keiner Bedeutung.

Die Entwickelung von Thieren geht in Aegypten wie in andern Ländern in der Regel Hand in Hand mit derjenigen der Pflanzenwelt; ist die letztere nicht so streng wie bei uns an die Jahreszeit gebunden, so ist es die Thierwelt noch weniger. Einheimische Standvögel brüten meist das ganze Jahr hindurch mit ungleichen Pausen; viele Fruchtbäume blühen und tragen Frucht in verschiedenen Individuen zu gleicher Zeit; die Felder werden hier abgeerndtet, dort schiesst auf ihnen das Getreide in Samen, wieder andere werden gepflügt und mit Saat bestellt. Wovon aber Alles, Mensch, Thier und Pflanze, in gleicher Weise abhängig ist, was in der That, wie es der Cultus der alten Aegypter schon andeutet, den Wechsel in der Jahreswende wesentlich bedingt, der Pulsschlag des Lebens in der organischen Natur Aegyptens ist das An- und Abschwellen des Nils.

Es fehlen genaue Daten über die Entwickelungszeiten der Nilfische überhaupt. Der indolente Araber denkt nicht daran, solche Beobachtungen zu machen, der Europäer kommt nicht dazu, etwas davon zu sehen. Die arabischen Fischer, soweit ich solche für wahrheitsgetreu zu halten habe, erklärten stets einstimmig, kleinere wie fingerlange Zitterwelse überhaupt nicht gesehen zu haben.

Auf meine Frage: „Wann denn nun die Anóm *(Mormyrus)* Junge hätten?“ erwiederten sie: „Wann Allah sie ihnen giebt.“ Diese gar nicht abzuweisende Antwort giebt viel zu denken; sie scheint mir implicite die Meinung anzudeuten, dass dieser Vorgang an eine bestimmte Jahreszeit überhaupt nicht gebunden sei. Indessen möchte ich doch gerade für den Zitterwels (und auch für den Mormyrus) bezweifeln, dass die Anschauung berechtigt ist, während sie für manche andere Art mehr oder weniger zutreffend sein dürfte.

Fragen wir also, welche Jahreszeit hat denn nun für jene elektrischen Fische die grösste Wahrscheinlichkeit für sich? so ist zu antworten, dass die triftigsten Gründe für die Entwickelung derselben während der Nilschwelle sprechen.

BILHARZ[1] hatte demnach mit seiner brüsken Erklärung: „Der *Malopterurus* laicht im Juli“, die er leider gar nicht näher erörterte, nicht ganz Unrecht, d. h. die angegebene Zeit stimmt vermuthlich ungefähr.

Was mich zu diesem Ausspruch veranlasst, ist Folgendes: Das sogenannte Frühjahr, welches in Aegypten, wie bereits angedeutet, kein Frühjahr in unserem Sinne ist, bietet für die Fischentwickelung die möglichst ungünstigen Bedingungen. Das zu solcher Jahreszeit noch immer zurückgehende Wasser lässt täglich mehr und mehr Stellen trocken, die sich vielleicht zu Laichplätzen eignen möchten, und der Chamsin saugt gierig den letzten Rest der Feuchtigkeit in den Lachen ein. Das alsdann tief eingesunkene Flussbett des Nil bietet schon der Bodenbeschaffenheit nach keine sicheren Plätze zum Absetzen des Laiches, er ist ausserdem in seinen Fluthen wie am Ufer dicht besetzt mit den eng zusammengeschaarten Fischräubern aller Art. Selbst der elektrische Sicherheitsmantel dürfte dem Zitterwels kaum ausreichen, um den abgesetzten Laich gegen die gierigen Raubfische erfolgreich zu vertheidigen; die wenig später herein-stürmenden Hochfluthen würden in dem engen Flussbett die kaum entwickelten Fischchen erbarmungslos verschwemmen.

Wie es scheint, hat Hr. BABUCHIN[2] eine Zeitlang die letzten Monate des Jahres als die Entwickelungsperiode angesehen, wenn er auch den Monat nicht bestimmt bezeichnet. Ist diese meine Annahme richtig, so hat ihn jedenfalls der Umstand zu solcher Vermuthung geführt, dass er kleine *Malopteruri* von etwa gleicher Grösse in Seitencanälen bei Girgeh während der Monate März, April fing. Er hat seitdem, wie er mir mittheilte, selbst eingesehen, dass er das Wachsthum des Fisches überschätzt hatte, und die bewussten Fischchen jedenfalls mehr als drei Monate alt waren; nach meinen eigenen Erfahrungen möchte ich glauben: sie waren in der That über ein Jahr alt.

Es hat sich mir nicht der geringste Anhalt dafür ergeben, dass die Entwickelung in den eigentlichen Winter fällt, in welcher Zeit, abgesehen von den ungünstig werdenden Wasserverhältnissen, auch der niedrige Stand die Sonne hindert, genügende Wärme zu spenden, um Laich zu williger Entfaltung zu bringen. Die Untersuchung einer sehr beträchtlichen Anzahl von Individuen in der bezeichneten Jahreszeit war einer derartigen Annahme ebenfalls durchaus entgegen; denn die Ausbildung der Ovarien sowie der Hoden muss unzweifelhaft die herannahende Laichzeit verrathen. Die Geschlechtsdrüsen fanden sich aber im Beginn des Winters im Stadium einer höchst geringen Ausbildung, vielleicht sogar einer hochgradigen Rückbildung, und zwar besonders die männlichen Organe.

Den angedeuteten Zweifeln über die richtige Zeit der Entwickelung gegenüber gewinnt nun die fortgesetzte Untersuchung der sich entwickelnden Geschlechtsproducte die höchste Bedeutung. Ich habe mich darum schon selbst bemüht, über diese Punkte von den Fischerschechs in Cairo unter Beihilfe eines vorzüglichen Dolmetschers, des Hrn. MICHEL, damals erstem Dragoman des deutschen Consulats, Erkundigungen einzuziehen, und es gelang mir von dem erfahrendsten derselben Folgendes zu ermitteln: Dass nur die ganz grossen Exemplare des Zitterwelses Rogen zeigten (was mir auch an anderem Orte bestätigt wurde) und dass der Rogen in

---

[1] Das electrische Organ des Zitterwelses. Leipzig 1857. S. 1.
[2] Beobachtungen und Versuche am Zitterwelse und Mormyrus des Niles. Archiv f. Anat. u. Physiologie. Physiol. Abth. 1877. S. 251.

ihnen mit dem Anfang der Nilschwelle zu finden sei. Er sagte ferner: „Alsdann treten in der Leibeshöhle zwei rundliche Körper auf von mässiger Grösse, die man essen könnte und die wie Hühnerfleisch (?) schmeckten." Da auf den besonderen Ausdruck bei solchen Geschmacksvergleichungen Nichts zu geben ist, scheint es mir durchaus wahrscheinlich, dass mit diesen beiden Körpern, die man essen könne, die sich entwickelnden Geschlechtsdrüsen (Ovarien oder Hoden) gemeint sind.

Die an dem Berliner Fisch gemachten Beobachtungen lehren, dass die Weibchen so übermässig gross nicht zu werden brauchen, um reife Eier zu entwickeln; denn das, wie erwähnt, an der Störung des Laichgeschäftes zu Grunde gegangene Exemplar misst im Spiritus von der Schnauze zur Schwanzspitze nur 26.5 cm, ist also als ein Zitterwels von mittlerer Grösse zu bezeichnen. Die Zeit seines Absterbens war der Monat October (26.), sie kann aber, da der Fisch so lange in Gefangenschaft gehalten wurde, für die Verhältnisse der Laichzeit im Freien nicht wohl verwerthet werden.

Nehmen wir einmal die von den Fischern angegebene Zeit vorläufig als Thatsache hin, so lassen sich noch eine ganze Reihe anderer Beobachtungen als stützende Momente anführen, dass sie die richtige sei; zunächst diejenigen über das Vorkommen des Fisches überhaupt, wie sie oben auseinander gesetzt wurden, und dann auch die Art seines Fanges.

Als Beginn der Nilschwelle figurirt der 21. Juni; es vergeht alsdann das Ende dieses Monats und der grösste Theil des nächsten, bevor ein bedeutenderes Steigen des Wassers erfolgt. Erst im Monat August wächst er rapide, bis er am 25. Sept. nominell den höchsten Stand erreicht. Selbstverständlich sind dies nur gleichsam die officiellen Daten, zu welchen sich der Nilgott verpflichtet hat, seine Leistungen zu erfüllen; er hält die Termine aber keineswegs so pünktlich ein und leistet bald mehr bald weniger, überfluthet Alles im überreichen Segen, oder versorgt das Land kümmerlich. In beiden Fällen werden nicht selten zahlreiche Menschen das Opfer, indem die hereinbrechenden Wasser ganze Dörfer ertränken, oder das ausbleibende Wasser den Anbau des Bodens unmöglich macht, und die Hungersnoth als unausbleibliche Folge unter der Bevölkerung wüthet.

Mit dem Beginn der Nilschwelle hat auch der Chamsinwind das Ende seiner Herrschaft erreicht, der Nordwind macht sich schon zeitweise, wenn auch nicht anhaltend, geltend, und die ganze Natur athmet wieder auf.

Jetzt können sich die eingeengten Bewohner der Fluthen ausbreiten, das steigende Wasser eröffnet ihnen täglich neue Territorien, die Mündungen der Canäle füllen sich, die abgelegenen Teiche und Lachen werden gespeist, bis schliesslich mit dem höchsten Wasserstande weite, wellenschlagende Flächen kaum ahnen lassen, dass sobald wieder grünende Saaten aus ihnen aufsteigen sollen.

In dieser Zeit stehen den Fischen Laichplätze in unbeschränkter Ausdehnung zu Gebote, und die noch hoch stehende Sonne erwärmt in den flachen, mit verhältnissmässig ruhigem Wasser gefüllten Becken darin abgesetzten Laich kräftig zu sofortiger Entwickelung. Die ausgeschlüpften Fischchen finden auf dem überschwemmten Ackerboden Nahrung, sie können am Ort ihrer Herkunft erstarken, sich an bewegteres Wasser allmählich gewöhnen, und wenn der Nil zwei Monate später, d. h. in der zweiten Hälfte des Octobers ernstlich zu fallen beginnt, suchen alte und junge Fische, dem Zuge des Wassers folgend, den Hauptstrom (El Bähr kebir) wieder zu gewinnen.

Mit dieser Anschauung stimmen die gemachten Beobachtungen recht gut überein. Sie vermag zu erklären, warum die Zitterwelse plötzlich trotz der grossen Ausdehnung des Wassers bemerkenswerth häufig gefangen werden; denn sie sind aus ihren Schlupfwinkeln aufgebrochen, um, in die Seitencanäle aufsteigend, die Laichplätze zu gewinnen. Bei diesen ungewöhnlichen Wanderungen fangen sie sich auch gelegentlich in den nackten, am Grunde des Wasser flottirenden Haken der ausgelegten Grundleinen.[1]

Sie giebt ferner Aufschluss darüber, warum der Zitterwels, wie mir Hr. Schweinfurth berichtet, sich mit dem Hochwasser selbst in dem abgelegenen Birket-el-Kerun des Fayum einstellt, wo er zu anderer Zeit fehlt!

Beim Fallen des Nils, also im October, wo die Fische von den Laichplätzen zurückkehrend, aufs Neue die gewohnten Schlupfwinkel aufsuchen, fallen sie wiederum den Nachstellungen zahlreich zum Opfer. Aeltere Brut, vielleicht schon für ein Jahr in einem abgelegenen Tümpel, einem halbaufgetrockneten Canal abgesperrt, wird befreit, und wandert, zuweilen noch zu Gesellschaften vereinigt, dem Bähr-kebir zu. Solche Fische müssen es gewesen sein, welche Hrn. Barucchi aus den Seitencanälen bei Girgeh zugebracht wurden.

Wo die Stellen liegen, an denen die jungen Zitterwelse das Licht der Welt erblicken, wissen wir leider noch gar nicht; wir sind daher auch hierin auf Vermuthungen angewiesen. Hr. Barucchi will diese Plätze an

---

[1] Die Beschreibung dieser Fangmethode folgt in einem späteren Aufsatz über aegyptische Fischer sonst und jetzt.

den oberen Nil verlegen, wenigstens sagte er mir so, und scheint ihn dabei das sogenannte Verschwinden des Fisches während vier Monaten, nämlich: December, Januar, Februar, März, geleitet zu haben. Das „Verschwinden" bedeutet aber Fehlen auf den Fischmärkten, respective Zurückkehren des Fisches in seine Schlupfwinkel. Das Auftreten junger Zitterwelse in den Seitencanälen des unteren Flusslaufes, wie es Hr. Babuchin selbst beobachtete, spricht ebenfalls direct gegen die Annahme, dass die Laichplätze am oberen Nil zu suchen sind. Ich möchte ganz im Gegentheil glauben, dass sie keineswegs so sehr entfernt liegen, und dass die seitlichen, seichten Canäle und Lachen des Nil vom Delta an bis hinauf zum Mittellauf vielleicht sogar im Delta selbst die wahrscheinlichen Brutstätten des Fisches sind. Dafür spricht auch die bemerkenswerthe Thatsache, dass gerade die Mündungen der westafrikanischen Flüsse auffallend viel besonders kleine Zitterwelse geliefert haben.

Vornehmlich erschien mir schon vor meiner Reise das gegen das Fayum sich wendende Canalsystem mit seinen seitlichen Anhängseln und kleinen Teichen, die vor den das Fayum ostwärts begrenzenden Gebirgszügen liegen, verdächtig, und dieser Verdacht hat sich seitdem nur gesteigert. In der bezeichneten Landschaft selbst ist das Wasser der Canäle sehr raschfliessend und bietet dadurch weniger günstige Gelegenheit zum Absetzen von Laich.

Manche andere Lokalitäten des unteren Flusslaufes sind gleich vortheilhaft wie die kleinen „Birkets" des Fayum und bieten ebenfalls Aussichten das Gesuchte in der richtigen Jahreszeit zu finden. Auch das bisherige negative Resultat so mannigfacher, angestrengter Nachforschungen muss als ein stützendes Moment für die obige Vermuthung betrachtet werden; denn wenn der Nil noch bei Cairo, wie gewöhnlich bei dem höchsten Stande, ungefähr $7^{1}/_{2}$ Meter über seinem niedrigsten Niveau steht, so hat sich in der That ein grosser Theil der Thalsohle in einen mächtigen See verwandelt, in dem zahllose Schaaren von Fischbrut unbeachtet verschwinden können.

Wie die Flussläufe des Orinocogebietes in der Regenzeit die Llanos in ausgedehnte Seen verwandeln und dabei höchst wahrscheinlich die *Gymnotus*-Embryonen in den ungeheueren wässrigen Mantel hüllen, so nimmt auch der Vater Nil seine jungen elektrischen Kinder liebevoll in die weiten Falten seines Ueberschwemmungsmantels und spottete bisher der ihnen bereiteten Verfolgungen.

Für beide Arten elektrischer Fische, den Zitteraal und Zitterwels, ist öfters die Möglichkeit besprochen worden, ob sie nicht vielleicht lebendige Junge zur Welt bringen? Für den ersteren bietet sich insofern einiger Anhalt, solches Gebären oder wenigstens Hervorbringen zu vermuthen, als derselbe eigenthümliche, korallenartige Auswüchse im Schlunde trägt, welche wie bei *Chromis pater familias* aus dem See Tiberias junger Brut als Zufluchtstätte und Anheftungstellen dienen könnten. Directe Beobachtungen über solche Brutpflege liegen weder beim *Gymnotus* noch beim *Malopterurus* vor, doch finden sich für beide wenigstens Angaben von Eingeborenen, die wegen ihrer Uebereinstimmung, trotzdem sie verschiedenen Continenten entstammen, Erwähnung verdienen. In Bezug auf den *Gymnotus* hat Sachs derartige Angaben mitgetheilt, die von Hrn. DU BOIS-REYMOND[1] in dem bereits mehrfach citirten Werk zusammengestellt und vervollständigt wurden. Eine besondere Abhandlung desselben Autor's, an anderem Orte veröffentlicht, machte auf eine früher übersehene litterarische Notiz in dem Reisewerke von v. SPIX und v. MARTIUS aufmerksam, die auf den Missionar MONTEIRO zurückgeführt wird, ihrem Inhalte nach aber durchaus den anderen entsprechend lautet. Ueberall wird von dem Hervorbringen der Jungen aus dem Maule des Thieres gesprochen, und es kann um so weniger ein Zweifel sein, dass es sich dabei um einen Act der Brutpflege handelt, als nebenher von anderen Personen auch das Absetzen der Eier behauptet wird. So berichtet Sachs: „Ein Indianer in Bolivar, der sich auf seine genaue Kenntniss des Tembladors viel zu Gute that, behauptete mit grosser Bestimmtheit, dass das Thier in der Nähe des Ufers eine Grube in dem Grund des seichten Wassers mache, dort seine Eier ablege und mit seinem Körper einen schützenden Ring um sie bilde, um die sich entwickelnden Jungen gegen alle Feinde zu vertheidigen."

Ich selbst habe mich eifrig bemüht beim Zitterwels irgend welche Wahrscheinlichkeitsgründe für die Annahme des Lebendiggebärens zu finden, das Resultat war aber ein durchaus negatives. Durch Hrn. Babuchin's Berichte ist die Angabe der arabischen Fischer, dass der Raâd seine Jungen durch den Mund auswerfe, in die wissenschaftliche Discussion gezogen worden, wenn auch der genannte Autor persönlich sich dagegen ablehnend verhielt. Ich möchte glauben, dass mir in El-Mansura der nämliche Fischer (oder Fischaufseher) zur Information gedient hat, mit dem Hr. Babuchin seiner Zeit verhandelte, und ich wünschte, dass die für die Frage

---

[1] A. a. O. S. 120,
  sowie: Ueber die Fortpflanzung des Zitteraales. Archiv für Anatomie und Physiologie. 1882. Physiol. Abth. S. 76.

Interessirten Gelegenheit gehabt hätten, das Gesicht des Erzählers zu beobachten, weil sie dadurch wahrscheinlich sofort die Ueberzeugung gewonnen hätten, dass es sich um einen Märchenerzähler handele.

Uebrigens muss ich zur theilweisen Ehrenrettung des betreffenden arabischen Berichterstatters wenigstens das anführen, dass er gleichzeitig auch von dem Absetzen der Eier sprach, die der Fisch in einer Vertiefung des Flussbettes verberge und noch längere Zeit bewache. Danach muss er unter dem Hervorbringen der Jungen aus dem Maule, wenn er sich überhaupt etwas Bestimmtes dabei dachte, ebenfalls einen Vorgang der Brutpflege gemeint haben, wie solcher keineswegs unmöglich ist.

Die weitgehende Uebereinstimmung in den Angaben des Indianers aus Bolivar und des ägyptischen Fischerschechs ist unter allen Umständen höchst merkwürdig und giebt ihnen einen gewissen Grad von Wahrscheinlichkeit. Freilich darf nicht vergessen werden, dass beim Zitterwels bisher irgend welche Organe, die der Brutpflege dienen könnten, nicht beobachtet wurden.

Ich wiederhole auch, dass ein gewisses, verdächtiges Zucken, welches um die Mundwinkel meines Gewährsmannes spielte, mir die Vorstellung erweckte, er erzähle Schnurren, wie solche hier demjenigen sehr leicht aufgetischt werden, der durchaus Etwas erfahren will, was die Gefragten selbst nicht wissen.

In anderen Fällen habe ich mich daher, durch diese Erfahrung belehrt, wenn die Leute ehrlich eingestanden, nichts von den Entwickelungsverhältnissen zu kennen, beschieden und sie nicht erst zum Märchenerzählen veranlasst.

Es liegt nahe die Beobachtung von Jugendzuständen anderer Nilfische herbeizuziehen, um aus der Vergleichung weitere Einsicht in die Entwickelung der elektrischen zu gewinnen. Im Zusammenhang mit den soeben erörterten Verhältnissen der Jahreszeiten steht die Thatsache, dass der fallende Nil täglich Tausende und aber Tausende junger Fische in die Hände ihrer Verfolger liefert. Dies ist gerade zum bei weitem grössten Theile die aus den Seitenwässern zum grossen Fluss zurückkehrende Brut, welche an den Engpässen des Wassers, wie Canalmündungen, Schleussen oder in den Schlupfwinkeln des Ufers erfasst wird.

Solche Fischbrut wird also am meisten in den Monaten October, November, December gefangen und sieht man deren ganze Körbe voll auf dem Fischmarkt. Sie werden besonders von der ärmeren Bevölkerung gegessen, die sie mit Oel zu einer Art Teig zusammenstampft und im Ofen bäckt.

Für diese Thierchen ist aber eigentlich der Ausdruck „Fischbrut" nicht mehr ganz zutreffend, da der grössere Theil bereits die Länge von 4 cm überschreitet; doch finden sich gelegentlich auch kleinere darunter, deren Länge bis auf 2 cm sinkt. Kleinere als 2 cm habe ich nicht gesehen, auch erhielt Hr. Schweinfurth, der mit grosser Liebenswürdigkeit seine ausgebreitete Bekanntschaft unter den Arabern in Cairo dazu benutzte, Fischbrut herbeizuschaffen, damals keine von geringerer Grösse.

Was die unter der eingelieferten Brut auf den Märkten und anderwärts vertretenen Arten anlangt, so herrschen schmale Weichflosser vor, welche im Aussehen an die Jungen unseres heimathlichen Ueklei erinnern und jedenfalls einem verwandten Genus angehören. Nächstdem sieht man am häufigsten junge *Pimelodus* darunter, sowie gelegentlich kleine Cyprinen. Aber soviel Körbe ich auch revidirte, nie sah ich darunter einen jungen Malopterurus oder Mormyrus: Auch dieser Umstand spricht dafür, dass die Jungen der ebengenannten Fische an besonderen, abgelegenen Plätzen vorhanden sind, und dass dieselben sich mit den anderen erst mischen, wenn sie eine gewisse Grösse erlangt haben.

III.

Zur makroskopischen Anatomie des Zitterwelses.

1. Körpergestalt.

Liegt uns ein frisch gefangener *Malopterurus* vor, so fällt zunächst die gedrungene Gestalt und die schwache Flossenentwickelung des Fisches in's Auge. Von den Rückenflossen ist äusserlich nur eine der hinteren Körperhälfte zugewiesene, niedrige Fettflosse übrig geblieben, während der im Fleisch verborgene interneurale Processus spinosus auf den vorderen Wirbeln zeigt, dass die ausgebildete Rückenflosse ihre Stellung dicht hinter dem Kopfe gehabt hätte. Die Brustflossen sowie die dem After genäherten Bauchflossen sind klein und gerundet, die Schwanzflosse ebenfalls; auch die Afterflosse ist nur niedrig.

Diese Merkmale verhalten sich bei den verschiedenen Varietäten des Zitterwelses wesentlich gleich, dagegen weicht die Zahl der Strahlen in den Flossen vielfach ab, so dass man versucht hat, auf dies Merkmal hin mehrere Arten abzugrenzen. Peters[1] zeigte bereits, gestützt auf ein reiches Material, dass diese Zahlen der Flossenstrahlen beim *Malopterurus* nicht constant genug sind, um daraufhin die Artunterscheidung sicher begründen zu können. Am constantesten ist diejenige der Ventralflossen, nämlich 6, welches Merkmal Hr. Günther[2] sogar in die Gattungsdiagnose aufgenommen hat; die Caudalflosse hat gewöhnlich 17—19, die Analflosse 9—12, die Pectoralflosse 7—9 und zwar bei allen Fischen, gleichviel aus welcher Gegend sie stammen.

Auch wenn sich diese Angabe nicht vollständig bestätigen sollte, so sind die Abweichungen der Zahlen kaum gross genug, um darauf die Trennung der Arten zu basiren, zumal an den beiden Enden der Flossen häufig rudimentäre Strahlen auftreten, welche die gefundene Abweichung erklären und Unsicherheit in die Bestimmung tragen; oder es ergeben sich sogar links und rechts verschiedene Zahlen. Allerdings wird der durchschnittliche Werth an Strahlen bei den Flossen der einzelnen Varietäten wahrscheinlich nicht derselbe sein, wie z. B. nach den vorliegenden Erfahrungen der aegyptische Zitterwels durchschnittlich mehr Strahlen in der Analflosse hat als der *M. beninensis* und *M. affinis*, vielleicht auch in der caudalen, aber durch solche nur im Durchschnitt ersichtlichen Abweichungen charakterisirt sich doch wohl die Varietät oder Rasse, aber nicht die Species.

Färbung und Zeichnung sind natürlich noch unsicherer; auch sie figuriren aber trotzdem hier unter den Artcharakteren. Die sehr plausibele Annahme, dass die Fische mit dem Alter dunkler würden, ist nicht aufrecht zu erhalten, indem beispielsweise drei durch Hrn. Reichenow in Kamerun gesammelte Exemplare von etwa 20, 9 und 7 cm Gesammtlänge (Schwanz inbegriffen) alle drei gleich und zwar tief grauschwarz gefärbt sind, Bauch etwas heller; vor dem Schwanz zieht ein breites weissliches Band senkrecht herab, während Schwanz- und Afterflosse hell umsäumt sind. Im Gegensatz dazu sind drei in Berlin befindliche Exemplare aus Old-Calabar von etwa 26·5, 17 und 11 cm ebenfalls gleich aber auffallend hell, von weissgelblicher Farbe, mit spär-

---

[1] A. a. O. S. 123.

[2] Catalogue of the Fishes in the British-Museum. Vol. V. 1864. Hr. Günther notirt für M. affinis: A. 10, C. 16—17. P. 7—8. V. 6. Hr. Sauvage für M. e. Forma Ogodensis: A. 9. C. 17. P. 7. V. 6.

lichen, rundlichen, tiefbraunen Flecken (letztere beim kleinsten nicht deutlich). Da die Färbung bei ihnen so hell ist, markirt sich der lichte senkrechte Streifen zwischen Schwanz und Fettflosse nur sehr schwach, ist aber noch kenntlich (Vergl. die Titelvignette).

Dieser Befund erscheint deshalb besonders bemerkenswerth, weil die Zitterwelse aus so nahe benachbarten Lokalitäten stammen und im noch zu erwähnenden, wichtigsten Unterscheidungsmerkmal, der Kopfbildung, thatsächlich wesentlich übereinstimmen. Die dunkle Färbung mit dem weissen Bande bezeichnet Hr. Günther als charakteristisch für *M. beninensis Murray*, die helle mit dem verwaschenen Band für *M. affinis Günther*; daran anschliessend habe ich den vorn abgebildeten Fisch auch als Var. affinis angesprochen, aber nicht als Art, weil die wirklich nachweisbaren Unterschiede zu gering erscheinen.

Die Zeichnung wird mit dem Alter des Thieres, wie sehr häufig, undeutlicher und zwar besonders das weisse Band vor dem Schwanz, so dass Hr. Günther[1] wohl mit Recht sagt: „Old specimens (von *M. beninensis*) are nearly entirely uniform black“, ohne dass deshalb die Grundfarbe mit den Jahren wesentlich verändert zu sein brauchte.

Es war zu erwarten, dass bei diesem so variabelen Thier auch gelegentlich noch andere lokale Formen beschrieben werden würden, und so hat thatsächlich Hr. Sauvage[2] eine *Forma ogoënsis* aus dem Ogowe, Hr. Rochebrune[3] eine *Forma senegalensis* des *Malopterurus* verzeichnet, von welchen die letztere lediglich auf Färbung und Zeichnung begründet, sich im Uebrigen an M. ogoënsis anschliessen sollte.

Gewiss hätte Peters mindestens mit demselben Recht eine *Forma licuarensis* aufstellen können, denn die von ihm aus dem Nebenfluss des Zambesi mitgebrachten Exemplare haben wiederum einen besonderen Habitus, nähern sich aber im Allgemeinen den nordostafrikanischen, so dass die Formen des Westens und des Ostens unter sich enger aneinander schliessen. Diese Thatsache verdiente deshalb wohl weiter verfolgt zu werden, weil die geographische Verbreitung der Formen unter den Fischen nach sonstigen Erfahrungen den Nil mit den westlichen Flüssen verbindet, während die südlichen Flüsse, den Zambesi eingeschlossen, für ihre Fischfauna eine Sonderstellung beanspruchen und weniger Beziehungen zum Norden darbieten.

Bei weitem auffallender, wie alle die von Färbung und Zeichnung hergenommenen Unterschiede, sind die starken Abweichungen in der Ausbildung des Kopfes und der Kiefer, von Hrn. Günther gebührend berücksichtigt, von Peters seiner Zeit unbeachtet gelassen.

Schon Murray hat früher solche Merkmale in's Feld geführt, um die von ihm aufgestellte Art *Malopterurus beninensis* zu charakterisiren. Er stützte sich dabei auf die angeblich verschiedene Länge der beiden Kiefer, indem nämlich bei *M. beninensis* der Unterkiefer über den Zwischenkiefer, bei *M. electricus* umgekehrt der Zwischenkiefer den Unterkiefer überragen sollte. Peters[4] fand hingegen, dass im Allgemeinen beide Kiefer gleichweit vorspringen, und nur bei ganz alten Exemplaren (irgend welcher Herkunft) der Zwischenkiefer ein klein wenig vorragen sollte. Entgegen dieser Angabe möchte ich doch glauben, dass lokale Verschiedenheiten der Kieferbildung vorkommen, und thatsächlich bei den Zitterwelsen des Nil der Zwischenkiefer etwas stärker vortritt, als bei denjenigen der Westküste; wenigstens lehrt dies die Vergleichung der vom Maler

Dworzaczeck nach dem Leben entworfenen Figur eines Exemplars von Old Calabar (Vergl. die Titelvignette) mit der von mir nach einem aegyptischen gezeichneten, die hier beigefügt wurde.

Die relative Kieferlänge ist aber überhaupt gar nicht das Bemerkenswertheste der abweichenden Kopfbildung, sondern vielmehr die allgemeine Kieferlänge und die Höhe sowie Rundung des Kopfes im Ganzen.

<hr>

[1] A. a. O.

[2] Etude sur la Faune ichthyologique de l'Ogôoué, in: Nouvelles Archives du Muséum d'histoire naturelle II. Série. Paris 1880.

[3] Faune de la Sénégambie. Paris 1883. p. 128.

[4] Monatsberichte der Königl. Akademie der Wissenschaften zu Berlin. 1868. S. 123.

Hr. Günther giebt daher für die einzelnen Formen stets das Verhältniss der Kopflänge zur Totallänge des Thieres (Schwanz abgerechnet) an, und es kann keinem Zweifel mehr unterliegen, dass die Exemplare der Westküste im Durchschnitt einen relativ höheren, mit kürzeren Kiefern ausgestatteten Kopf haben als die östlichen, d. h. während bei ersteren das angedeutete Verhältniss bis 1:5 und, nach Günther, sogar darüber beträgt, zeigen die letzteren nur eine Kopflänge von 1:4$\frac{1}{3}$—4$\frac{1}{2}$; von der Westküste haben mir keine mit langem Kopf vorgelegen, Hr. Günther verzeichnet für *M. affinis* dagegen die beträchtliche Länge von 1:4$\frac{1}{1}$, Hr. Sauvage für *M. electricus, forma Ogoöensis* 1:4$\frac{2}{3}$, also wie die aegyptischen. Man ersieht aus diesen Angaben, dass selbst für diese dem Auge so sehr auffallende Abweichung der Kopfbildung eine greifbare Zahl aus den Autoren nicht wohl zu entnehmen ist, und es sich offenbar um Varietäten und nicht um Arten handelt. Die Befunde leiten nach meiner Ueberzeugung darauf hin eine orthognathe, hypsikephale westafrikanische Rasse der Zitterwelse, der prognathen, platykephalen ostafrikanischen gegenüberzustellen, zu welcher letzteren auch die Exemplare des Zambesigebietes zu zählen wären.

Bei frischen Thieren, zumal im Leben, giebt die Ausbildung der strotzenden Weichtheile dem Kopfe ein besonderes Ansehen, was in dem hier benutzten Oelbilde Dworzaczeck's vielleicht etwas zu stark zum Ausdruck gelangte. Die seitlichen Theile vor den Augen erscheinen zu einem vorragenden Wulst aufgetrieben, während unmittelbar hinter der Maxillarbartel die Weichgebilde eine tief einsinkende Grube erkennen lassen. Die beschriebene Hervorragung fehlt allen sonstigen Abbildungen des Fisches, wie z. B. den von Bilharz[1] gegebenen, der von Sauvage[2] und der von Kretschmer[3] in Brehm's Thierleben nach einem aegyptischen Exemplar entworfenen; sie ist bei dem in Spiritus conservirten Zitterwels nur noch schwach zu erkennen, dahingegen fällt die tiefe Einsenkung hinter der Bartel noch sehr auf.

Solcher Barteln zeigt der Fisch bekanntlich sechs verschiedener Länge; am stärksten entwickelt pflegt das äussere Paar am Unterkiefer zu sein (etwa bis zur Hälfte der Brustflossen reichend), nächstdem folgt das Oberkieferpaar (bis zum Rande der Kiemenspalte) und endlich das innere Paar des Unterkiefers (bis hinter das Auge); ich übergehe die Variationen dieser Barteln, da mir nichts Wesentliches daraus hervorzugehen scheint, und sie auch verwandten *Siluroiden* und *Cyprinoiden* in ähnlicher Weise zukommen.

Die, wie erwähnt, verschieden dunkele Haut mit hellerer Bauchseite und meist unregelmässig verstreuten, schwärzlichen Flecken erscheint dem unbewaffneten Auge glatt und schuppenlos; bei genauerer Betrachtung, besonders bei Anwendung der Lupe, zeigt sie einen sammtartigen Charakter durch einen dichten Besatz feiner, zottenartiger Verlängerungen. Von gröberen Eigenthümlichkeiten dieser Anlage möchte ich noch auf eine bisher nicht beschriebene, narbenartige Einziehung am Unterkinn (Taf. I, Fig. 1 bei fs.) hinweisen, wie solche sich allerdings auch bei anderen Welsarten in wechsender Deutlichkeit zeigt. Ueber ihre Bedeutung ist bisher noch Nichts festgestellt.

2. Gestalt des Organs.

Sieht man den Fisch sich im Wasser unter wechselnder Seitwärtsbiegung des Schwanzes hin und her bewegen, so fällt es auf, dass die Oberfläche des Körpers nicht wie bei anderen Fischen unter gleichen Verhältnissen glatt bleibt, sondern sie legt sich auf der zur Zeit concaven Seite des gekrümmten Thieres in eine Anzahl praller, unter einander paralleler Falten, wie solche die von vorn gesehene Figur des Zitterwelses auf der Titelvignette erkennen lässt und bereits oben ausführlicher beschrieben wurde.

So verräth sich schon äusserlich, dass die Haut keine gewöhnliche Fischhaut ist, sondern dass mit ihr innen etwas verbunden sein muss, was sie verhindert, der Elasticität folgend, trotz der seitlichen Einbiegung glatt zu bleiben. Dies Etwas ist offenbar voluminös und wenig elastisch, sonst würde es zu der beschriebenen Faltenbildung nicht kommen.

Bei der Berührung mit der Hand erweist sich die Haut auffallend weich, dem Druck nachgiebig, an nicht mehr frischen Exemplaren wird sie faltig, was zumal an den Spiritusexemplaren unangenehm auffällt. Schneidet man die Hautanlage mit dem Messer durch, so erscheint eine sulzige, durchscheinende Masse von sehr heller, gelblich grauer Farbe, welche untrennbar mit der oberflächlichen Hautschicht verbunden

---

[1] A. a. O. Tafel I und II. [2] A. a. O. [3] Abth. III, Band 2. Fische. S. 205.

ist, den tieferen Theilen aber so locker aufliegt, dass sie sich durch ihre eigene Schwere von denselben abzieht und dass mehrfach in querer Richtung durchschnittene Stücke des Fisches aus dieser dicken Hautanlage, wie aus einem Futteral herausschlüpfen.

Da auf diese Verhältnisse ein besonderes Gewicht zu legen ist, so wurde auf Tafel II, Fig. 4 ein Zitterwels nach der Natur dargestellt, dem durch einen glatten Längsschnitt die Hautanlage vom Kopf bis in die Fettflosse hinein gespalten wurde. Sie ist nun ein beträchtliches Stück von selbst abwärts gesunken, obwohl hier eine Anzahl kleiner Gefässe und Hautnerven sie durchsetzen, die zur Befestigung beitragen könnten.

Der bemerkenswerthe Reichthum an Hautnerven, welche ihren Weg gerade in der Rückenlinie zu den oberflächlichen Hautschichten suchen, erklärt sich wohl dadurch, dass ihnen nur beschränkte Wege offen stehen, um zu dem Ziele zu gelangen, d. h. ausser dem erwähnten nur noch die Bauchlinie, sowie die Kopf- und Schwanzgegend nebst den Flossen.

Es zeigt sich dadurch, wie es auch der Augenschein lehrt, dass die Substanz der Haut nicht überall gleichartig ist, sondern dass der grössere Theil, der ganze eigentliche Rumpf des Thieres von einer verdickten Haut umkleidet wird, der ein specifischer Charakter eigen ist: dies ist eben bekanntlich die als elektrisches Organ wirkende sulzige Masse. Wo diese aufhört ist die Hautanlage ebenfalls noch verdickt, aber das Gewebe ist lockerer, weisslicher, von faserigen Strängen durchzogen (x der Fig. 4) die stellenweise zu dichteren Massen zusammenfliessen. Die Stränge verschmelzen mit der äusseren Hautschicht und breiten sich ebenso in der Tiefe zu einer sehnigen Haut aus, welche, unter dem elektrischen Organgewebe fortgesetzt, den Abschluss des Leibeswandorgans gegen das darunterliegende Gewebe darstellt und so also das elektrische Gewebe zwischen ihre Elemente einschliesst.

Dieser wichtige Punkt wird durch die Untersuchung der weiter unten zu besprechenden Körperquerschnitte und die mikroskopische Betrachtung der Anlage auf das Unzweifelhafteste bestätigt. Während noch verschiedene Momente zur Unterstützung der eben angeführten Anschauung beigebracht werden sollen, mag gleich hier ausdrücklich betont werden, dass bisher auch nicht der Schatten eines Beweises beigebracht wurde, durch den das elektrische Organ des Zitterwelses in irgend welche genetische Beziehung zu tiefer liegenden Systemen gesetzt wäre.

Die Hautanlage ist, wie der Körper überhaupt, bilateral entwickelt aber ein einheitliches Ganze und dasselbe gilt auch vom elektrischen Organ. BILHARZ hat mit treuer Hand die verschiedenen Meinungen registrirt, wie der eine Autor, GEOFFROY ST. HILAIRE[1], nur ein einziges Organ constatirt, RUDOLPHI[2] diese angeblich irrige Ansicht berichtigt und ein rechtes und ein linkes Organ nachweist, die durch eine sehnige Scheidewand getheilt seien, während PETERS[3] wiederum GEOFFROY's Ansicht von einem einzigen, über den ganzen Körper ausgebreiteten Organe aufnimmt. Nach der etwas ermüdenden Litteraturbesprechung kommt BILHARZ[4] selbst zu der RUDOLPHI'schen Meinung, ohne doch erklärt zu haben, wie über ein so grobes Verhältniss unter namhaften Autoren ernste Meinungsverschiedenheiten bestehen konnten.

GEOFFROY ST. HILAIRE hat mit dem ihm eigenen klaren Blick offenbar das Richtige erkannt als er der einen Haut auch nur ein Organ zusprach; der Widerspruch unter den Autoren erklärt sich einfach durch die Thatsache, dass die Ausbildung des Bindegewebes der Haut bei dem Zitterwels noch in höherem Maasse als gewöhnlich vom Alter des Thieres abhängig ist.

Wenn PETERS eine bindegewebige Scheidewand zwischen der rechten und linken Organhälfte nicht fand, so hat er jedenfalls noch jugendliche Individuen untersucht, BILHARZ, der für seine eingehenden Präparationen besonders grosse Exemplare verwandte, constatirte die Trennung ohne Mühe. Die auf Tafel IV unter Fig. 11—15 gegebenen Durchschnitte eines nur 123 mm langen *Malopterurus* zeigen noch keine Scheidewand; hier und da markiren sich mit den Gefässen und Hautnerven verlaufende Bindegewebszüge, die eine erste Anlage der sich bildenden Trennung darstellen. Die Figuren sind nach Photographie entworfen und entsprechen der Natur nach Möglichkeit; selbstverständlich unterliegt es aber auch am Präparat keinen Schwierigkeiten das Fehlen oder Vorhandensein einer bindegewebigen Trennung im Organ zu sehen. Bei einigermaassen erwachsenen Individuen ist sie denn auch als Regel an jedem Durchschnitt des Rückens ohne Mühe zu erkennen. Das Gleiche gilt von der Bauchlinie, wo das erheblich schwächere Organ ja auch durch die Bauchflossen, After und Afterflosse unter-

---

[1] Annales du Muséum d'histoire naturelle. Tome I. 1802. p. 401. Wieder abgedruckt in: Description de l'Egypte, Tome XXIV p. 304. Paris 1829.

[2] Abhandlungen der Königl. Akademie der Wissenschaften zu Berlin. 1824. S. 139.

[3] MÜLLER's Archiv für Anatomie u. s. w. 1845. S. 375. [4] A. a. O. S. 3.

brochen wird. Dagegen muss ich unter Hinweis auf die weiter unten folgende Beschreibung der Endigung des Organs am Kopfe sowie am Schwanze gegen die behauptete Abgrenzung desselben vorn und hinten durch aponeurotische Membranen Verwahrung einlegen; es sind nur die das ganze Hautsystem überall durchsetzenden Bindegewebszüge durch die elektrischen Platten gegen das Organende zu in individuell wechselndem Grade zusammengedrängt, und ausserdem täuscht die Contrastwirkung eine schärfere Trennung des elektrischen Gewebes von dem sogenannten „indifferenten" vor. Eine hellere Linie ist daher auf dem Durchschnitt der Organenden häufig recht deutlich als Grenze gegen das indifferente Gewebe; aber die bindegewebigen Elemente, welche dies Bild entstehen lassen, laufen nach der einen Seite in locker werdenden Zügen gegen das Corium, auf der anderen treten sie zwischen die Organplatten; eine Selbständigkeit der Grenzschicht ist also unerweislich. Das Vorhandensein oder Fehlen der in die Zwischensubstanz eingelagerten elektrischen Platten ist der einzige wesentliche Unterschied zwischen dem elektrischen und dem indifferenten Gewebe (daher von mir als „taubes" bezeichnet).

Die bilaterale Symmetrie im Organ tritt auch abgesehen von der medianen Trennung in zwei Hälften durch die allgemeine Figuration deutlich hervor, wie die Abbildung 6 auf Taf. III erkennen lässt. Dieselbe stellt ein Hautsystem des *Malopterurus* von innen gesehen dar, mit den an das Organ tretenden Nerven und Gefässen; man sieht, dass links und rechts von der Mittellinie die von elektrischem Gewebe durchsetzten Hautpartien nach vorn zu rundliche Vorsprünge bilden, während nach hinten die Einlagerung der Fettflosse einen Ausschnitt im elektrischen Organ bewirkt, die Seiten aber mit concavem Saum in das indifferente, taube Gewebe übergehen.

Man erkennt auch an der bezeichneten Figur den glatten Abschluss, den das Hautsystem gegen die Tiefe zu findet; die fibrösen Bündel fügen sich hier, mannigfach verflochten, zu einer Aponeurose zusammen, welche nur von Nerven und Gefässen durchbrochen wird und die im Leben einer Fascie ähnlich sieht. Sie ist aber keineswegs von besonders grosser Festigkeit und nimmt unter Einwirkung von Chromsäure einen so brüchigen Charakter an, wie er fibrösen Membranen gewöhnlich nicht zukommt.

Ist so das elektrische Organ durch die äussere, sehr feste Bindegewebslage der Haut und die innere Aponeurose unzweifelhaft dem Leibeswandorgan zugewiesen, so bauen sich nach innen noch weitere Schichten als trennende Grenzscheiden gegen die tiefer liegenden Systeme auf. Es folgt zunächst, dem Unterhautzellgewebe anderer Thiere entsprechend, ein eigenthümliches, von lockeren Bindegewebsblättern durchsetztes, schleimig anzufühlendes Gewebe, die sogenannte flockige Haut Rudolphi's, ein wunder Punkt der *Malopterurus*-Anatomie, an welcher sich der Scharfsinn der Autoren in mannigfacher Weise vergeblich abmühte. Wollte doch Rudolphi[1] selbst in ihr sogar ein zweites elektrisches Organ sehen!

Auch hier scheint mir Geoffroy St. Hilaire die Sache treffend genug bezeichnet zu haben, indem er diese Lage als „tissu cellulaire rare et peu consistant" beschreibt. Gewiss ist sie arm an eigentlichem Zellgewebe, wenn auch reich an Schleim, und man würde ihr wohl eine grössere Bedeutung nicht versucht haben beizulegen, wenn man beachtet hätte, dass andere nicht elektrische Fische, wie z. B. *Lota fluviatilis, Lophius piscatorius* mit einem durchaus ähnlichen Unterhautzellgewebe begabt sind. Solche Vergleichung lehrt dann ferner, dass wir in der That auch beim Zitterwels eben nur bis zum Unterhautzellgewebe vorgedrungen sind, wenn wir Rudolphi's flockige Haut erreicht haben. Taf. III Fig. 6 zeigt den Rest dieser Anlage nach unten zurückgeschlagen, auf Taf. I Fig. 1 ist sie mit *fR.* bezeichnet.

Für diese Ueberzeugung ist es unerheblich, dass die Masse der ganzen Hautanlage durch die Anschwellung zu elektrischem Gewebe enorm mächtig geworden ist. Die Dicke fand ich an den Seiten des Körpers ungefähr in der Mitte am beträchtlichsten, sie sinkt gegen die Rückenlinie und noch stärker gegen die Bauchlinie zu; gegen das Schwanzende hin verliert sie sich ganz allmählich. Die beifolgende Tabelle I enthält eine Anzahl Dickenmaasse des Organs, genommen an drei Querdurchschnitten des ganzen Körpers, durch die derselbe, Kopf und Schwanz abgerechnet, in vier etwa gleich lange Stücke zerlegt wurde.

Die Gewinnung exacter Maasse ist an so wenig festem, unbeständigem Material recht schwierig, doch fanden sich auch noch besondere Umstände, welche das Erlangen allgemeiner verwerthbarer Zahlen hinderten. Am meisten möchte es sich empfehlen die Messungen an den Körperquerschnitten auszuführen, während die Stücke selbst im Wasser schwimmen; freilich würde die Wassereinwirkung die weitere Verwerthung desselben Materials zu histologischen Zwecken vernichten.

----

[1] A. a. O.

Es blieb bisher unbeachtet, dass der Zitterwels in Bezug auf seine Körpergestalt zwei Formen zeigt, wesentlich bedingt durch die verschieden mächtige Organentwickelung. Die eine Form erscheint relativ dick, rundlich, die grösste Dicke etwa in der Körpermitte, die andere schlank, gestreckt und die sehr bald hinter den Brustflossen erlangte grösste Dicke bleibt für eine erhebliche Strecke unverändert. Somit gehen in einer Tabelle der Dickenmaasse des Fisches zwei Zahlenreihen durch einander und dadurch trübt sich das Bild, welches man von dem Gang der Zahlen erwarten dürfte.

Der nach dem Oelbilde auf dem Titel dargestellte *M. affinis* GÜNTHER würde ohne die strotzenden Eierstöcke schon zu der schlanken Form zu rechnen sein, wie besonders die Ansicht von oben erkennen lässt: die von mir in der Abhandlung über die elektrischen Fische gegebene Figur eines aegyptischen Zitterwelses bringt die dicke Form zur Anschauung (Vergl. oben S. 15).

Einige Beispiele aus der Tabelle über Vergleichungen von Fischen annähernd derselben Körperlänge werden die Verschiedenheit der Dickenentwickelung anschaulich machen: No. 18 und 21 zeigt bei 187 und 189 mm Körperlänge die Dicken von 54.0 und 59.5; No. 5 und 17 bei den Körperlängen von 194 und 195 die Dicken von 52.5 und 69.0; No. 8 und 9 bei den Körperlängen von 201 und 204 die Dicken von 52.0 und 55.0 u. s. w.

3. Gewichtsverhältnisse.

Die Verhältnisse gewinnen an Uebersichtlichkeit, wenn man an Stelle der Maasse die Gewichte in Betracht zieht. Schon BILHARZ[1] hat Angaben über Gewichtsverhältnisse des Zitterwelses gemacht; es scheint indessen, dass denselben nur die Wägung eines einzigen Exemplares zu Grunde liegt und zwar eines auffallend grossen, 22 Zoll langen, dessen Gesammtgewicht 8 Pfund betragen haben soll; ein 48 cm (18.5 Zoll) langer Zitterwels in der Sammlung des physiologischen Instituts wiegt nur 1500 grm (3 Pfund). Nimmt man an, dass die Alkoholwirkung das Gewicht um ein Drittel reducirte, so ergiebt sich, dass er in frischem Zustande noch lange nicht ein der BILHARZ'schen Zahl entsprechendes Gewicht gezeigt haben kann, sondern höchstens 5 Pfund gewogen hat, und dass in dem angeführten Falle höchst wahrscheinlich ein Irrthum bei der Wägung unterlaufen ist. Durch den zu hohen Ansatz des Körpergewichtes wird das relative Organgewicht zu niedrig, nämlich zu „über ¼ des gesammten Körpergewichtes" angegeben.

Aus den an 20 Individuen von mir angestellten Wägungen ergiebt sich mit grosser Constanz ein sehr erheblich höheres relatives Organgewicht, nämlich durchschnittlich etwas über ein Drittel des Gesammtgewichtes.

Bevor ich einsehen lernte, dass zwei verschiedene Formen des Fisches, eine dicke und eine schlanke, vorkommen, wurde ich durch das Ueberwiegen der dicken Form in den grossen Exemplaren dahin geführt anzunehmen, dass mit dem Wachsthum des Thieres das relative Organgewicht zunähme; auch jetzt noch darf man festhalten, dass die Möglichkeit einer mit dem Alter des Zitterwelses steigenden Organ-Ausbildung keineswegs ausgeschlossen ist, aus den bisher vorhandenen Zahlen lässt sie sich aber nicht mit der Sicherheit ablesen, welche ich wünschen möchte, und dürfte jedenfalls nicht beträchtlich sein.

Es fiele damit der Widerspruch zwischen dem *Gymnotus* und *Malopterurus*, auf welchen Hr. DU BOIS-REYMOND[2] in dem von ihm gütigst redigirten Bericht meiner aegyptischen Untersuchungen hinwies, und würde an letzterem Fisch ebenfalls beim Wachsen des Fisches besonders die elektromotorische Kraft vergrössert werden, das Längen- und Dickenwachsthum sich wesentlich proportional bleiben.

Nimmt man diejenigen Individuen, bei welchen das Organgewicht mehr als ein Drittel des Gesammtgewichtes (die dickere Form, *a* der Tabelle) und diejenigen, wo es weniger als ein Drittel beträgt (die schlankere Form, *b* der Tabelle), zusammen, so ergiebt sich ein überraschend gleichmässiger Gang der Zahlen in beiden nach der Körperlänge geordneten Reihen. Wächst das Organ stärker in die Dicke als das ganze Thier an Länge zunimmt, so müssen die als Form *a* bezeichneten, dickeren Individuen in demjenigen Ende der Reihe vorwiegen, wo die grössten Längen eingetragen wurden, die Form *b* im entgegengesetzten.

Dies ist auch thatsächlich der Fall, es bilden drei Formen *a* das obere Ende (die grössten Fische) drei Formen *b* das untere Ende (die kleinsten Fische) dazwischen freilich sind beide durcheinander gewürfelt. Mit Sicherheit würde sich das Wachsthumsgesetz feststellen lassen, wenn man, auf anderweitige Merkmale gestützt,

---

[1] A. a. O. S. 29.   [2] Monatsber. d. Königl. Ak. d. Wissensch. 22. Dec. 1881. S. 1151.

die beiden Formen scharf trennen könnte und nicht im Alter etwa dicker gewordene zu den schon in der Jugend dicken hinzurechnen müsste.

Der Gedanke liegt nahe, dass die abweichende Körpergestalt Geschlechtsunterschied sein könnte, und sich die Trennung der beiden Reihen auf sehr einfache Weise ermöglichen liesse. In der Verfolgung dieses Gedankens würde jeder Zoologe gewiss geneigt sein nach Analogie mit anderen Thieren in den schlanken Individuen die Männchen zu vermuthen. Leider hat sich dies nicht so herausgestellt, sondern es finden sich unzweifelhaft sowohl schlanke als dicke Weibchen mittlerer Körpergrösse; bei den von mir untersuchten liefert das weibliche Geschlecht jedenfalls das grösste Contingent zu der schlanken Form, zwei mit Sicherheit als Männchen constatirte gehören der dickeren Form an.

4. Aeussere Geschlechtsunterschiede.

Bei der steigenden Bedeutung, welche die schmerzlich vermisste Kenntniss von der Entwickelung des Zitterwelses gewinnt, ist die Untersuchung der Geschlechtsverhältnisse des Fisches offenbar von besonderer Wichtigkeit; trotzdem wurde sie bisher fast vollständig vernachlässigt. In Bilharz Monographie findet sich abgesehen von der bereits citirten Bemerkung über die Laichzeit kein Wort davon, Hr. Babuchin spricht, wenn ich nicht irre, einmal davon, dass die Männchen seltener seien als die Weibchen, was mit meinen Beobachtungen vollkommen übereinstimmt; aber wie ein Männchen oder ein Weibchen aussieht, wodurch sie sich vielleicht schon äusserlich unterscheiden lassen, darüber wurde bisher Nichts veröffentlicht.

Nachdem ich mich anfänglich in Cairo zur Bestimmung des Geschlechtes nur auf die Untersuchung der Keimdrüsen gestützt hatte, machten mich nach den wiederholten Examinationen die Fischerschechs darauf aufmerksam, dass die Gestalt der Kloake eine Unterscheidung der Geschlechter andeute, und sie sonderten die eingelieferten Zitterwelse danach mit grosser Entschiedenheit. Die eine, als Männchen von ihnen bezeichnete Bildung war von schlankem Körperbau und die Correctheit der Angabe schien mir begreiflicher Weise sehr plausibel, zumal die Anordnung auch der inneren Organe z. B. die Lage der Harnblase damit im Zusammenhange zu stehen schien.

Die beiden Formen der Kloake wurden damals von mir skizzirt und finden sich auf Taf. I als Fig. 2 und 3 wiedergegeben.

Bei der Unzuverlässigkeit der Informationen von Seiten der Eingeborenen war die Controle der Angabe durch Untersuchung der Keimdrüsen auch weiterhin angezeigt, und es fand sich, dass die Schechs vermuthlich unabsichtlich die Bildung der beiden Geschlechter verwechselt hatten und als Männchen bezeichneten, was thatsächlich die Weibchen waren. Da es sich um eine Sache handelte, die ihnen im Grunde genommen völlig gleichgültig war, ist eine solche Unaufmerksamkeit kaum zu verwundern. Die Harnblase liegt bei den weiblichen Individuen meist, aber nicht ausschliesslich, rechts vom Mesocolon, worüber weiter unten nähere Angaben folgen.

Die Fig. 3 der Tafel I, welche die einfachere Form der Kloake zeigt, dürfte also dem weiblichen Geschlecht zuzusprechen sein; sie vertieft sich alsbald in das Rectum übergehend, während die Mündungen des Urogenital-Apparates hinter einer wenig vortretenden, queren Falte im hinteren Theil des Hohlraumes verborgen liegen. Die hintere Kloakenwand sinkt zu einer seichten Längsfurche ein.

Beim männlichen Geschlecht (Fig. 2, Taf. I) ist die Kloake weniger einfach, indem eine breite Längsleiste die hintere Wand gegen die Urogenitalöffnungen zu hervordrängt und letztere damit der Oberfläche mehr nähert. Die quere Falte, welche auch hier die Mündungen selbst verdeckt, geht in einen stärker gewulsteten Rand der Kloake über, unter dem im vorderen Theil links und rechts sich dickere Falten gegen den Binnenraum vorschieben, als es beim Weibchen der Fall ist. Die Theile dürften jedenfalls bei ihrem Gefässreichthum während der Begattungszeit einen erheblichen Grad von Schwellbarkeit zeigen.

5. Verbreitung der peripherischen Nerven.

Dringen wir bei der Dissection des Fisches unter dem Hautsystem mit seinem elektrischen Gewebe weiter in die Tiefe vor, so haben wir zunächst die flockige Haut zu beseitigen. Dieses zu unverdienter Berühmtheit gelangte Gewebe zieht sich, wenn es durch einen Schnitt gespalten wurde, auch von den tieferen Theilen ohne Schwierigkeit ab; dass es bei dem starken Schleimgehalt sich leicht in verschiedene blättrige Lagen spalten lässt, ist ihm mit allem ähnlich gebauten Bindegewebe gemeinsam.

Darunter folgt dann der Rumpf des Fisches selbst und als sollte die organische Sonderung des elektrischen Organs von den Anlagen der Rumpfmuskulatur ja recht deutlich gemacht werden, so schaltet sich hier als dritte trennende Schicht ein nicht unbeträchtliches Fettpolster (*Panniculus adiposus*) ein. Von verschiedenen Autoren ist dem Gedanken Ausdruck verliehen worden, dass dieser Schichtenfolge — innere Aponeurose, flockige Haut, Fettschicht — eine isolirende Wirkung zukäme, um die tieferen Theile gegen die elektrischen Schläge des Organs zu schützen, und ich gestehe gern zu, dass die räumliche Vertheilung der bezeichneten Anlagen eine derartige Deutung ungemein nahe legt. Da sie aber alle ihrem histologischen Charakter nach als feuchte Leiter aufzufassen und daher für Electricität allerdings in wechselndem Grade durchlässig sind, ausserdem aber Hr. DU BOIS-REYMOND[1] thatsächlich die Existenz der elektrischen Ströme bei Entladungen des Organs auch im Innern des Fisches nachgewiesen hat, so muss der Gedanke der isolirenden Wirkung bezeichneter Anlagen fallen gelassen werden.

Ist die Section soweit vorgeschritten, und liegt also der eigentliche Rumpf des Fisches noch gänzlich intact vor, so sind gleichwohl schon, abgesehen von den bereits oben erwähnten zur Rückenhaut durchtretenden Nervenstämmchen, zwei weit verzweigte Gebiete von Nerven freigelegt. Das eine System schmiegt sich der Haut von innen dicht an, nachdem der Stamm hinter dem Herzen in der Furche zwischen dem geraden Bauchmuskel und dem langen Seitenmuskel hervorgetreten ist und die Anlage einmal erreicht hat: es ist der elektrische Nerv; das andere bisher von den Autoren übersehene System tritt weiter oben dicht hinter dem Schultergürtel hervor, um auf der Muskulatur nach hinten zu verlaufen, dies ist der oberflächliche Theil des Seitennervensystem's vom *Vagus*.

Der elektrische Nerv ist ein mächtig entwickelter Stamm, das Seitennervengeflecht nur zart, aber wenn man sich ersteren im selben Verhältniss verkleinert denkt als die Hautanlage verringert werden müsste, um einer gewöhnlichen Fischhaut gleich zu werden, so wäre der Unterschied gewiss nicht mehr gross. In der Art des Verlaufs und der Vertheilung schliesst sich dies sonderbare Gebilde gewissen Aesten des Seitennervensystems in bemerkenswerther Weise an, und es ist daher nicht zu verwundern, dass bereits frühere Autoren, wie GEOFFROY ST. HILAIRE[2] den elektrischen Nerven als einen veränderten Seitennerven des Zitterwelses auffassten. Dieser Gedanke ist aber von BILHARZ[3] abfällig beurtheilt worden, welcher etwas völlig Neues in dem elektrischen Nerven sehen wollte, und wenn ich GEOFFROY ST. HILAIRE's Gedanken trotzdem wieder aufnehme, so wird es dazu einer ausführlicheren Rechtfertigung bedürfen; dabei gedenke ich denselben Autor, den BILHARZ für seine Anschauung benützt, nämlich STANNIUS, auch für die meinige in's Feld zu führen.

GEOFFROY ST. HILAIRE's in diesem Punkte recht beachtenswerthe Darstellung litt nur in sofern an einem fundamentalen Irrthum, als das Seitennervensystem des *Vagus*, ihm unbekannt, neben dem elektrischen Nerven noch existirt; gewiss richtig ist es aber unter allen Umständen, wenn er sagt, dass die elektrischen Nerven einen ungewöhnlichen, von der regelmässigen Anordnung des Seitennerven abweichenden Ursprung nehmen. Nur unter Berücksichtigung dieses Umstandes ist es zu verstehen, dass in ihrer Beurtheilung die Autoren sich so schroff gegenüber getreten sind, indem eine Partei (PACINI, R. WAGNER, MARCUSEN, BILHARZ) ihn für einen Rückenmarksnerven, die andere (GEOFFROY ST. HILAIRE, RUDOLPHI, VALENCIENNES, CUVIER-DUVERNOY) ihn als einen Hirnnerven betrachten. Einige allgemeine vergleichend-anatomische Betrachtungen werden zur Lösung dieses Widerspruches unerlässlich sein.

Es fragt sich zunächst: Wonach benennen wir denn überhaupt Nerven?

Diese so einfache Frage ist von grosser Wichtigkeit; nicht nur im vorliegenden Falle, sondern auch in späteren Kapiteln wird darauf zurückzukommen sein, ihre Beantwortung ist aber keineswegs einfach. Je mehr

---

[1] Monatsberichte d. Königl. Ak. d. Wissensch. 1858. S. 107. — Untersuchungen am Zitteraal u. s. w. S. 259.
[2] Annales du Museum d'hist. nat. Tome I. S. 402. — Descr. de l'Eg. Tome XXIV. S. 305.   [3] A. a. O. S. 17.

die mikroskopische Forschung die makroskopische in zuverlässiger Weise unterstützt, um so mehr bricht sich die Ueberzeugung Bahn, dass es bei der Benennung der Nerven unmöglich ausschliesslich auf die Herkunft der einzelnen Wurzelfasern ankommen kann, die sie zusammensetzen. Wer ein auf sorgfältigen Beobachtungen beruhendes Buch über den angeregten Gegenstand, z. B. Stannius' peripherisches Nervensystem der Fische, mit Aufmerksamkeit durchliest, muss im Hinblick auf die unendlichen Variationen der Zusammensetzung nach den Wurzelbündeln die Unmöglichkeit einsehen, auf dieser Basis eine Nomenclatur der Nerven zu gründen.

Thatsächlich verhalten sich die mit allgemein anerkannten Namen belegten Nerven der höheren Wirbelthiere etwa wie grosse Firmen mit weit verbreiteten Geschäftsverbindungen; sie haben bestimmte Aufgaben zu lösen, aber solange sie ihren Verpflichtungen nachkommen, hat Niemand danach zu fragen, woher sie ihre Fonds beziehen. Dies ist auch der Standpunkt, den Stannius[1] hinsichtlich der Nervenbenennung einhält; er spricht im gegebenen Falle davon, dass irgend eine Wurzel in die Bahn eines bestimmten Nerven (z. B. des als Trigeminus benannten Complexes) einbiege, oder wiederum ein Theil einer bestimmten Nervenbahn sich einem andern Nerven als Zweig anschliesst. Zur Bahn oder zum Ausbreitungsgebiet eines Nerven gehört Anfang und Ende, wenn sie kenntlich bezeichnet sein soll, also abgesehen von den constituirenden Wurzeln die Austrittstelle und der Verlauf zu bestimmten Organen.

Lassen wir die beiden ersten Sinnesnerven bei Seite, welche wesentlich Hirntheile darstellen, so ist in Bezug auf die Nerven des Stammes die schon von älteren Anatomen herrührende und auch von Stannius erörterte, in neuerer Zeit aber von Gegenbaur[2] sicher begründete Vergleichung mit Spinalnervenpaaren wohl als allgemein acceptirt zu betrachten. Die Anordnung der Spinalnervenpaare mit ihren oberen und unteren Wurzeln, der bekannten ungleichen Vereinigung mit einem Spinalganglion und der Austrittsstelle im *Foramen intervertebrale* ist offenkundig in Beziehung zur Segmentirung des Wirbelthierkörpers.[3]

Bilden sich nun durch wachsende Differenzirung der Formen bei der aufsteigenden, phylogenetischen Entwickelung durch Verschmelzung von Segmentgruppen Wirbelcomplexe, wie es an den Schädelbildungen notorisch der Fall ist, so können auch die zu den Wirbeln gehörigen Spinalnervenpaare ihre normale quere Anordnung unmöglich einhalten; sie ziehen alsdann zu den ebenfalls vereinigten Austrittstellen in meist veränderter Richtung, d. h. auch, ausser den quer bleibenden Bündeln, von oben oder von unten, und die combinirten Bahnen erhalten sogenannte absteigende und aufsteigende Wurzeln. Das Verhältniss ist also ein ganz ähnliches, als wenn ein System quer nebeneinander in einer Ebene ausgespannter Fäden stellenweise zu einem Bündel durch Umschlingung zusammengeknotet wird.

Das Bild, welches auf diese Weise im Bereich der Nerven des Hirnstockes entsteht, würde jedenfalls noch viel klarer hervortreten, wenn nicht schon vom Beginn der *Medulla oblongata* an die sich vollziehende Umlagerung der einzelnen Faserzüge in dem Organ auch den Aufbau der Ursprungcentren für die Nerven in ihrer relativen Stellung zu einander beeinflusste. So treten beispielsweise *N. hypoglossus, abducens, oculomotorius*, deren sensitive Wurzeln dem *Trigeminus* oder *Vagus* angeschlossen sein werden, noch wie echte motorische

---

[1] A. a. O. S. 24.

[2] Untersuchungen zur vergleichenden Anatomie der Wirbelthiere. Leipzig 1872. S. 264. Ich kann Hrn. Gegenbaur nur beistimmen, wenn er für *Opticus* und *Olfactorius* eine Sonderstellung verlangt (S. 291), entgegen der neuerdings von Marshall entwickelten Anschauung. Ich werde an anderer Stelle Gelegenheit finden, auf die wichtigen Arbeiten des eben genannten Autors, sowie diejenigen der Hrn. Beard und Van Wijhe näher einzugeben.

[3] Hr. Victor Rohon hat seinen früheren, verdienstvollen Arbeiten eine umfangreiche, ebenfalls sehr schätzenswerthe über den *Amphioxus lanceolatus* eingereiht. Bei der grossen Hochachtung, die ich im Allgemeinen vor den Beobachtungen des genannten Autors habe, bedaure ich um so lebhafter seiner Betrachtungsweise der Nerven-Homologien im vorliegenden Falle durchaus nicht folgen zu können. Hr. Victor Rohon entwickelt für den *Amphioxus lanceolatus* eine Anschauung, wonach ausser drei Hirnnervenpaaren, die er als *N. trigeminus* (zwei Paar) und *N. facialis* (ein Paar) bezeichnet, fünf weitere Nervenpaare den *N. glossopharyngeus* und *N. hypoglossus*, die 13 folgenden die Elemente des *N. vago-accessorius* und zwar in aufgelöstem (?) Zustande enthalten sollen, was mir unerweislich scheint. Wenn der typische Aufbau der sonst anatomisch wohl charakterisirten Nerven dadurch verloren geht, dass überhaupt nur eine Wurzel (nach Victor Rohon die dorsale aber motorische!) vorhanden ist, Spinalganglion vollständig fehlen und das peripherische Gebiet bei gänzlich rudimentärem Kopf in Wegfall kommt oder unkenntlich wird, so ist eine Homologie mit den Nerven der höchsten Wirbelthiere nach meiner Ueberzeugung nicht mehr zu begründen. Ein *Nervus hypoglossus* oder *facialis* des *Amphioxus* hat doch keine grössere Berechtigung als ein *N. trochlearis, oculomotorius, abducens, acusticus* desselben Thieres. Warum findet der Autor nicht auch diese ebensogut wie den *N. hypoglossus*? Gewiss ist es nicht das geringste Verdienst des Autors in dem angeführten Werke die Sage von dem centralen Stirnauge des *Amphioxus* widerlegt zu haben. Aber wenn mit den Augen die motorischen Augennerven in Wegfall kommen können, warum sollen nicht auch andere Nervenpaare wie z. B. der *Hypoglossus* das Schicksal ihres normalen Verbreitungsbezirkes theilen? Die erstgenannten Nerven gehören nach der Anordnung ihrer Ursprungs-stätten doch ebenso gut zu den Nerven des Hirnstockes wie beispielsweise der *Trigeminus*, welcher zum grössten Theil sogar weiter vorn entspringt. Vergl.: Untersuchungen über *Amphioxus lanceolatus* von Victor Rohon. Denkschriften der Kaiserl. Akademie der Wissenschaften. Bd. XXXXV. S. 60.

Wurzeln von den, Vorderhörnern homologen Centren durch die ganze Masse der Neuformationen nach vorn durch, während dem zarten *N. trochlearis*, dem höchstentspringenden, doch der Widerstand gleichsam zu gross wird und er lieber den Weg nach hinten und aussen herum wählt, um so scheinbar als hintere Wurzel zu erscheinen.

Zwei Nervenbahnen sind nun bei allen Wirbelthieren die Hauptfirmen, welche alle schwächeren in ihren Bereich ziehen und in wechselnder Weise, bis zur völligen Verschmelzung von sich abhängig machen: es ist die Bahn der *N. trigeminus* und des *N. vagus*. So hat *N. trigeminus* seine mächtigen absteigenden, queren und aufsteigenden Wurzeln ebenso wie der *N. vagus*, zu dessen Vasallen dem *N. glossopharyngeus*, schon von WEBER, DESMOULINS, SAVI[1] mit viel Grund direct als erster Art des *Vagus* bezeichnet, das sogenannte solitäre Bündel der *Medulla oblongata* nach neueren Untersuchungen als aufsteigende Wurzel gehört. Aber auch das sonst so räthselhafte Verhalten der Wurzeln des *N. accessorius* erklärt sich nach meiner Ueberzeugung als aussen verlaufende, aufsteigende Wurzel zum *Vagus*, mit dem er ebenso wie der *N. glossopharyngeus* noch die gleiche Austrittsstelle einhält.

Zwischen den beiden übermächtigen Bahnen des *Trigeminus* und *Vagus* fristet ein schwächlich angelegtes Paar, *N. facialis* und *acusticus*, eine zweifelhafte Existenz, zumal der motorischen Wurzel die sensitive untreu wird und, in einen Sinnesnerven umgewandelt, besondere, höhere Ausbildung erlangt. Der *N. facialis* ist dadurch gleichsam haltlos geworden und sucht an die benachbarten Nerven Anlehnung, die bei einem grossen Theil der Fische in so hohem Maasse an den *Trigeminus* erfolgt, dass er ganz oder grösstentheils als ein Ast des letzteren erscheint. Ob man ihn dann noch als einen *N. facialis* im Sinne des von höheren Wirbelthieren entlehnten Begriffes auffassen kann, erscheint mindestens zweifelhaft und wird die Frage von den Autoren thatsächlich verschieden beantwortet, indem ihn Viele als *Ramus opercularis* und *R. hyoideo-mandibularis n. trigemini* bezeichnen. STANNIUS[2] steht auf dem Standpunkt, dass bei den Fischen beide Nerven ganz oder theilweise verschmolzen sind, giebt also den gesonderten Anfang der Bahn auf und stützt sich nur auf den Verbreitungsbezirk. Auch dieser ist aber bei der abweichenden Kopfentwickelung des Fisches, dem Fehlen des *Operculum* beim höheren Wirbelthier nicht sicher zu bestimmen; ich kann dem Gedankengang des Autors daher nicht folgen, wenn er den *N. palatinus* der Fische in gewissen Fällen als zum *N. facialis* gehörig bezeichnet, da *N. facialis* keine Gaumennerven ausschickt.

Es sei gleich hier bemerkt, obwohl ich im zweiten Theil dieses Buches auf den Punkt zurückzukommen habe, dass ich in vollster Ueberzeugung den ersten elektrischen Nerven von *Torpedo* nach seinem Ausbreitungsgebiet dem *N. trigeminus* zuspreche und nicht dem *N. facialis*, während STANNIUS[3] in ihm einen Theil des mit dem *N. trigeminus* verschmolzenen *N. facialis*, Hr. DOHRN darin die *Portio intermedia Wrisbergi n. acustici* zu erkennen glaubt, über deren Verbreitungsgebiet wir leider gar Nichts wissen. Aus nicht näher entwickelten Gründen hat Hr. W. KRAUSE[4] neuerdings den angeblichen Beweis für diese Ausschauung acceptirt.

Die fragliche Wurzel des ersten elektrischen Nerven schliesst sich aber nicht, wie Hr. W. KRAUSE angiebt, nach dem centralen Ende zu „an der *Medulla oblongata* angekommen, caudalwärts absteigend, den Wurzelbündeln des *N. facialis* an“, sondern wie ich bereits 1878[5] nachgewiesen habe, den *Vagus*wurzeln. Sie dringt mit letzteren in den *Lobus electricus*, einem Centrum des *Vagus* aber nicht des *Facialis* ein, und will man sie also nicht nach ihrer peripherischen Ausbreitung mit den meisten älteren Autoren beim *Trigeminus* belassen, so hätte man sie nach ihrem Ursprung beim *Vagus* unterzubringen; gemäss dem bereits Angeführten halte ich die Benennung der Nerven nach ihren Ursprungscentren jetzt nicht mehr für durchführbar, es beweist aber gerade dieses Beispiel das, worauf es mir hier ankommt: die innigen Beziehungen zwischen der Vagus- und Trigeminusbahn und den zwischen beiden häufig zu beobachtenden Faseraustausch.

Weitere Beispiele sollen sogleich folgen. Dass sich der *N. electricus I* an die *Trigeminus*wurzeln nur anlegt und durch Bindegewebe davon getrennt ist, worauf später Hr. SIHLEANU[6] hinwies, habe ich bereits 1875 demonstrirt.

Es bedarf hier noch der *N. hypoglossus* der Erwähnung, welcher ebenfalls bei den niedrigen Wirbelthierklassen nicht dieselbe Unabhängigkeit zeigt, wie bei den Säugethieren; gestützt auf seine reichen Beobachtungen deducirt STANNIUS[7], wie mir scheint, durchaus treffend, dass der sogenannte *Hypoglossus* der Fische sicher

---

[1] Auch MÜLLER und SCHLEMM fanden ihn bei den *Cyclostomen* als einen Theil des *Vagus*; STANNIUS betont die innigen Beziehungen, in welchen er bei einigen Knochenfischen noch zu ihm steht (a. a. O. S. 74).

[2] A. a. O. S. 20.   [3] A. a. O. S. 33.

[4] Die Nervenendigung im elektrischen Organ. Internationale Monatschrift f. Anat. u. Histol. 1886. Bd. III. S. 23.

[5] Fischgehirn. S. 89.   [6] De Pesci elettrici e pseudo-elettrici. Napoli. 1876. p. 21.

[7] A. a. O. S. 24. Auf derselben Seite sagt er: „Aequivalente des *N. accessorius* sind bei den Fischen nicht nachweisbar".

nicht ausschliesslich als solcher bezeichnet werden darf, sondern gleichzeitig erster Spinalnerv sein muss, auch hier also eine Verschmelzung stattgefunden hat.

Geleitet von den eben entwickelten Anschauungen, deren Berechtigung sich mir aus der unendlichen Fülle der auftretenden Variationen ergiebt, halte ich nur die erwähnten weiten Gesichtspunkte als festere Basis für die vergleichend-anatomische Betrachtung fest; wenn Autoren, die den Nachweis einer andauernden, ernsten Beschäftigung mit der vergleichenden Anatomie kaum erbringen könnten, für angezeigt erachteten, mir gelegentlich Vorwürfe zu machen, dass in meinen Angaben über das Centralnervensystem der Fische des einen oder des anderen untergeordneten Nerven nicht Erwähnung geschähe, so lässt mich das durchaus ruhig, und lehne ich ein näheres Eingehen auf solche unfruchtbare Polemik ab. Der vom menschlichen Gehirn entlehnten Nomenclatur zu Liebe irgend ein Wurzelfädchen, über dessen Verlauf und Verbreitungsbezirk entweder überhaupt ungenügende, oder wegen der abweichenden Kopfentwickelung unvergleichbare Angaben vorliegen, mit einem präcisen Namen zu belegen, halte ich vergleichend-anatomisch für zwecklos, da solche Bezeichnungen, wegen mangelnden Beweises ihrer Berechtigung, wie die Erfahrung lehrt, den heftigsten Widersprüchen begegnen und thatsächlich nur die Verwirrung vergrössern.

Es ist hier nicht der Ort weiter auf solche allgemeine Betrachtungen einzugehen, doch wird sich sofort ergeben, dass die obigen Bemerkungen auf unser Thema ganz direkten Bezug haben.

Das höchst merkwürdige Seitennervensystem der Fische ist physiologisch noch ungenügend erforscht, doch wissen wir wenigstens soviel mit Sicherheit, dass es in seinen originalen, nicht auf fremde Beimischung zurückzuführenden Elementen der motorischen Function fremd ist. Die Entwickelung desselben gerade bei den Fischen führt dahin, mit einer grossen Wahrscheinlichkeit anzunehmen, dass die mangelhafte Ausbildung der Körperform bei ganz verkürzten Gliedmaassen dem Leibeswandorgan für den Organismus als Sitz von Sinnesorganen und Secretionsfläche eine erhöhte Bedeutung verleihen muss, zumal die Bedeckung mit Hartgebilden auch der Haut solche Functionen nur unter Einschränkung gestattet. Soll die Rumpfhaut des Fisches mehr leisten als diejenige anderer Wirbelthiere, so bedarf sie auch besonderer Nerven, die zu den eigenthümlichen Organen derselben verlaufen, und dieser Mehrbedarf wird eben durch das Seitennervensystem geliefert. Die sogenannten Seitenorgane der Fische, welche auch bei den mit Schuppen oder selbst Knochenschilden bekleideten gewöhnlich durch Einschaltung bestimmter Canälchen in denselben Platz finden, werden allgemein und gewiss mit Recht als Sinneswerkzeuge betrachtet; sie werden denn auch von Fasern des Seitennerven versorgt, und selbst wo sich die Verbindung bisher nicht nachweisen liess, lehrt das gleichzeitige Auftreten der Seitenlinie mit ihren Organen und entsprechender Aeste des Seitennervensystems, dass beide in einer inneren Beziehung zu einander stehen:[1] Eine Beziehung, die aber nicht für alle Aeste des System's gilt. So ist es auch offenbar beim *Malopterurus*, dessen Seitenlinie schön ausgebildete Organe zeigt, über die im Abschnitt für die mikroskopische Anatomie ausführlichere Bemerkungen folgen sollen[2], da Bilharz dieselben mit Stillschweigen übergeht.

Die beiden eng verbrüderten Firmen des *Trigeminus* und *Vagus* sind es, welche bei allen Fischen die Lieferung der Elemente zur Innervirung der Haut durch ein Seitennervensystem übernommen haben; sie theilen sich in diese Aufgabe in sehr wechselnder Weise, indem sie sich über den Kopf der dazwischen liegenden Nervenbahnen mit einander vereinigen und nach Bedarf ihre Elemente unter einander austauschen. Zum vollständigen, mannigfach variirten Schema des Seitennervensystems gehört demnach ein *Truncus lateralis trigemini* und ein *Truncus lateralis ragi*, von welchen ersterer im Allgemeinen mehr der vorderen, oberen Körperregion, letzterer der hinteren, unteren angehört; die Hauptverbindungen zwischen beiden Bahnen finden sich hinter dem Schultergürtel, wo auch der *Truncus lateralis ragi* hervortritt, während die Hauptäste des *Truncus lateralis trigemini*, nachdem der Stamm am Hinterhaupt die Schädelhöhle verlassen hat, sich nach oben schlagen, feinere Aeste zur Armflosse abwärts steigen.

Die typische, vollständige Entwickelung des Seitennervensystems bedingt für jeden der beiden Stämme einen aufsteigenden Ast, nach Stannius' Terminologie „aufsteigenden Schädelhöhlenast", von welchen aber der des *Trigeminus*-Stammes häufiger und stärker entwickelt gefunden wird; auf der Schädeloberfläche durch eine Oeffnung des *Os squamosum* hervortretend, verläuft der Nerv, als „Rückenkantenast" zwischen den Rückenmuskeln nach hinten und erhält in diesem Verlauf Verbindungsfädchen der dorsalen Zweige der Spinalnerven; der Haupttheil des *Truncus lateralis trig.* zerfällt in mehrere Aeste, welche mit dem enstprechenden des *Vagus*

---

[1] Beispiele für diese gleichzeitige Entwickelung finden sich in Stannius' mehrfach citirtem Werke ausführlich erörtert; a. a. O. S. 101.

[2] Es wird daselbst auch auf die schönen Arbeiten über diesen Gegenstand von Hrn. Kölliker, Leydig, F. E. Schulze, Solger u. A. Bezug zu nehmen sein.

communiciren und sich in wechselnder Weise an der Haut der Flossen vertheilen. Der *Truncus lateralis vagi* tritt mit ersterem durchflochten hinter dem Schultergürtel aus und zerfällt alsbald in einen oberflächlichen und einen tiefliegenden Ast, von denen der letztere stets seinen Platz zwischen den dorsalen und ventralen Längsmuskeln findet, wo er bis zum Schwanz verläuft und sich hier dichotomisch theilt. Der oberflächliche Ast dagegen erscheint von der Lage der Seitenlinie abhängig und folgt derselben je nach ihrer Lage auch da, wo die engere Verbindung mit den Organen derselben sich noch nicht hat nachweisen lassen.

Die Variationen der Anlage beruhen zum grossen Theil darauf, dass Verbreitungsgebiete des *Lateralis trigemini* vom *Lateralis vagi* übernommen werden, oder das Umgekehrte stattfindet.

Fragen wir nun, wie liegen die Verhältnisse bei einem nahen Verwandten des *Malopterurus*, der genügend untersucht ist, beim gewöhnlichen Wels? so zeigt sich hier ein Beispiel für den Fall, wo Hauptäste des Systems ausser Beziehung zum Seitencanale bleiben. Der *Truncus lateralis trigemini* giebt einen aufsteigenden Schädelhöhlenast mit Verlängerung in den Rückenkantenast ab, der *Truncus lateralis vagi* ebenfalls einen aufsteigenden Ast zur Rückenhaut als *Ramus suprascapularis* und tritt nach der Verflechtung mit ersterem in zwei Fascikeln hinter dem Schultergürtel hervor. Gleich nach dem Durchschnitt sendet er einen dünnen Zweig zur Haut für die Schultergegend, dann einen stärkeren absteigenden Zweig für die Vorderextremität und ihre Umgebung und für die Haut der Bauchgegend. Darauf sondert sich ein oberflächlicher Ast, welcher, abwärts vom Seitencanale, von vorn nach hinten zieht und 5 bis 6 lange, dicht unter der Haut zur Bauchgegend absteigende Zweig aussendet; der tiefliegende Ast verläuft wie gewöhnlich zwischen den beiden Hauptlängsmuskeln[1]. Hier hat die Vagusbahn also Gebiete übernommen, welche in anderen Fällen der Trigeminusbahn zufallen, aber dieser Umstand kann nicht Wunder nehmen; denn wie STANNIUS treffend bemerkt „die aus dem *Lobus posterior medullae* entspringenden Wurzeln sind der Wurzel des *Truncus lateralis Vagi* verwandt und mit ihr physiologisch identisch."

Vergleicht man nun den Befund beim *Malopterurus*, wie ihn die Fig. 5 auf Taf. II anschaulich machen soll, so findet man einen in normaler Weise aufsteigenden Schädelhöhlenast, der in einen (auch von BILHARZ[3] flüchtig erwähnten) Rückenkantenast des *Trigeminus* (*l. t.*) übergeht; die Verbindung ist durchtrennt, um die tieferen Theile zugänglich zu machen. Gänzlich unbekannt blieb bisher der eigentliche *Truncus lateralis* des *Vagus*, d. h. der Haupttheil des ganzen Systems; gleichwohl ist diese Nervenverzweigung hier gut entwickelt und schliesst sich in den wesentlichen Punkten an diejenige des *Silurus* an. Der Stamm (*l. v.*) theilt sich hinter dem Schultergürtel in einen oberflächlichen, ziemlich starken (*l. v. s.*) und einen tiefen (*l. v. p.*) Ast, also *Ramus superficialis* und *profundus*. Ersterer verläuft, wie öfters durch Fädchen vom *profundus* verstärkt, unterhalb der Seitenlinie nach hinten, und theilt sich hinter den Bauchflossen in mehrere Aeste, von denen einer zum Rücken aufsteigt, der andere zur Analflosse zieht, während die eigentliche Verlängerung des Nerven sehr fein wird. Ich konnte ihn nicht mit Sicherheit weiter verfolgen, wofür sich ein plausibler Grund herausgestellt hat, der sogleich zu erörtern sein wird.

Es fehlen also an dieser Verzweigung im Vergleich zum *Silurus:* der feine Ast zur Schultergegend und Brustflosse, sowie der starke absteigende Stamm mit 5 bis 6 Aesten, welcher zur Bauchhaut ziehen sollte.

Die geringe Betheiligung des *Trigeminus* an der Bildung des Seitengeflechtes liess mich anfänglich nach dem Verbleib der fehlenden *Trigeminus*-Aeste des Seitennerven suchen, da mir zur Zeit nicht gegenwärtig war, dass der *Vagus* auch beim gemeinen Wels für dieselben eingetreten ist; es bot sich als vergleichend-anatomisches Aequivalent für das Fehlende nur *ein* Nerv dar, nämlich der *Nervus electricus*. Die verhältnissmässig weit nach hinten am Rückenmark liegende Austrittstelle hatte für einen *Trigeminus*-Ast nicht recht passen wollen, da die Annahme, dass die sogenannte aufsteigende Wurzel des *Trigeminus* in diesem Falle das Rückenmark früher verliesse als sonst, sich bei der genauen Untersuchung nicht bestätigte. Die Verweisung des elektrischen Nerven zur *Vagus*-Bahn beseitigt aber auch diese Schwierigkeit der Vergleichung, weil *Vagus*-Wurzeln sich bei den Fischen in der *Medulla oblongata* ganz allgemein sehr weit caudalwärts erstrecken.

Die Behauptung, dass der elektrische Nerv das Homologon der fehlenden Aeste des Seitennervensystems darstellt, kann somit wohl als erwiesen betrachtet werden, und vertritt derselbe also eine Nervenverzweigung, welche bei anderen Fischen secretorischen oder sensitiven Functionen vorzustehen hat.

Für solche Anschauung ergiebt die genauere Untersuchung des Austritts eine überraschende Bestätigung,

---

[1] STANNIUS a. a. O. S. 106.   [2] A. a. O. S. 95.   [3] A. a. O. S. 20.

über welche Bilharz Angaben nicht macht, obwohl ihm gerade diese Thatsache nicht fremd war. Unmittelbar nachdem der Stamm des *Nervus electricus* nach abwärts neben der Wirbelsäule hervorgetreten ist, entsendet er einen feinen Ast zur Schultergegend und Brustflosse; indem er darauf selbst zur Bauchwand zieht (um seine Aeste dem elektrischen Organ einzuverleiben), ergänzt er das Seitennervensystem, und so wird die dem *Truncus lateralis rayi* bei den Welsen zugewiesene Aufgabe in allen ihren wesentlichen Theilen erfüllt. Die Fig. 7 der Taf. III stellt dies höchst merkwürdige Verhalten dar, und zeigt zugleich wie auch noch andere, sympathische Nervenbündel der gemeinsamen Scheide des *Nervus electricus* angehören, dessen functioneller Theil bekanntlich eine einzige, an dieser Stelle noch nicht getheilte Faser ausmacht.

Wir sehen also auch im soeben besprochenen Fall, dass die Nerven verwandter Natur, zuweilen wohl auch wo dies nicht der Fall ist, ihre Fasern in ausgiebigster Weise tauschen, zeitweilig vereinigen und die Bahn selbst dadurch gleichsam verlegen können.

In Bilharz's Monographie findet sich auf Taf. III als Nr. 6 eine sehr bemerkenswerthe Figur, welche die schematische Vertheilung der von den verschiedenen Wurzeln ausgehenden Nervenbahnen darstellt; offenbar ist dieselbe nach zahlreichen Präparaten durch Ergänzung gewonnen worden, da es fast unmöglich ist, das Bild in der gegebenen Vollständigkeit auf einmal vorzuführen. Die dadurch illustrirten Beobachtungen bestätigen das oben Ausgeführte in erfreulicher Weise, während sie der Autor selbst nur nüchtern im Text zusammenstellt, ohne weitere Schlussfolgerungen daran zu knüpfen. Man findet in dem Schema die vergleichend-anatomisch postulirte Verbindung des *Lateralis trigemini* mit Aesten, die mit dem *N. electricus* vereinigt austreten, d. h. mit dem zur Schultergegend und Brustflosse verlaufenden Nerven, der soeben von mir erwähnt wurde. Bilharz lässt noch einen anderen Nerven weiter abwärts aus den Scheiden des *N. electricus* hervortreten, den er dem zweiten Spinalnerven zuweist, mit welchem Recht? ist hier wie in ähnlichen Fällen von ihm nicht weiter erörtert worden.[1]

Wie immer man über die entwickelte Homologie des elektrischen Nerven denken mag, die innige Vereinigung desselben mit anderen Bahnen, wie solche bei verwandten Fischen gleichfalls gefunden wird, macht es nach meiner Ueberzeugung unmöglich, im Auftreten desselben ein völliges Novum zu sehen, da es gänzlich unerfindlich ist, wie ein derartiges Novum auch gleich in alt hergebrachte Verbrüderungen eintreten sollte. Die Annahme von Neuerungen im Aufbau des Thierleibes bezeichnet wohl in den meisten Fällen nur eine Lücke unserer Erkenntniss; man wird jedenfalls gut thun, mit solchen Annahmen nicht zu voreilig zu sein. Geoffroy St. Hilaire[2] mit seinem umfassenden Blick hatte also nicht so Unrecht, wenn er in dem elektrischen Nerven den veränderten Seitennerven des *Vagus* zu erkennen meinte, er irrte aber insofern, als er das ganze Seitennervensystem darin aufgegangen und also im Uebrigen als fehlend ansah.

Auch Hr. Babuchin hat St. Hilaire's Ansicht ausdrücklich zur seinigen gemacht und ist in den gleichen Fehler verfallen, indem er die *N. electrici* für *N. laterales* erklärt, die auf eine Faser reducirt seien, da er die anderen Seitennerven nicht kannte. Er kämpfte aber in diesem Punkte noch einen doppelt unglücklichen Kampf, als er entgegen den Angaben sämmtlicher neueren Autoren die Seitennerven für motorisch ausprechen muss, um seine hartnäckig festgehaltene Ueberzeugung, auch das elektrische Organ des Zitterwelses sei umgewandelter Muskel, vertheidigen zu können. Die von ihm als Unterlage dieser Umwandlung in Anspruch genommenen Muskeln sind, wie wir bald sehen werden, thatsächlich auch beim Zitterwels noch als wirkliche Muskeln erhalten und nicht verwandelt.[3]

Da die Autoren Seitenorgane des Zitterwelses nicht gekannt zu haben scheinen, so ist es nicht zu verwundern, dass sie sich keine Sorge darüber machten, wie diese Sinneswerkzeuge denn eigentlich hier zu entsprechender Innervation gelangen.

Bilharz hat die von mir oben bereits beschriebenen dorsalen Hautnerven, zu denen noch mehrere schwächere der Ventralregion kommen, schon durchaus richtig erkannt. Er lässt dieselben „ohne das elektrische Organ zu berühren" nach oben, beziehungsweise nach abwärts durch die von ihm streng festgehaltene aponeurotische Scheidewand der beiden Organhälften hindurchtreten und dann beiderseits unter der Haut, d. h. also zwischen Organ und Haut weiterziehen, um die äussere Haut zu innerviren.

Diese Beschreibung liest sich ganz harmlos und überzeugend, obwohl sie den thatsächlichen Verhältnissen keineswegs entspricht. Zunächst muss festgehalten werden, dass die trennenden Aponeurosen zwischen den Organhälften, wie oben erwähnt, erst mit dem späteren Alter des Thieres sich so streng sondern; es liegt auch für die Nerven jedenfalls keine besondere Veranlassung vor, die Berührung des Organs ängstlich zu vermeiden,

---

[1] A. a. O. Tab. III, Fig. 6. c.   [2] Annales du Muséum, t. 1, pag. 402. — Description de l'Égypte etc., t. XXIV. p. 304.
[3] Ueber den Bau der elektrischen Organe beim Zitterwels. Centralblatt für die medicinischen Wissenschaften. 1875. S. 165.

da die festen Scheiden der einzelnen Nerven unter allen Umständen ebenso genügen müssen, als eine allgemein angeordnete Aponeurose zwischen den Organhälften.

In der That sind die den Nerven und Gefässen meist gemeinsamen Scheiden hier auffallend stark, und aus ihnen entsteht schliesslich durch stärkere Entwickelung dazwischen lagernder Bindesubstanzen die Längsscheidewand der Organhälften am Rücken und Bauch.

Ich bestätige bereitwillig BILHARZ's Angabe, dass die dorsal durchtretenden Aeste der Hautnerven aus dem *N. lateralis trigemini* (Rückenkantenast, STANNIUS) stammen, zu dem bekanntlich auch dorsale Verstärkungsbündel der Spinalnerven zu treten pflegen, die ventralen Hautnerven aus unteren Aesten der Spinalnerven; aber es ist gegen alle vergleichend-anatomischen Erfahrungen, dass die angeführten Nervenbahnen Seitenorgane versorgten.

Wir stossen hier also plötzlich auf eine höchst wichtige und doch gänzlich offene Frage: Wo kommen denn die Nerven für die Seitenorgane des Zitterwelses her? Stammen sie gegen alle Gewohnheit doch von dem *N. lateralis trigemini?* oder sind es Zweige des oben beschriebenen *Ramus superficialis* vom *Lateralis vagi*, die sich nicht scheuten die elektrischen Batterien selbständig zu durchbrechen? oder endlich existirt ein besonderer bisher unbeschriebener Nerv für dieselben? Die Untersuchung lehrt, dass von den verschiedenen Möglichkeiten die zuletzt angeführte dem thatsächlichen Befunde entspricht; d. h. es findet sich ein besonderer Ast des *Truncus lateralis vagi*, welcher die Innervation der Seitenlinie besorgt, bisher ebenso unbeachtet geblieben, wie die übrigen Theile des Seitennervensystems. Der Nerv zweigt sich entweder alsbald als selbständiger Ast von dem Stamm ab, oder er verläuft noch eine kurze Strecke mit dem *Ramus profundus*, der beim Zitterwels nur schwach entwickelt ist, vereinigt (Taf. II, Fig. 5 *l. r. p.*). Nachdem er den Stamm verlassen hat, wendet er sich bald etwas aufwärts, erreicht den oberen Winkel der Kiemenspalte und schlägt sich hier über den vorderen Rand des elektrischen Organs, also ohne es zu durchbohren, zur oberflächlichen Coriumlage der Haut. Hier richtet er seine Lage genau nach der Seitenlinie und folgt derselben stets zwischen Corium und elektrischem Organ gelagert bis zum Schwanz. Wahrscheinlich communicirt dieser oberflächlichste Seitennerv am hinteren Rande des Organs wieder mit dem auf den Muskeln liegenden und würde das Verhältniss damit genau das nämliche sein, wie es STANNIUS auf Taf. III. Fig. 2 seines mehrfach citirten Werkes vom Dorsch abbildet. Ist die Annahme der Communication richtig, so wird es selbstverständlich, dass ich den auf den Muskeln liegenden Ast nur bis zu der Stelle verfolgen konnte, wo das dünne communicirende Fädchen durch die Ablösung des Organs von der Unterlage nothwendig abreissen musste.

Es ist also ein Irrthum von BILHARZ, dass die in der Rücken- und in der Bauchlinie durchtretenden Hautnerven abwärts, beziehungsweise aufwärts ziehend, die Innervation der Haut ausschliesslich versorgten. Der elektrische Nerv selbst konnte hinsichtlich der Hautinnervation gewiss nicht in Frage kommen; denn der einen Faser durfte man trotz doppelsinniger Leitung schwerlich zumuthen, auch noch centripetal gerichtete Sinneseindrücke der Hautorgane zu übermitteln.

Was nun endlich die grobe Vertheilung des elektrischen Nerven anlangt, so ist auch diese nicht ohne Interesse; es wurde daher auf Taf. III als Fig. 6 das Hautsystem eines *Malopterurus* vom Hinterkopf bis zur Schwanzwurzel von innen gesehen nach Photographie abgebildet. Die Figur zeigt die Grenzen des Organs gegen das taube Gewebe und die Verzweigung der elektrischen Nerven auf der Innenfläche; rechterseits ist der Nerv frei präparirt, während linkerseits die demselben dicht anliegende Arterie sowie die etwas entfernt verlaufende Hauptvene des Organs erhalten blieben.

Auffallend ist die scharfe Knickung der oberen Aeste des Nerven nach aufwärts, ein Verhalten, welches mir von anderen Systemen der Nervenvertheilung nicht bekannt ist und der Function fast hinderlich erscheinen möchte. Erst wenn man das weiter unten genau festgestellte Verhältniss der Scheiden zum Axencylinder vergleicht, begreift man, dass ein so ausserordentlich feiner Axencylinder, wie er den Aesten zukommt, selbst in scharf aufwärts geknickten Scheiden noch eine ganz ausgiebige Curve ausführen und sich sogar auf- und abwärtswinden kann.

Da der Stamm des elektrischen Nerven erst verhältnissmässig tief zur innern Organfläche gelangt, so ergiebt sich diese rückläufige Anordnung der Aeste gleichsam von selbst. Der tiefe Austritt und Durchtritt desselben zur Oberfläche, wird stets vom vergleichend-anatomischen Standpunkt aus eine auffallende Erscheinung bleiben; physiologisch erscheint dies Verhalten verständlich. Vermuthlich hat man darin eine specielle Anpassung an die Function zu sehen, da der Nerv auf diese Weise wie mit einem Sprunge in das Organ eintritt und den Impuls zum elektrischen Schlag gleichzeitiger nach allen Seiten fortpflanzen kann; so wurde eine nach meiner Ueberzeugung der *Vagus*-Bahn zuzurechnende Wurzel veranlasst sich zwischen spinale Nerven zu drängen.

Weiterhin ist mir die geringe Zahl der vom Stamm abgehenden Aeste aufgefallen, welche in einem speciell untersuchten Fall nur 25 deutliche Abzweigungen erkennen lässt; diese Hauptäste verzweigen sich auch tertiär nicht stärker an der Innenfläche des Organs, sondern senken sich nach verschieden langem Verlauf in die Substanz ein, sich dadurch dem Blick entziehend.

6. Das Centralnervensystem.

Dringen wir nun, von der Erforschung des Centralorgans selbst weitere Aufschlüsse erwartend, alsbald unter Eröffnung des Wirbelkanals und der Schädelkapsel in das Allerheiligste des Organismus ein! Hier muss sich manches Räthsel lösen, — Doch manches Räthsel schürzt sich auch!

Der Stamm des elektrischen Nerven leitet uns zu einem Ganglion, das wir seiner Bildung und der Stellung am *Foramen intervertebrale* gemäss ohne Schwierigkeit für ein Ganglion spinale ansprechen werden. Eine mächtige Entwickelung fibrösen Gewebes umhüllt wie eine unregelmässige, allgemeine Scheide die verschiedenen Nervenwurzeln, die zum Bündel vereinigt zu dem Ganglion treten.

Bilharz[1] hat von demselben, das er als ein zwei Spinalnerven vertretendes Doppelganglion ansprach, zwei sehr stattliche Abbildungen gegeben, die an Klarheit Nichts zu wünschen übrig lassen; ich verweise auf dieselben ohne mir ein Urtheil darüber zu erlauben, da ich nicht verstehe, wie dieselben entstanden sind. Man vergegenwärtige sich nur, dass diese Ganglien selbst bei einem aussergewöhnlich grossen Fisch nur etwa die Grösse eines Stecknadelkopfes haben und ihre Einbettung in fibröses Gewebe die Isolirung der feinen Aestchen fast unmöglich macht. Das Bild, welches man noch ohne Schwierigkeit erhält, zeigt die bereits oben citirte Figur 6 derselben Tafel, d. h. die angeblich verwachsenen beiden Ganglien präsentiren sich wie ein einziges. Eine genaue Vergleichung der Figuren ergiebt es als Unmöglichkeit, dass die beiden als Fig. 7 und 8 dargestellten Ganglien, von deren ehemaliger Verwachsung auch nicht die Spur angedeutet ist, in dem Ganglion Fig. 6 *g* vereinigt gedacht werden können.

Ich finde an der Stelle, wo der elektrische Nerv austritt, nur ein Ganglion, welches sich nicht in zwei zerlegen lässt, im Habitus aber dem als Fig. 8 abgebildeten recht wohl entspricht. Dagegen sieht das um wenig mehr nach hinten lagernde Ganglion des nächsten (dritten Spinalnerven nach Stannius) täuschend dem als Fig. 7 von Bilharz abgebildeten ähnlich. Der Verdacht liegt nahe, dass Bilharz anstatt eines „Zwillingsganglions" zwei benachbarte Ganglien präparirt hat, deren peripherische Aeste durch hinter einander liegende *Foramina intervertebralia*, aber nicht durch das nämliche Loch austraten.

Ohne sehr überzeugende Präparate würde ich mich nicht entschliessen können, der Annahme beizutreten, dass hier im Wirbelcanal plötzlich zwei Spinalnervenwurzeln, ein gemeinsames Ganglion bildend, mit einer Austrittstelle vorlieb nehmen sollten, wenn auch solche Verschmelzungen als Ausnahmen thatsächlich beobachtet werden (z. B. bei *Trigla, Lophius* nach Stannius).

Ich muss gerade im vorliegenden Kapitel etwas genauer auf die Abweichungen eingehen, welche meine Untersuchungen im Vergleich zu denjenigen meines verdienstvollen Vorarbeiters lieferten, um den Zusammenhang mit ihm nicht ganz zu verlieren, zumal mancherlei Ungenauigkeiten und innere Widersprüche seiner Darstellung des Centralnervensystems die Verständigung ungemein erschweren. Der unbefangene Leser seines Werkes wird bei Betrachtung der Figuren 6, 7, 8 der Taf. III ganz sicher glauben, die beiden Ganglien der Fig. 6 seien in vergrössertem Maasse als 7 und 8 nochmals abgebildet. Dies ist also nicht der Fall, sondern 7 und 8 sind, wie erwähnt, in dem grösseren Ganglion der Fig. 6 (bei *g*) als vereinigt zu denken, während über das andere Ganglion (XII, *N. hypoglossus* der Figurenerklärung!) weitere Angaben gar nicht gemacht werden.

Die Fig. 8 bestätigt, was bereits Hr. Marcusen[2], ein viel zu wenig gekannter Forscher in diesem Gebiet, zuerst feststellte, dass die elektrische Nervenfaser das Ganglion passirt, ohne sich damit in Beziehung zu setzen. Die hierbei in Frage kommenden Verhältnisse sind schon wesentlich mikroskopischer Natur und sollen daher in einem späteren Kapitel Berücksichtigung finden.

Was bei der anatomischen Präparation am meisten und zwar sehr unangenehm auffällt, ist dass jenseits des Intervertebralganglions die zum Rückenmark führenden Nervenwurzeln in eine gemeinsame Scheide zum Bündel vereinigt sind, und dass dies fibröse Gewebe von grosser Festigkeit, übergehend in das *Ligamentum*

[1] A. a. O. Taf. III. Taf. 7 und 8.

[2] Mittheilungen über das elektrische Organ des Zitterwelses. (Bulletins de la classe phys. math. de l'Ac. imp. de St. Pétersbourg 1855.) S. 5 d. Separatabd.

intervertebrale und die Zwischenwirbelscheibe, die Theile ganz aussergewöhnlich stark fixirt. Weder davor, noch dahinter findet am *Malopterurus*-Rückenmark etwas Aehnliches statt, die Organe sind durch die besondere Befestigungsweise gleichsam an ihre Stelle gebannt, und man greift gewiss nicht fehl, wenn man in diesem Umstand eine bestimmte Anpassung an die Function sieht.

Die einzige leitende Faser, welche zudem noch von einer auffallenden Zartheit des Baues ist, musste wohl in vorzüglicher Weise gegen jede zufällige Zerrung oder Erschütterung geschützt werden. —

Es ist nun, nachdem das Rückenmark erreicht ist, festzustellen, wo wir uns eigentlich befinden, und wie die benachbarten Theile oder Wurzeln zu benennen sind? Nach den oben angeführten allgemeinen Bemerkungen kann ich mich hier kurz fassen, indem ich mich aus vollster Ueberzeugung der von STANNIUS gegebenen Auffassung anschliesse, wie ich dieselbe auch in meinem Werk: Ueber den feineren Bau des Fischgehirns (Berlin 1878) vertreten habe, ohne damals auf den genannten Autor Bezug zu nehmen.

Ich verstehe es nicht, wie im vorliegenden Fall selbst der hocherfahrene BILHARZ ein ganz feines Nervenfädchen, unsicheren Verlaufes (*y* in meiner Fig. 9 auf Taf. III), welches ganz oben (dorsal!) an dem Ende des *Lobus vagalis* hervorkommt, schlank weg als XII *(Nervus hypoglossus)* bezeichnen darf (vergl. Fig. 1 Taf. III seines Werkes), wie er mit derselben Bezeichnung Nervenwurzeln belegen kann (Fig. 2 derselben Tafel), die zwar zum Theil unten (ventral) an der *Medulla* hervorkommen, sich aber alsbald, wie auch BILHARZ's eigene Figur 6 lehrt, mit einem ganz ansehnlichen Ganglion nach dem Bau eines *G. intervertebrale* verbinden. Ein rein motorischer Nerv, *N. hypoglossus*, mit einem *G. intervertebrale!*

Diese und ähnliche Ungenauigkeiten nöthigten mich das Centralnervensystem des Zitterwelses noch einmal abzubilden (Fig. 8 und 9 meiner Taf. III) und dabei das soebenerwähnte Ganglion (an *sp.* 1 der Fig. 9) nach dem Präparat einzutragen, während die anderen Ganglien fortgelassen wurden. Dies Ganglion ist also das nämliche, welches von BILHARZ in seiner Fig. 6 als XII bezeichnet wurde; so ist nun das relative Verhältniss zwischen beiden Darstellungen gegeben und die Abweichungen oder Uebereinstimmungen lassen sich ohne Schwierigkeit feststellen. Die von dem Ganglion ausgehenden Aeste, von BILHARZ in anerkennenswerther Ueberzeugungstreue als vorderer und hinterer Ventralast des *Hypoglossus* (!?) bezeichnet, zu welch letzterem erst ein motorischer Ast des *Nervus spinalis 1* hinzutreten soll, verlassen den Rückenmarkscanal in einer vor dem ersten Wirbel liegenden Spalte, ein Fädchen lagert sich (vergl. BILHARZ' Taf. I Fig. 2 bei XII)[1] zum *Vagus*-Austritt wie ein *Nervus accessorius*, aber nicht wie ein *N. hypoglossus*. Auch aus diesem Grunde wäre es weit berechtigter, in den der bezeichneten Bahn sich anschliessenden, von hinten nach vorn ziehenden motorischen Fasern das Homologon eines *N. accessorius* zu sehen.

Wie dem auch sei, auf der sichersten anatomischen Grundlage steht jedenfalls STANNIUS[2], wenn er die in Rede stehenden Wurzeln als diejenigen des *Nervus spinalis 1* bezeichnet und es eine offene Frage sein lässt, in wie weit damit vereinigte Fasern den als selbständigen Nerven nicht entwickelten *N. hypoglossus* (und *accessorius?*) ersetzen möchten.

Damit stimmt die Stellung der Wurzeln an der *Medulla*, ihre Verbindung mit dem Ganglion, der Austritt der Zweige vor dem ersten Wirbel; denn selbst beim Menschen verlassen bekanntlich die Zweige des *N. cervicalis* 1 ebenfalls den Rückenmarkscanal unter Bildung eines Ganglion vor dem Atlas, und auch beim Menschen finden sich Verbindungen der ersten beiden Cervicalnerven mit dem *N. hypoglossus*.

Kann dieser eine Punkt als festgestellt angenommen werden, so ergiebt sich das Uebrige meist von selbst. Die beiden Wurzelpaare, welche den *N. electricus* begleiten, sind, abgesehen von dem ersten, kleinen, nach vorn ziehenden Fädchen, als *N. spinalis* 2 und 3 anzusprechen, so dass also thatsächlich der elektrische Nerv sich zwischen Rückenmarksnerven eindrängt. Für dieses auffallende Verhalten wurde oben die Erklärung zu geben versucht unter Hinweis auf den tiefen Ursprung der *Vagus*-Wurzeln überhaupt, den gleichfalls ventralwärts gerichteten Verlauf des ihm homolog erachteten Astes des Seitennervensystems sowie die vermuthete Anpassung an die Function.

Uebrigens wechselt das Verhalten der elektrischen Nervenfaser insofern, als sie zuweilen, wie es auch BILHARZ beschreibt, hinter dem *N. spinalis* 3 hervorkommt, in anderen Fällen, wie ich einen zur Darstellung

---

[1] Es will mich bedünken, als habe BILHARZ selbst ein ähnlicher Gedanke vorgeschwebt, als er an der Austrittsstelle mit XI einen Nervencanal markirte, den er im Text allerdings beständig als XII bezeichnet und *N. hypoglossus* genannt hatte. Eine Bemerkung über diesen Punkt finde ich bei ihm nicht.

[2] A. a. O. S. 124.

brachte, sich zwischen 2 und 3 einschaltet. Diese Unsicherheit des Verlaufes scheint mir ein sicherer Beweis dafür, dass sie sich an dem Orte, wo sie angetroffen wird, nicht recht zu Hause fühlt.

Abgesehen von diesem, hoffentlich durch weitere Untersuchungen noch besser aufzuklärendem Punkt ist der Bau des Centralnervensystems beim Zitterwels keineswegs auffallend; man könnte die Beschreibung mit den Worten erledigen: es sei ein durchaus typisches Welsgehirn. Ueber die Formverhältnisse der einzelnen Theile geben die Figuren, welche ich möglichst getreu der Natur nachzeichnete, am besten Aufschluss, nur schien es mir angezeigt, bei der Ansicht von oben, die mächtigen Trigeminuswurzeln, deren Verlauf nach oben verhüllend auf die seitlichen Vorsprünge des *Cerebellum*, die *Fimbriae*, wirkt, nach links und rechts etwas auseinander zu legen. An dem aufsteigenden Ast ist der rückläufige *Truncus lateralis trigemini* für eine kurze Strecke erhalten (*l. t.*).

Ein gesonderter Ursprung für einen *Nervus facialis* ist nicht vorhanden, sondern diese Bahn ist mit dem *N. trigeminus* vereinigt; in ähnlicher Weise ist der *N. glossopharyngeus* dem aus mehreren Faserbündeln sich sammelnden *N. vagus* untergeordnet, wenn man auch hier schon mit grösserem Recht ein bestimmtes, vorn unten entspringendes Fädchen wegen seines gesonderten Verlaufs und Austrittes aus der Schädelkapsel neben dem Haupttheil des *Vagus* als neunten Hirnnerv ansprechen kann: es ist ein sich selbständig machender Vasall des *Vagus*. Bilharz hat am Gehirn den *N. glossopharyngeus* ebenfalls nicht bezeichnet, er spricht aber von demselben im Text und deutet an der Figur des skeletirten Schädels die Stelle an, wo der Nerv zum Austritt gelangt. Wenn man nicht ganz besondere Aufmerksamkeit darauf verwendet, ist das dürftige Nervenstämmchen nicht wohl zu bemerken, da es sich dem Haupttheil noch in der Nähe der Austrittsstelle dicht anlegt.

Dasselbe gilt von Nr. VI vom *N. abducens*. Die schulgerechten anatomischen Kritiker werden mir hoffentlich glauben, dass ich weiss, wo dieser Nerv etwa hingehört, sowie dass ich seine Eintragung in die Figur nicht aus Bequemlichkeit unterlassen habe. Der genannte Nerv, obwohl zweifelsohne an der normalen Stelle vorhanden, kam mir bei der Schwierigkeit der Herauslösung des Gehirns aus der Schädelkapsel nicht an seinem Ursprung, sondern nur im peripherischen Verlauf zu Gesicht, so dass ich ihn an seiner richtigen Stelle nicht mit Ueberzeugung vermerken konnte, und Bilharz scheint es ebenso gegangen zu sein; denn auch ihm fehlt an den Figuren der Hirnnerv VI, ja sogar der vierte und dritte! Die Augen des Fisches sind unverhältnissmässig klein, und demnach ist auch die Entwickelung der zugehörigen Nerven, nämlich ausser dem bereits genannten die des *N. oculomotorius, trochlearis* und *N. opticus* selbst eine sehr schwache, obwohl sie im Uebrigen normal gebildet sind. Dasselbe gilt in gleicher Weise von den gewöhnlichen Siluroiden, so dass ich mich seiner Zeit veranlasst sah, bei der Darstellung des Welsgehirns wegen der Unsicherheit der Präparation *N. oculomotorius* und *N. trochlearis* punktirt anzugeben.[1] Am *Malopterurus* habe ich sie, wie die Figuren 8 und 9 es andeuten, d. h. an den Stellen ihres regelmässigen Verlaufes constatiren können.

Der Stamm des Rückenmarkes ist nicht vollkommen glatt, wie Bilharz es angab und zeichnete, sondern den austretenden Nervenwurzeln entsprechen caudalwärts geringe, nach vorn etwas stärkere Anschwellungen der oberen (dorsalen) Theile. Die eigenthümlich geschwungene Figur, welche die Ansicht von oben am Stamm der *Medulla oblongata* darbietet, geht in die Bildung der *Corpora restiformia* über. Diese schwellen in der Gegend der *Vagus*-Wurzeln stärker an als *Lobi vagales* und steigen dann unmittelbar zum Kleinhirn auf, um den seitlichen Anhang, die sogenannten *Fimbriae* zu bilden. An der bezeichneten Stelle kreuzen sich mit den aufsteigenden Fasern nach vorn und abwärts gerichtete, die eine der *Trigeminus*-Wurzeln darstellen, entsprungen aus paarigen, gangliösen Körpern hinter dem Rande des Kleinhirns, welche bei manchen Fischen (*Gymnotus, Cyprinoiden*) zu einem einzigen, dem *Tuberculum impar*, verschmelzen, hier nur stark genähert erscheinen.

Das mächtige Kleinhirn entspricht dem Siluroidencharakter; es verdeckt von oben den *Lobus centralis* fast vollständig und reicht nach vorn über den Epiphysenursprung hinweg, noch den hintersten Theil des secundären Vorderhirns verdeckend. Auch dieses ist kräftig entwickelt und umhüllt den nach abwärts gedrängten *Lobus olfactorius*, der auch in der Seitenansicht verdeckt erscheint.

Die *Lobi inferiores*, das *Tuberculum cinereum* mit dem *Chiasma* davor, das *Infundibulum* mit dem abgeplatteten, scheibenförmigem Hirnanhang geben zu besonderen Bemerkungen bei makroskopischer Betrachtung keine Veranlassung.

Um soviel wie der *Malopterurus* sich in den allgemeinen Verhältnissen des Centralnervensystems vom gemeinen Wels entfernt, um ebensoviel nähert er sich darin der Bildung beim *Gymnotus*[1], so dass beide Gehirne eine sehr auffallende Aehnlichkeit zeigen.

---

[1] Fischgehirn. Taf. I, Fig. 8.   [2] Vergl. Dr. Carl Sachs' Untersuchungen am Zitteraal. Anhang I. Taf. VII, Fig. 24.

IV.

Die Orientirung der Organe in den Körperquerschnitten.

Nachdem die für den elektrischen Fisch als solchen wichtigsten Systeme des Körpers beschrieben wurden, möge es gestattet sein auch der anderen Organe dieses interessanten Thieres in Kürze zu gedenken, zumal die Autoren dieselben bisher auffallend vernachlässigten. BILHARZ[1] sagt mit dürren Worten: „Der hintere Theil der Bauchhöhle bietet nichts Bemerkenswerthes dar". Er schneidet den Fisch mitten durch und lässt die hintere Hälfte unbeschrieben und unabgebildet; hier ist also Verschiedenes nachzutragen, was des Interesses nicht ermangeln dürfte bei einem Thier, dessen Entwickelung noch unbekannt ist und in der Wissenschaft schmerzlich entbehrt wird. Ich bedaure lebhaft über das wichtige Kapitel der Genitalentwickelung zur Zeit selbst noch so wenig beibringen zu können.

Die innige Anlehnung des elektrischen Organs an die äussere Haut und die lockere Verbindung mit allen tieferen Theilen, von denen das Leibeswandorgan durch RUDOLPHI's flockige Haut getrennt wird, war bereits oben (Seite 17) Veranlassung zu betonen, als es sich zuerst darum handelte, den Beweis anzutreten, dass der Charakter des Organs beim Zitterwels kein muskulärer sei. An dieser Stelle ist der Gang des Beweises wieder aufzunehmen, um die aus der Betrachtung tiefer liegender Organe für eine solche hochwichtige Entscheidung sich ergebenden Gründe anzuschliessen.

In Hrn. DU BOIS-REYMOND's mehrfach bereits citirten Werk über den *Gymnotus* habe ich im Anhang II gezeigt, dass bei dem genannten elektrischen Fisch die Ausbildung der elektrischen Organe mit dem Ausfall bestimmter Muskelgruppen einhergeht, welche zu jenen umgeformt worden sein müssen, so dass die Organe also einen muskulären („metasarkoblastischen" BABUCHIN) Charakter tragen. Ich möchte gleich hier als Resultat weiterer Untersuchungen bemerken, dass in ähnlicher Weise beim Zitterrochen, und ebenso beim elektrischen Nilhecht *(Mormyrus)* sowie dem unvollkommen elektrischen, gemeinen Rochen *(Raja)* bestimmte Muskelgruppen in elektrisches Gewebe verwandelt erscheinen, die betreffenden Organe dieser Fische also sämmtlich einen muskulären Charakter tragen.

Indem also die bezeichneten Untersuchungsreihen sich gegenseitig stützen und ihre Resultate dadurch annehmbarer werden müssen, ist es gewiss angezeigt, auch auf den Zitterwels ihre Anwendbarkeit zu prüfen. Das Ergebniss ist ein völlig negatives, da die Durchschnitte aus jeder Körpergegend erkennen lassen, dass die gesammte Muskulatur sich in vollkommenster Weise erhalten zeigt, so wie sie auch sonst beobachtet wird.

Der Aufbau des Muskelsystems präsentirt sich am deutlichsten am Durchschnitt des Schwanzes, wo die Gruppen noch nicht durch die einlagernde Leibeshöhle auseinander gedrängt wurden.

Es treten in der bezeichneten Region die Muskelquerscheiben *(Myokommata)* in ihr normales Verhältniss zur Wirbelsäule und setzen die sogenannten *Musculi laterales* der Fische in bekannter Weise zusammen; d. h. jederseits lagert ober- und unterhalb der *Linea lateralis* ein Hauptbündel kegelförmig ineinander geschobener Muskelscheiben *(Musc. laterales superiores = Ms.* der Figuren, und *M. lat. inferiores = Mi.* der Figuren). An diese Muskelvollkegel mit nach vorn gerichteter Spitze schliessen sich dorsal- wie ventralwärts

---

[1] A. a. O. S. 10.

unvollkommene Kegel mit der Spitze nach hinten gerichtet (*M. laterales dorsales __ md.* und *M. laterales ventrales __ mv.* der Figuren), wie ich dies im Anschluss an OWEN und GEGENBAUR in dem oben citirten Werk über den *Gymnotus* genauer ausgeführt habe.

Ich wies an der betreffenden Stelle darauf hin, dass bei den Welsen, welche dem sogenannten Zitteraal nahe verwandt sind, unter den ventralen Längsmuskeln *(mv.)* sich ein eigenthümliches Muskelbündel scharf sondert, welches beim letzteren nur als Rest erhalten, zum grössten Theil aber in elektrisches Gewebe umgewandelt erscheint; es wurde als *M. lateralis imus (me.)* bezeichnet. Auch dieses findet sich an normaler Stelle, nur schwächer entwickelt beim Zitterwels vor. Noch schwächer angelegt sind die Muskeln der Flossenträger, was bei der unbedeutenden Ausbildung des locomotorischen Apparates nicht Wunder nehmen kann; gleichwohl unterscheidet man *Musculi pinnales dorsales et ventrales (mp.* und *mp₁)* und zwar äussere und innere Bündel, von welchen beim *Gymnotus* die letzteren das sogenannte kleine Organ abzugeben haben.

Das ganze System der Skeletmuskulatur ist somit beim Zitterwels unversehrt vorhanden, keines der Bündel setzt sich irgendwo in Beziehung zu dem elektrischen Organ, so dass die etwaige Annahme, es sei ein Theil verwandelt, der Rest jedoch erhalten geblieben, gleichfalls unzulässig wird.

Wir finden aber ausser den soeben erwähnten Muskelgruppen bei manchen Autoren einen Hautmuskel der Fische erwähnt, und es könnte daher Jemand leicht auf den Gedanken kommen, diesen Hautmuskel in dem elektrischen Organ wieder erkennen zu wollen. Dieser Einwand erweist sich indessen als gänzlich unzutreffend.

Zunächst bestreite ich überhaupt, dass der dabei ins Auge gefasste Muskel, welcher jederseits auf den Hauptlängsmuskeln *(Ms.* und *Mi.)* eine flache Lage gewöhnlich rother Muskelbündel darstellt, ein Hautmuskel genannt werden darf, weil ihm alle Kennzeichen eines solchen fehlen: Der Muskel ist unverkennbar segmentirt, ordnet sich also den *Myokommata* unter, was ein Hautmuskel nicht zu thun pflegt; er ist von seiner Unterlage nicht durch subcutanes Bindegewebe getrennt, wie es ein Hautmuskel müsste, sondern nur soviel gesondert, wie irgend eine andere Muskellage des Skelettes von ihrer Nachbarin; da der Zusammenhalt dieser Muskellagen unter sich sehr gering ist, die Haut aber für gewöhnlich überall, besonders aber am Rücken durch fibröses Gewebe fixirt wird, so kann man allerdings an leicht macerirten Fischen (z. B. an einem saueren Häring oder Bückling) die Haut so abziehen, dass die dünne Muskellage durch ihre breite Anlagerung an ihr haften bleibt; aber die dadurch frei werdende innere Fläche ist keineswegs glatt, wie sie ein abgezogener Hautmuskel darbieten müsste, sondern zeigt gewaltsam auseinander gezerrte Primitivbündel, die von ihren in den *Myokommata* aggregirt gewesenen Nachbarn losgerissen wurden.

Nimmt man aber selbst an, es sei diese von den Hauptlängsmuskeln abgezweigte Lage der Fische thatsächlich ein Hautmuskel, so kann dem Einwand doch nicht Platz gegeben werden, da die besprochene Muskellage *(mx.* der Figuren) in durchaus typischer Weise auch beim Zitterwels entwickelt ist und sich vom elektrischen Organ ebenso scheu absondert, wie irgend eine andere Abtheilung der Skeletmuskulatur. Also ergiebt die Betrachtung des Muskelsystems beim *Malopterurus* ebensowenig irgend welchen Anhalt dafür, dass das elektrische Organ des Fisches aus Muskeln entstanden sei, als die Betrachtung der Hautanlage eine Veranlassung bot, die Organbildung von ihr zu trennen.

Die makroskopische Untersuchung der Anatomie des Zitterwelses hat für die zu beweisende Behauptung, das Organ sei phylogenetisch auf eine andere Abstammung zurückzuführen, als die oben bezeichneten muskulären Organe, soviel Beweise geliefert, als billiger Weise dafür zu erwarten war. Das Mikroskop wird aber noch Reihen weiterer Thatsachen beizubringen erlauben, die nach meiner Ueberzeugung in gleichem Sinne zu deuten sind.

Bemerkenswerth ist an dem Aufbau der Systeme des Zitterwelskörpers die starke Sonderung der edleren Theile von den rein vegetativen Organen und Geschlechtswerkzeugen. Das Centralnervensystem ist mit den Centraltheilen des Circulationsapparates zusammen aussergewöhnlich dicht gegen alles Uebrige abgekapselt. Das elektrische Organ reicht wohl oben auf dem Scheitel weit nach vorn, d. h. bis in die Querebene der Augen, ebenso dringt es stark verschmälert an der Bauchseite weit nach vorn; links und rechts entsteht dagegen eine beträchtliche Lücke durch die Einlagerung der Kiemenhöhle und deren spaltförmigen Oeffnung vor den Brustflossen.

Der Unkundige, welcher die Abbildungen auf Taf. I Fig. 6 und auf Taf. II Fig. 3 und 4 des BILHARZ'schen Werkes ansieht, wird vielleicht nach der Lagerung oder dem Verbleib des Herzens fragen und im Text vergeblich nach einer Bemerkung über dies Organ suchen. Die bezeichneten Figuren sind indessen im Wesentlichen richtig und vollständig; denn das Herz liegt durch eine feste knöcherne Wand der verbreiterten *Ossa clavicularia* des Schultergürtels nach unten und hinten dicht abgeschlossen, vor der eigentlichen Leibeshöhle und in gleicher Höhe mit den hintersten Kiemenbögen.

Dies sehr merkwürdige Verhältniss, welches auch in Bezug auf die Function gewiss verdient im Auge behalten zu werden, veranschaulicht der Durchschnitt durch die Kiemenspalte des Zitterwelses, dargestellt als Fig. 11 der Taf. IV. Der im Allgemeinen senkrecht gestellte Schnitt hat auf der linken Seite bereits etwas vom Kiemendeckel *(Op.)* gefasst, rechts ist die Lage der Kiemenspalte durch den Ausschnitt des Umrisses angedeutet; die linken Kiemenbögen erscheinen daher im Schnitt schon mit einer breiteren Fläche als die rechten. Zwischen den *Ossa pharyngea superiora et inferiora* lagert in der Mitte der Figur der Schlund als quergezogene Spalte von geringer Höhe.

Nach oben von demselben bleibt ein ungefähr fünfeckiger Raum für die Theile des Schädels, Knochen und Muskeln, sowie seinen Inhalt, das Centralnervensystem. Wie weit vorn der Schnitt lagert, ergiebt sich aus dem Umstand, dass die *Medulla oblongata* bereits in ihrer grössten Breite oben von den rundlichen *Corpora restiformia* bedeckt erscheint; nicht viel weiter nach vorn, und das *Cerebellum* müsste bereits von dem Messer gefasst worden sein. Links und rechts davon lagern in den seitlichen Ecken des unregelmässigen Fünfecks die Gehörorgane, durchschnittene halbzirkelförmige Canäle und Ampullen aufweisend.

Unter dem Schlund bleibt ein etwa viereckiger Raum für das Herz, dessen grösster Durchmesser in den Schnitt gefallen ist. Es erscheint auch im Schnitt gleichsam verbarrikadirt — illi robur et aes triplex circum pectus erat —, die Knochenplatten des *Claviculare s. Procoracoid* bauen sich nach unten und an den Seiten wie ein Gehäuse zusammen, dessen Dach von den *Ossa pharyngea inferiora* gebildet wird; die knöchernen Wände sind mit den Muskeln des Kiemen- und Kiefergerüstes bekleidet und endlich nach innen durch das Pericard, nach aussen durch die Schleimhaut der Kiemenhöhle abgeschlossen.

Der Vorhof des Herzens selbst war grösstentheils mit geronnenem Blut erfüllt, doch ist die *Atrioventricular*-Oeffnung noch wohl zu sehen, sowie, derselben benachbart, der Zugang zum *Truncus arteriosus.*

Bei dieser eigenthümlichen Anordnung der edelsten Theile in dem Kopfabschnitt, wo der organfreie Theil der Körperwand links und rechts fast die Hälfte der Gesammthöhe des Querschnittes beträgt, ist die Frage nahegelegt, was dieser sonderbare Aufbau für die Function zu bedeuten habe? Die Vermuthung schien mir nicht unzulässig, dass dadurch ein gewisser, relativer Schutz des Herzens gegen ein Übermaass elektrischer Ströme, welche bei tieferer Lagerung zwischen allseitig von elektrischem Organ umgebenen Körperregionen dasselbe getroffen haben würden, gegeben sei. Der competenteste Richter in dieser Sache, Hr. du Bois-Reymond hält indessen eine solche Beantwortung der Frage nicht für stichhaltig, und muss ich sie daher bis auf Weiteres als eine offene bezeichnen. Muskeln des Axenskeletes erscheinen in diesem vordersten Schnitt noch sehr spärlich, d. h. oben und unten eine flache, schmale Lage, das Ende der langen dorsalen und ventralen Seitenmuskeln und daneben einige Schrägschnitte der Muskeln des Schultergürtels.

Im oberen Organende fällt eine ovale Figur in die Augen, welche räthselhaft aussieht und in der That der Organisation des Fisches nicht angehört. Aehnlichen Gebilden begegnet man auch in den folgenden Schnitten desselben Zitterwelses und die mikroskopische Untersuchung stellt es ausser Zweifel, dass die fraglichen Durchschnitte eingewanderten Nematoden angehören, gegen welche sich der Wirth durch Verdichtung des benachbarten Gewebes zu einer Kapsel nach Möglichkeit abgeschlossen hat. Die offenbare Gleichgültigkeit dieser Rundwürmer gegen die besondere Natur des Gewebes, in welches sie eindrangen, ist gewiss äusserst bemerkenswerth; sie lehrt mit einem Blick, dass es thierischen Organismen in der That möglich ist, eine hochgradige Immunität gegen elektrische Wirkungen zu erlangen. Die Häufigkeit, mit der die Würmer in diesem Fisch erscheinen (es sind sicher nicht unter 20, vielleicht die doppelte Zahl vorhanden) und die gute, regelmässige Entwicklung derselben beweist, dass die Eindringlinge sich keineswegs unbehaglich in ihrer Position befunden haben. Der ganze Zitterwels hatte, als er getödtet wurde, nur die Länge von 12.3 cm; seine Schläge sind daher nach den festgestellten Beobachtungen an gleich grossen Exemplaren noch nicht besonders stark gewesen. Man könnte demnach der Meinung sein, dass die Parasiten vielleicht doch später, wenn sie ihre gehörige Grösse erreicht haben, bevor ihr Wirth volle Grösse und Stärke erlangt, auswandern, um den Ort aufzusuchen, wo sie geschlechtsreif werden können. Dies würde zugleich erklärlich machen, warum Bilharz und andere Autoren, die sich für ihre Arbeiten an besonders grosse Exemplare hielten, niemals solche Nematoden gesehen haben. Unsere Erfahrungen über die Entwickelung derselben widersprechen aber einer derartigen Annahme. Ihrem zoologischen Charakter gemäss sind sie zu den als *Filaria piscium* von den Autoren zusammengefassten Jugendzuständen gewisser Ascariden zu rechnen, die in warmblütigen Thieren, besonders Vögeln, geschlechtsreif werden. Verhält sich die hier vorliegende Form ebenso hinsichtlich ihrer Entwickelung, so ist nur an einen passiven Wirthswechsel zu denken; die Würmer müssten also aushalten, bis sie aus ihrer prekären Situation durch Absterben und Gefressenwerden des ersten Wirthes erlöst würden, und sind in den grossen Zitterwelsen nur zufällig übersehen worden. Die andere Möglichkeit, dass sie etwa trotz der bereits erlangten hochgradigen Immunität doch schliesslich an den elektrischen Entladungen zu Grunde gehen oder auswandern sollten, erscheint mir sehr unwahrscheinlich, da die Spuren ihres einstigen Vorhandenseins in den leeren Kapseln wenigstens aufzufinden sein müssten.

Der nächste, dem zweiten Fünftel des Fisches entnommene Querschnitt (Taf. IV, Fig. 12) giebt bereits ein von dem soeben beschriebenen völlig abweichendes Bild und macht, was die Deutung der einzelnen Theile anlangt, keine besonderen Schwierigkeiten. Ein Blick lehrt, dass der Schnitt durch die Bauchhöhle gegangen ist, und der Verdauungscanal in seinem weitesten Theile getroffen wurde.

Die Demonstration dieses Schnittes würde es aber ganz unerklärt lassen, wie sich die einfache Anordnung mit Bilharz' schulgerechter, aber complicirter Beschreibung der Bauchhöhle vereinigen lässt, wenn ich nicht an dieser Stelle über die Topographie der Bauchorgane einige Bemerkungen einschaltete, die aus den Schnitten nicht ersichtlich sind. An dem hier zur Darstellung gewählten Präparat sind zwei *Ligamenta gastrica* (Flügelbänder, Bilharz) nicht getroffen, welche den sich hinter dem Schultergürtel schnell zum Magen erweiternden *Oesophagus* nach links und rechts an die Bauchwand fixiren; wo die platten, horizontal ausgespannten Ligamente die sonst einfache Bauchhöhle durchsetzen, ist der Raum in zwei übereinander liegende Etagen (*Caritas hyperoesophagea* und *C. hypoesophagea B.*) getheilt, die selbständige Bedeutung nicht beanspruchen können. In der oberen Abtheilung, welcher hauptsächlich die Schwimmblase zur Beherbergung zugewiesen ist, wird der Raum weiter eingetheilt durch das Hineinragen eines von Fascie und Bauchfell bekleideten breiten Wirbelfortsatzes (Springfederfortsatz Johannes Müller[1]), den Bilharz mit Recht dem zweiten Wirbel zugewiesen hat; hinsichtlich seines Baues und seiner Bedeutung, die uns hier nicht näher angeht, wird auf die citirten Originalarbeiten verwiesen. Meine Behauptung, es handle sich bei der erwähnten, besonderen Anordnung der Theile in der Bauchhöhle nur um gespannte Ligamente, erweist sich am besten dadurch, dass auf der rechten Seite das Ligament zwischen der gelappten Leber hindurchzieht und so einen schmalen Zipfel derselben in die obere Abtheilung der Bauchhöhle verweist, während die Hauptmasse der Leber unterhalb lagert. An diesen nach oben gedrängten, etwas abgeschnürten Leberlappen lagert sich der Stamm des elektrischen Nerven an, wenn er, neben der Wirbelsäule hervortretend, abwärts zieht. Der Nerv giebt dabei aus seinen Scheiden die oben (Seite 26; vergl. Fig. 7 auf Taf. III) beschriebenen Nerven zur Brustflosse frei, von denen der eine schon beim Passiren des Leberlappens in einer besonderen Falte des Bauchfells eingelagert zu sein pflegt (Hauptnerv zur Haut der Brustflosse Nr. 7 nach Bilharz' Figur). Den elektrischen Nerven selbst nebst einem kleineren zur Brustflosse bestimmten Zweig, nach Bilharz motorischen Chrakters(?), begleitet treulich die in eine gemeinsame Falte mit ihm eingeschlossene elektrische Arterie.

Im Schnitt (Fig. 12) sind Nerv und Arterie bereits am Ort ihrer Bestimmung angelangt, derselbe fiel also etwas hinter die *Ligamenta gastrica*, doch nicht sehr viel; denn der schmale, nach oben gewendete Leberlappen ist noch als eine geschwungene, dunkle Figur oberhalb des Magendurchschnitts sichtbar.

Darüber erscheinen die Querschnitte der doppelten Schwimmblase, welche mit einer eigenthümlich festen, kalkig incrustirten Hülle überkleidet ist, von welcher sich die weiche Membran im Präparat stellenweise zurückgezogen und gefaltet hat. Links und rechts von dieser Doppelfigur sieht man die locker aufgeknäuelten Harncanälchen der vordersten Nierenanlage und die grossen mit dunklen Coagulis erfüllten zugehörigen Gefässe.

Vom Darmcanal fiel ausser dem weiten Magen auch noch ein Stück des Dünndarmes, links von ihm sichtbar, in den Schnitt, und zwar ist von demselben ausser einem der Axe des Darmes nahen Schrägschnitt unmittelbar darüber noch ein kleiner tangentialer Schnitt sichtbar geworden. Das viscerale und parietale Blatt des Bauchfells präsentirt sich dem schulgerechten Anatomen in erfreulicher Deutlichkeit.

Die Organe der Bauchhöhle werden von der schon mächtig entwickelten, sich typisch gliedernden Skeletmuskulatur umfasst. Die Orientirung giebt die nicht zu verkennende, von den Wirbelquerfortsätzen zu den *Lineae laterales* verlaufende Trennung, deren Weg nach der Peripherie zu stark ansteigt. Dort am Endpunkt derselben finden wir als sicher zu umschreibendes, dreieckiges Feldchen des Querschnittes die flache, oberflächlichste Muskellage *(m x)* des Systems. Die oberen Hauptlängsmuskeln sind noch

---

[1] Untersuchungen über die Eingeweide der Fische, S. 39 Tab. III Fig. 1—6.

stärker als die unteren, von der Bauchhöhle zur Seite gedrängten, die dorsalen Längsmuskeln sind in mehrere grosse Gruppen getrennt und oben durch die als Flossenmuskeln nicht zur Verwendung gelangten *Musculi pinnales* verstärkt.

Die ventralen Längsmuskeln dehnen sich stark nach abwärts, um die Bauchhöhle zu umfassen und finden darin Unterstützung durch deutlich gesonderte, stark entwickelte *Musculi recti abdominis*.

Das elektrische Organ, welches die RUDOLPHI'sche Haut in reichlichem Abstande umzieht, lässt hier gerade schon recht deutlich eine durch einlagernde Aponeurosen bewirkte Sonderung in eine rechte und linke Hälfte erkennen, wie erwähnt ein unconstantes, erst bei zunehmender Grösse des Thieres deutlicher werdendes Verhältniss. Die Entwickelung des Organs in die Dicke ist in dieser Gegend etwa die beträchtlichste; die Dickendurchmesser der Seiten dominiren stark über die oben und unten zu beobachtenden. Die Seitenorgane mit ihren Lymphspalten (*o. l.*; vergl. das folgende Kapitel) sind schon bei der geringen Vergrösserung (6 mal) deutlich sichtbar. Das Centralnervensystem zeigt die bekannte Figur. Filarien sind im Schnitt drei zu bemerken: zwei davon im Organ, eine in der *Submucosa* des Darmes.

Geht man zur Erlangung des Querschnittes am Körper des Zitterwelses in die Region des dritten Fünftels, so kommt man schon in das Gebiet der Bauchflossen. Der transversale Durchmesser des Schnittes verliert alsdann im Vergleich zum sagittalen an Ausdehnung, d. h. die Figur verändert ihre querovale Gestalt in ein aufrechtes Oval (Fig. 13). Die Bauchhöhle ist auf ein sehr bescheidenes Maass gesunken, enthält aber darum nicht weniger wichtige Organe, als sie der vorhergehende Schnitt zeigte.

Das Lumen des zum After hinstrebenden Enddarmes liegt schon der unteren Seite des Thieres nahe, eingehüllt von lappigem, im frischen Zustande gelblichen Fett, das Bauchfellfalten infiltrirt. Unmittelbar über dem querovalen Darmlumen ist ein mit rundlichen Fleckchen erfülltes, dunkel eingefasstes Feld, oder thatsächlich zwei, sehr eng aneinander gedrängte von gleichem Habitus zu sehen, *o r* der Fig. Die rundlichen Fleckchen sind reifende Eier, wir haben es mit den Ovarien des Thieres zu thun; das Exemplar war also ein Weibchen. An der genau entsprechenden Stelle würden die männlichen Keimdrüsen gefunden werden, doch sind die auf gleicher Entwickelungsstufe etwa stehenden Hoden erheblich schwächer und dünner; auch würde der Querschnitt nicht des Bild eines mit lockerem Material erfüllten Schlauches in gleicher Deutlichkeit ergeben als das Ovarium. Da die Bildung der Keimdrüsen im Hinblick auf die noch zu erforschende Entwickelung des *Malopterurus* von sehr erheblichem Interesse ist, so will ich auch hinsichtlich des makroskopischen Bildes der Organe *in toto* hier einige Bemerkungen einflechten. Ueber den Ort, wo man sie zu suchen hat, giebt die Figur wohl genügenden Aufschluss; es ist aber besonders zu berücksichtigen, dass bei Eröffnung der Bauchhöhle das orangegelbe Fett die Keimdrüsen so stark verhüllt und dem weniger Bewanderten das Aufsuchen erschwert. Vom Darm gegen seine Anheftungsstelle, das *Mesocolon*, vordringend, erkennt man leicht die bandförmigen, im unentwickelten Zustande röthlichgrauen Ovarien, die dicht aneinander gedrängt sich eine erhebliche Strecke, d. h. für mehr als die Hälfte der Bauchhöhle nach vorn verfolgen lassen. Der Ausdruck „bandförmig" passt insofern nicht ganz, als sie auch unentwickelt durch ihren Gehalt an Primordialeiern thatsächlich eine schon makroskopisch kenntliche Dicke haben. Dadurch gerade unterscheiden sie sich von den unentwickelten Hoden des Zitterwelses, welche bei relativ geringeren Durchmessern besonders durch ihr plattes Aussehen auffallen. Die platten, blauröthlichen Streifen liegen dabei so eng aneinander, dass man bei kleinen Exemplaren glauben könnte, es handele sich nur um einen solchen Streifen, während sich doch das dünne, durchsichtige *Mesocolon* zwischen die beiderseitigen Hoden schiebt (vergl. Fig. 1 der Taf. I bei *f*).

Hat man die Bildung einmal genau verglichen, so unterliegt es keinen Schwierigkeiten mehr, schon makroskopisch die beiden Keimdrüsen zu unterscheiden; selbst bei sehr kleinen Organen würde ein mit der Lupe betrachteter Durchschnitt, der eine körnige Masse erkennen lässt, unzweifelhaft als der eines Ovarium anzusprechen sein. Somit können auch wissenschaftlich nicht vorgebildete Personen leicht genug darauf angelernt werden, die Geschlechter zu unterscheiden und wären im Stande bei gelegentlich zur Untersuchung gelangenden Zitterwelsen das ganze Jahr hindurch Daten über die Entwickelung der Genitalorgane zu sammeln, Daten, welche zur Zeit noch gänzlich fehlen. Weiss man doch nur, wie oben bereits angedeutet, dass die Männchen gewöhnlich spärlicher zur Beobachtung gelangen als die Weibchen!

Es liegt auf der Hand, dass es vergebliche Mühe bleiben muss, in Gegenden nach junger Brut des Fisches zu suchen, wo die Genitalien vielleicht überhaupt nicht zur vollen Reife gelangen. Andererseits wird die Constatirung von reifen Eiern und beweglichen Samenfäden die Ueberzeugung herbeiführen, dass Zeit und Ort günstig sind, um weitere Nachforschungen nach junger Brut anzustellen.

Im vorliegenden Schnitt lagert auch ein Organ, dessen Stellung mir seiner Zeit für die Unterscheidung der Geschlechter von Bedeutung erschien, nämlich die Harnblase. Sie erscheint dicht über den Ovarien als eine unregelmässig gerundete Figur, die sich stark contrahirt und den Nachbarorganen angelehnt hat; dabei ist ihr Lumen fast gänzlich verloren gegangen, doch wird es durch die wellige Begrenzung der Schleimhaut wenigstens angedeutet. Das ganze Organ zeigt frisch in Seitenansicht eine gestreckte, walzenförmige Gestalt, beiderseits verschmälert. Eigenthümlich ist die wechselnde Lage desselben, insofern es nämlich bald rechts vom *Mesocolon* seinen Platz findet, bald links. Wie im vorliegenden Fall ist die rechtseitige Stellung eine häufige Begleiterin des weiblichen Geschlechtes, die seltenere linkseitige des männlichen; doch lehrt die Untersuchung einer grösseren Reihe von Zitterwelsen, dass dies Merkmal die vermuthete Constanz nicht zeigt, vielmehr gelegentlich für beide Geschlechter Abweichungen vorkommen. Da die Keimdrüsen selbst doch ohne Schwierigkeiten zu unterscheiden sind, so ist der dadurch erwachsende diagnostische Verlust kein nennenswerther; auffallend bleibt aber solch scheinbar willkürlicher Wechsel der Stellung eines Organs im Körper auch ohne diese Beziehung zum Geschlecht.

Der ganze obere Raum zwischen der Wirbelsäule und den eben bezeichneten Theilen wird von den Nieren nebst anlagernden Harnleitern und sinuös erweiterten, venösen Nierengefässen eingenommen, welche durch ihre natürliche Injection mit geronnenem Blut eine dunkle, schwierig zu entwirrende Masse darstellen.

Die Harnleiter sind schon nahe ihrem Ende getroffen, welches sie, wie oben (Seite 20) bereits angedeutet, vereinigt mit den Ausführungsgängen der Geschlechtsorgane caudalwärts der queren Falte im hinteren Theil der Kloake erreichen.

Die Rumpfmuskulatur, welche die bekannte Anordnung zeigt, wird im tiefsten Theil ergänzt und auseinander gedrängt durch die Muskeln der Bauchflossen, welche dem After beim Zitterwels nahe stehen. Die regelmässige Figur derselben umfasst das ganze untere Feld des Durchschnittes, die Anlagen vereinigen sich also von links und rechts, wie es überhaupt der Regel nach geschieht. Die breiten Lagen der RUDOLPHI'schen Haut trennen auch hier das Hautsystem mit dem elektrischem Organ weit von der Anlage der Skeletmuskulatur. Das Organ selbst zeigt in dieser Körpergegend die gleichmässigsten Verhältnisse, d. h. es hat im Vergleich zu den weiter vorn liegenden Schnitten oben und unten an relativer Höhe gewonnen. So umhüllt es, an den Seiten nur etwa auf das Doppelte an Dicke anwachsend, den Fisch als ein einheitliches Organ, welches weder in der Rücken- noch in der Bauchlinie eine aponeurotische Trennung in linke und rechte Anlage erkennen lässt. In der Bauchlinie ist ein schräg verlaufendes, die Gefässe der Gegend begleitendes fibröses Bündel kenntlich als Theil der unvollendeten Anlage einer späteren medialen Membran; an benachbarten Schnitten fehlt gelegentlich auch ein derartiger Rest. Es beweisen diese Bilder, dass der Malopterurus, wie oben bereits behauptet wurde, *eine* Hautanlage und *eine* einzige Organanlage an ihr besitzt, und letztere nur stellenweise durch die in der Sagittalebene sich entwickelnden Aponeurosen weiter in zwei symmetrische Hälften oder Lappen gesondert wird.

Filarien erscheinen auch in diesem Schnitt mehrere: Eine in den ventralen Längsmuskeln der linken Seite, eine andere in dem subcutanen Bindegewebe unter der RUDOLPHI'schen Haut, eine dritte zwischen Niere und Ovarien gegenüber der Harnblase.

Das vierte Fünftel des Körpers enthält schon einen Theil der Analflosse, sowie der zur Fettflosse gewordenen Rückenflosse; ganz aus dem Anfang dieser Region war ein Schnitt entnommen, welcher von mir in der Schrift: „Die elektrischen Fische im Lichte der Descendenzlehre"[1] abgebildet wurde. Ich wähle hier einen etwas weiter nach hinten gelegenen, der beide Flossen voll getroffen hat; es verlängert sich die Figur daher nach oben wie nach unten in spitz auslaufende Zipfel, doch sind beide Zipfel ungleichwerthig, indem sich in dem unteren Durchschnitt der Analflosse, die schräg geschnittenen Flossenstrahlen erkennen lassen, der obere Zipfel aber nur das indifferente Gewebe der Fettflosse zeigt (Fig. 15).

Der transversale Durchmesser hat im Vergleich mit dem vorhergehenden Schnitt gegen den sagittalen noch mehr an Länge verloren und zeigt das Maass der auch beim Zitterwels vorhandenen seitlichen Abplattung des Schwanzes an. Wirbelsäule und Skeletmuskulatur sind in regelmässigster Weise aufgebaut; die platten Abspaltungen der Längsmuskeln, welche aussen an den Gruppen der Seitenlinie besonders deutlich zu sein pflegen, sind noch unverrückt an ihrer Stelle; in die ventralen Muskelgruppen schieben sich spärliche Schrägschnitte der Flossenträgermuskeln ein oder lagern sich ihnen auf; auch am Rücken finden sich

---

[1] A. a. O. S. 123.

die entsprechenden Anlagen, doch sind sie natürlich ausser Beziehung mit der nicht mehr als Bewegungs-organ functionirenden Fettflosse getreten.

Die RUDOLPHI'sche Haut ist unverändert, dagegen ist das elektrische Organ hier durch die eingescho-benen Flossenanlagen thatsächlich in zwei Hälften gespalten. Der schon sehr reducirte Dickendurchmesser zeigt sich in allen Gegenden fast von gleicher Grösse; vom elektrischen Nerven nebst Arterie und Vene, der in den anderen Querschnitten an dem Innenrande des Organdurchschnittes erschien, erhält man hier ein wechseln-des Bild, da der Stamm des Nerven sich in seine divergirenden Endäste bereits aufgelöst hat.

Ein Schnitt durch den organfreien Theil der Schwanzregion gelangte nicht zur Darstellung, da er sich von dem soeben besprochenen in der Abbildung nicht wesentlich unterscheidet. Es müssten demselben natür-lich die Flossendurchschnitte fehlen, sowie die zu denselben gehörigen Muskeln, aber der Hautdurchschnitt würde durchaus das nämliche Ansehen darbieten, da bei der gewählten Vergrösserung der Unter-schied zwischen elektrischem und dem hier an seine Stelle tretenden tauben Gewebe kaum sichtbar zu machen ist.

V.

Bemerkenswerthe Eigenthümlichkeiten des mikroskopischen Baues.

a. Die äussere Haut.

Indem ich in dieses wichtigste Kapitel der vorliegenden Untersuchungen eintrete, fühle ich mich gedrungen meinem Vorgänger BILHARZ, an den ich auch in den bereits besprochenen wiederholt Anschluss suchte und fand, vollste Anerkennung, ja Bewunderung über die vorzüglichen Resultate, die er mit unvollkommenen Methoden zu erreichen wusste, zu bezeugen. Ich leugne nicht, dass mir Manches in den späteren Untersuchungen über die Histologie des *Malopterurus* als ein Rückschritt im Vergleich zu BILHARZ' Angaben erscheint; manche Lücke, die Letzterer nicht ausfüllen wollte oder konnte, ist auch bei seinen Nachfolgern offen geblieben. Dies gilt an erster Stelle von der äusseren Haut, die trotz der reichlichen Litteratur über den Zitterwels in histologischer Beziehung als ein völlig unbekanntes Gebilde zu betrachten war.

Die Schwierigkeit der Conservirung scheint die Autoren verhindert zu haben, sichere Einblicke in den Aufbau der hier besonders reichlich vorhandenen zelligen Elemente zu gewinnen. Die einzige auf die Haut bezügliche, bis jetzt vorhandene, Figur von BILHARZ[1] gegeben, zeigt nicht die vollständige Haut des Fisches, sondern das nackte Corium, entspricht also der Wirklichkeit wie etwa Leder dem Fell, aus welchem es hergestellt wurde. Die darauf sichtbaren Verlängerungen sind nur bindegewebiger Natur, von Zellen ist Nichts angedeutet.

Betrachtet man die Haut eines gut conservirten Zitterwelses bei Lupenvergrösserung, so sieht man dieselbe dicht besetzt mit kegelförmigen Zotten, welche in senkrecht zur Längsaxe des Thieres angeordneten, undeutlich begrenzten Gruppen stehen. Die Spitzen der Zotten verjüngen sich plötzlich etwas stärker und diese dünneren Spitzen legen sich leicht zur Seite, weil hier die stärkere Abnutzung der zelligen Elemente meist eine theilweise Entblössung der bindegewebigen Grundlage herbeiführt. Zwischen den breiteren, basalen Enden der Zotten erscheinen rundliche, oder unregelmässig polygonale Oeffnungen, welche zu schlauchförmigen Vertiefungen im Epithel führen. (Vergl. Fig. 24 der Tafel VIII.)

Dieses höchst merkwürdige, bisher gänzlich unbeachtet gebliebene Verhältniss macht das Bild der äusseren Haut des Fisches ganz dem ähnlich, wie es die schwach vergrösserte Darmschleimhaut eines Warmblüters mit den LIEBERKÜHN'schen Schläuchen zwischen den Zotten abgiebt. Das Auffallende dieser Erscheinung wird gemildert werden, wenn die Organisation der Fischepidermis mannigfacher Species besser bekannt ist, als es bereits heutigen Tages trotz der verdienstvollen Arbeiten der Hrrn. LEYDIG, v. KÖLLIKER, MAX SCHULTZE, F. EILHARD SCHULZE und vielen Anderen der Fall ist.

Beispielsweise möchte ich hier nur darauf aufmerksam machen, dass der gemeine Seehase (*Cyclopterus lumpus*) ebenfalls grübchenförmige Einsenkungen der Epidermis zeigt; auf den Bau dieser auch in anderen Beziehungen merkwürdigen Epidermis gedenke ich an anderer Stelle zurückzukommen.

Die Zotten der Haut des Zitterwelses erreichen ihre grösste Höhe und Regelmässigkeit an den Seiten des Rumpfes, sie werden undeutlich gegen den Kopf, sowie gegen den Schwanz des Thieres hin und sind auf

---

[1] Das elektrische Organ des Zitterwelses. Taf. IV Fig. 2.

der Schnauze nicht ausgebildet; auf den Flossen ist die Anordnung unregelmässig und wechselnd, so dass kräftige, mannigfach gestaltete Wucherungen neben glatten Stellen (Brustflossen) erscheinen, oder die Flossen sind fast ganz glatt (Anal-, Bauch- und Schwanzflossen). Die in eine Fettflosse umgewandelte Rückenflosse trägt gleichfalls glatte Bedeckung. Die Bauchseite, auf der sich eine Mittellinie nicht besonders auszeichnet, zeigt niedrigere Erhebungen als die Körperseiten, ist aber doch deutlich rauh.

Entnimmt man das zu untersuchende Stück Haut der Gegend der Seitenlinie, so findet man deren Verlauf durch niedrigere, wenig zahlreiche Zotten gekennzeichnet, zwischen denen die Seitenlinie als leichterhabener Streifen sichtbar wird. Auf der Seitenlinie erheben sich cylindrische Röhren, wie Schornsteine, in gewissen, meist ziemlich regelmässigen Abständen, welche sich im oberen Theil gewöhnlich umlegen und mit einem gelappten Rand endigen. Sie gehören zu dem complicirten Canalsystem der Seitenorgane, ihr feinerer Bau ist mit diesen zusammen zu betrachten, dagegen ist es nicht ohne Interesse ihre Vertheilung bald hier etwas näher in's Auge zu fassen.

In dem besonderen, dieser Beschreibung zu Grunde liegenden Falle betrug an einem Präparat, etwas hinter der Körpermitte entnommen, der Abstand des einen Schornsteins vom nächsten rund 2^{mm} bei einer Gesammtlänge des Fisches von 26^{cm}. Nimmt man mit Billharz an, dass der Zitterwels 42 Wirbel habe, so ergäbe sich, nach Abzug von Kopf und Schwanz, für einen mittleren Wirbel die Länge von 4.4^{mm}. Die Vertheilung der Röhren auf die Metameren des Körpers würde also so aufzufassen sein, dass auf jedes Metamer zwei Röhren entfallen; da die zarten Organe leicht verloren gehen, und gegen den Schwanz zu überhaupt niedrig werden, so würden die zu beobachtenden Unregelmässigkeiten dies Vertheilungsgesetz nicht entkräften können.

Hr. Leydig[1] hat in seinen Untersuchungen zur Anatomie und Histologie der Thiere (Bonn 1883) „Papillen" von indischen Cyprinoiden abgebildet, welche den hier beschriebenen auffallend ähnlich sehen, aber solide sind; doch vermuthet auch in ihnen Hr. Leydig Träger von Sinnesorganen. Solche solide Papillen, nur unregelmässiger und unvollkommener entwickelt als die Röhren der Seitenlinie, finden sich zuweilen auch beim Zitterwels zwischen den gewöhnlichen Zotten hier und da eingestreut; bisher konnte ich noch nicht feststellen, ob diesen ebenfalls eine besondere Bedeutung zukommt.

Hr. Eilhard Schulze[2] hat den Nachweis geführt, dass die Epithelien der äusseren Körperbedeckungen bei den im Wasser lebenden Thieren sich durch cuticulare Säume abgrenzen, während bei den in der Luft Lebenden der Verhornungsprocess Platz greift. Durch diese Untersuchungen hat man die Möglichkeit gewonnen, im gegebenen Falle über die Vollständigkeit oder Unvollständigkeit eines vorliegenden Präparates der Epidermis zu urtheilen. Bei der so ausserordentlich gebrochenen Oberfläche der Haut des Zitterwelses lässt sich indessen dieser Maassstab der Beurtheilung nur schwierig anwenden. Die Betrachtung des Hautdurchschnittes unter dem Mikroskop zeigt die basalen Theile der Zotten häufig unvollkommen begrenzt durch gleich zu beschreibende Zellen, auf denen ein zarter cuticularer Saum nur andeutungsweise erscheint, die Zellen selbst haben vielmehr im Ganzen einen cuticularen Charakter angenommen. Im oberen, verjüngten Theil der Zotten liegen die tieferen Epithelzellen meist nackt, die Begrenzung wird unregelmässig, stellenweise erscheint wegen des Abhandenkommens auch der untersten Zellen sogar die bindegewebige Grundlage.

Die eigentliche Epidermisoberfläche zwischen den Zotten, sowie die oberen Ränder der schlauchförmigen Einsenkungen, welche die Epithelschicht etwa für ein Drittel bis zur Hälfte ihrer Dicke durchsetzen, zeigen überall, wo das Präparat wohl erhalten ist, eine ganz charakteristische Zellabgrenzung; dadurch wird der Beweis geführt, dass die schlauchförmigen Vertiefungen thatsächlich präformirte Bildungen sind und nicht etwa dem zufälligen oder physiologischen Ausfall bestimmter histologischer Elemente ihre Entstehung verdanken.

Wo die Zotten schwinden, also beispielsweise auf dem Kopfe, verlieren sich auch die schlauchförmigen Einsenkungen zwischen ihnen, der oberflächliche Zellraum der Epidermis bekommt eine regelmässigere Gestalt und unterscheidet sich alsdann nicht wesentlich von demjenigen anderer Weichflosser. An einer derartigen, durch breiten cuticularen Saum abgegrenzten Epidermis müssen altersschwache Zellen ausgestossen und durch neue ersetzt, zufällig entstehende Defecte durch Wucherung von den erhaltenen Nachbarstellen her oder aus der Tiefe ergänzt werden; die Annahme eines gewissen, sich dauernd vollziehenden Wechsels unter Neubildung auch des cuticularen Saumes erscheint daher ganz unerlässlich. An den zottigen Theilen vollzieht sich der Zellwechsel, wie es scheint, schneller als gewöhnlich, die Ausbildung der cuticularen Säume bleibt auf niedriger Stufe stehen und die ganze Zellschicht zeigt einen geschrumpften, regressiv metamorphosirten Habitus. Sie

---

[1] Taf. I Fig. 8 und 9. [2] Epithel und Drüsenzellen. Archiv für mikroskopische Anatomie. Bd. III. 1867.

unterscheidet sich dadurch so lebhaft von den unmittelbar darunter folgenden Zellen, dass es schwer hält in ihnen Umbildungen solcher zu erkennen, zumal andere Fische auch in der obersten Schicht lebenskräftige, protoplasmareiche Zellen zu zeigen pflegen. Es mischen sich, wie wir sogleich sehen werden, auch anderweitige, in der Epidermis auftretende Elemente eigenthümlicher Abstammung im Stadium der Rückbildung mit den absterbenden Epidermiszellen und trüben das Bild, welches die Oberfläche darbietet, da letztere einen ähnlichen Habitus annehmen. Ich glaube nach eingehenden Vergleichungen verwandter Objecte annehmen zu müssen, dass am Rumpf des *Malopterurus* sich ein Hautbildungsprocess vollzieht, welcher in der Mitte steht zwischen dem gewöhnlichen der Entwickelung eines breiten, cuticularen Saumes auf lebenskräftigen Zellen als Abschluss gegen das umgebende Medium und dem gewöhnlichen Verhornungsprocess auf der Haut der Luftthiere, wobei dichte Lagen abgestorbener Zellschüppchen mit einander unter Verhornung verkleben.

Thatsächlich enthüllt uns das Mikroskop in der Epidermis des Zitterwelses vier verschiedene Zellkategorien, von welchen drei sich ohne Schwierigkeit mit solchen identificiren lassen, die bei anderen Fischen beschrieben wurden; die Bedeutung der vierten Zellform ist zur Zeit noch unvollkommen aufgeklärt, doch wird es hoffentlich bald gelingen ihre Natur festzustellen, da offenbar identische Gebilde auch anderwärts an Fischen beobachtet wurden. Bei dem auffallend ungleichen, wechselnden Vorkommen dieser vierten Zellkategorie erschien die Möglichkeit nicht ausgeschlossen, dass sie ihrer Entstehung nach der Epidermis oder gar dem Thier überhaupt fremd sei und einen parasitären Charakter trüge, doch hat sich ein fester Anhalt für diese Annahme nicht ergeben.

1. Die Kolbenzellen.

Als sich mir in Cairo bei der Untersuchung des Zitterwelses unerwarteter Weise eine eingehende Vergleichung der Hautstructur nothwendig machte, konnte ich eine vollständigere Berücksichtigung der einschlägigen Litteratur nicht vornehmen und berichtete über die ersten Ergebnisse der Untersuchung ohne auf meine Vorgänger ausser Hrn. LEYDIG[1] Bezug zu nehmen. Es gereicht mir nun zu besonderer Genugthuung und Freude, constatiren zu können, dass die von mir damals aufgestellte Vergleichung[2] der eigenthümlichen kolbenförmigen Zellen der *Malopterurus*-Haut mit einzelligen Drüsen für entsprechende Bildungen beim Neunauge bereits von Hrn. v. KÖLLICKER[3] im Jahre 1858 veröffentlicht wurde, der sie unter dem Namen „Schleimzellen" beschrieb; ferner dass die von MAX SCHULTZE[4] gegebene Beschreibung des Verhaltens feiner Nervenfasern zu denselben und der wahrscheinlichen Endigung an ihnen in hohem Maasse dem entspricht, was ich an homologen Elementen des Zitterwelses vorfand. Anstatt der Bezeichnung „Schleimzellen" schlug der letztgenannte Autor die treffendere Bezeichnung „Kolbenzellen" vor, welche späterhin auch von Hrn. EILHARD SCHULZE[5] in seinen umfassenden Untersuchungen über die Fischhaut acceptirt wurde. Auch dieser glaubte ihnen einen Drüsencharakter und secretorische Function beilegen zu müssen, weshalb es schwer zu verstehen ist, wie der neueste Autor über diesen Gegenstand, Hr. FOETTINGER[6] meinen kann, Hrn. EILHARD SCHULZE widerlegt zu haben, während er doch selbst zu dem Ergebniss kommt: „chaque massue est une cellule glandulaire".... Es hat keinen Zweck, auf die Besonderheiten einzugehen, welche namentlich bei Hrn. FOETTINGER's Darstellung die Kritik stellenweise stark herausfordern, da es sich hier nicht um die Kolbenzellen des Neunauges handelt; auf das nämliche Untersuchungsobject bezieht sich auch die Arbeit des Hrn. LANGERHANS,[7] welche über die Kolbenzellen weitere Fortschritte der Erkenntniss nicht verzeichnet.

Von den angeführten Autoren hat Hr. EILHARD SCHULZE allein ausführliche Angaben über solche Elemente bei einigen anderen Knochenfischen gemacht, unter denen auch der gewöhnliche Wels aufgeführt wird. Dabei ergiebt sich die höchst auffallende Thatsache, dass während Hr. EILHARD SCHULZE beim Wels die Kolbenzellen einkernig fand, beim Zitterwels wie beim Neunauge jeder normal gebildete Kolben ausnahmslos

---

[1] Zeitschrift für wissenschaftliche Zoologie. Bd. III. 1851. S. 2.

[2] Monatsberichte der Akademie. 1881. S. 1156.

[3] Verhandl. d. physik. mediz. Gesellschaft in Würzburg. Bd. VII. S. 193.

[4] Die kolbenförmigen Gebilde in der Haut von *Petromyzon* und ihr Verhalten im polarisirten Lichte. Archiv für Anatomie und Physiologie. 1861. S. 228.

[5] A. a. O. S. 156.

[6] Recherches sur la structure de l'épiderme des *Cyclostomes*. Bulletins de l'Académie royale de Belgique. 2me série. t. LXI. No. 3. 1876. pag. 33.

[7] Untersuchungen über *Petromyzon Planeri*.

Zwillingskerne führt. Die beiden Kerne erscheinen durchaus gleichwerthig, bläschenförmig mit Kerngerüst und deutlichem Kernkörperchen; Durchschnittsgrösse $= 0.015^{mm}$. Das Zellprotoplasma ausgebildeter Elemente fand ich hier wie es bei den anderen Fischen beschrieben wurde, eigenthümlich glänzend, feinkörnig bis grobkörnig, stark lichtbrechend. Weder Querstreifung des Halstheiles (MAX SCHULTZE) noch lamellöser Bau (FOETTINGER), den das Zellprotoplasma bei *Petromyzon* nach Einwirkung bestimmter Chemikalien zeigt, wurde hier beobachtet.

Die Gestalt der Zelle, sowie ihre Stellung zwischen den benachbarten Elementen ist grossen Schwankungen unterworfen, doch kann man beim *Malopterurus* sich kaum der Ueberzeugung verschliessen, dass die wesentlichen Abweichungen auf besondere Phasen der Entwickelung solcher Elemente zu beziehen sind.

Auf der Höhe ihrer Ausbildung reicht die Kolbenzelle des Zitterwelses von dem Corium bis nahe an die Oberfläche der Epidermis, wo ihr kolbiger Theil gegen die oben erwähnten, schlauchförmigen Vertiefungen andrängt. Der verschmälerte Hals sitzt aber auf dem Corium hier niemals breit auf, sondern stets nur mit einem oder mehreren Fortsätzen der Zelle. Die Differenzirung des Protoplasma's steht jedenfalls im Zusammenhange mit der Function der Zellen; während es im Hals unterhalb der Zwillingskerne grobkörnig erscheint, entwickelt sich oberhalb derselben ein mit klarem Inhalt erfüllter Raum, der eine ganz ungleiche Ausdehnung zeigt. Je grösser er ist, um so tiefer sind meistens die Kerne gegen den Hals des Kolbens zurückgedrängt. Das feinkörnige Protoplasma, welches den helleren Raum oben umgiebt, zeigt girandolenartig ausgebreitete stärker färbbare Partikelchen eingesprengt.

In diesem Stadium hat die Zelle keine Grenzmembran, dagegen entsteht der Anschein einer solchen durch Schrumpfung, wenn es überschritten ist, zunächst am oberen, kolbigen Theil. Häufig sieht man in den Schnittpräparaten unvollständige, oder im Zerfall begriffene Zellen, oder Lücken, wo offenbar Kolbenzellen ausgefallen sind, aber niemals wurde eine sonst wohl erhaltene Zelle mit einer Oeffnung des inneren Raumes nach dem kolbigen Ende zu beobachtet. Es ist mir daher wahrscheinlich geworden, dass die Kolben, wenn die innere Spannung zu gross geworden ist, platzen, und dass Entleerung des flüssigeren Inhaltes in die benachbarten epidermoïdalen Schläuche stattfindet; die Zelle wird dann zusammensinken, der Hohlraum verschwinden, und durch die Schrumpfung ein Umriss deutlich werden, wie man ihn an solchen schmalen, oben unvollständigen Kolben öfters sieht.

Der Rest der Zelle geht dann wahrscheinlich zu Grunde, und so können die tief bis zum Corium herabreichenden Lücken, welche öfters in den Präparaten gefunden werden, auf natürliche Weise entstehen; die Möglichkeit ist aber nicht ausgeschlossen, dass noch lebensfähige Kolben mit erhaltenen Kernen sich von den Resten aus wieder neu aufbauen.

Thatsächlich finden sich unter den anderen Epidermiszellen gelegentlich Zellen mit blassen, aber deutlich bläschenförmigen Zwillingskernen von geringerer Grösse, welche, selbst noch sehr zart, von einem ebenfalls noch wenig lichtbrechenden, wenn auch schon erheblich umfangreichen Protoplasmakörper umlagert sind. Die zum Corium gehenden Fortsätze sind an ihnen wegen ihrer Blässe noch schwer kenntlich. Ich nehme keinen Anstand, diese Bildungen als jugendliche, in Ausbildung begriffene Kolbenzellen in Anspruch zu nehmen, da kein anderes Zellelement der *Malopterurus*-Epidermis wirkliche Zwillingskerne besitzt.

Die Fig. 25 der Taf. VIII, welche einen senkrecht zur Oberfläche gerichteten Durchschnitt der Haut darstellt, zeigt eine grosse Anzahl charakteristischer Kolbenzellen in verschiedenen Stadien. Die mit dem Buchstaben *a* bezeichnete ist eine solche auf der Höhe ihrer Entwickelung mit ziemlich beträchtlichem Hohlraum im Innern, daneben sind jugendliche Kolben, zum Theil noch sehr unvollkommen, mit zarten Zwillingskernen (bei *c* der Figur), während auf der linken Seite der längsdurchschnittenen Zotte sich rudimentäre Kolben in zusammengefallenem Zustande (bei *b* der Figur) sowie eine fast zur Basis der Epidermis reichende Lücke befindet, wo ein Kolben ausgefallen ist. Zur Erleichterung des Verständnisses der Figur sei noch bemerkt, dass die Eigenthümlichkeit der Zotten, sich im oberen, verschmälerten Theil seitlich umzulegen, die Veranlassung werde, sie scheinbar abgerundet endigen zu lassen, weil das umgelegte Ende durch den Schnitt abgetragen ist.

Macht man dünne Flachschnitte durch die Haut, so erhält man ein höchst mannigfaltiges, buntes Bild. Die nur in der Tiefe fixirten Kolben fallen bei einer derartigen Schnittrichtung häufig aus, man sieht daher zahlreiche, winkelige Lücken von beträchtlicher Grösse, umgeben von unregelmässig angeordneten gewöhnlichen Epidermiszellen. Die Querschnitte der epidermoïdalen Schläuche sind durchschnittlich von erheblich geringerem

Durchmesser, unterscheiden sich aber auch sonst durch die regelmässige Anordnung der ungefähr cubischen Zellen, die sie umgrenzen.

Die Querschnitte der bindegewebigen Zotten erscheinen aus Fibrillenbündeln verflochten, die eine undeutlich radiäre Ausstrahlung um die centralen Gefässschlingen zeigen, und sind gleichsam umgossen von den dicht gedrängten mannigfachen Epidermiszellen.

Was nun die Bedeutung der Kolben für den Organismus anlangt, so war es mir sehr erfreulich zu lesen, dass auch die anderen neueren Autoren, wie Hr. Eilhard Schulze und Foettinger, ihnen den drüsigen Charakter beilegen, Ersterer sie geradezu den Hauttalgdrüsen der luftathmenden Wirbelthiere vergleicht. Ich habe ihnen bereits in früheren Publicationen vermuthungsweise eine Gleichheit der embryonalen Anlage mit den Elementen des elektrischen Organs und ebenfalls drüsigen Charakter vindicirt, ohne mich über die Natur des Secretes, welches die Kolben vielleicht liefern möchten, näher zu äussern; auch jetzt möchte ich eine bestimmte Aussage darüber zurückhalten.

Im Hinblick auf die erwiesen musculären, elektrischen Organe von *Torpedo*, *Gymnotus* und *Mormyrus* ist es gewiss höchst bemerkenswerth, dass auch bei Kolbenzellen Querstreifung beobachtet wurde, und dass Max Schultze sich dadurch veranlasst sah, sie thatsächlich als Endapparate „vielleicht musculöser Natur" hinzustellen.[1] Hr. Eilhard Schulze hat im Anschluss daran die Vermuthung ausgesprochen, die Zellen möchten zur zeitweisen Entleerung der beschriebenen Hohlräume in ihnen unter dem Nerveneinflusse active Contraction bewerkstelligen.[2]

Konnte ich auch unter den mir von den Verhältnissen vorgeschriebenen Präparationsmethoden an den Kolben des Zitterwelses Querstreifung nicht selber constatiren, so liegt es doch auf der Hand, eine wie mächtige Stütze die von mir aufgestellte Vermuthung der gleichartigen Abstammung von Kolbenzellen und elektritrischen Platten durch die angeführten Beobachtungen finden muss.

2. Die Becherzellen.

Die Becherzellen, deren genauere Kenntniss die Wissenschaft wiederum Hrn. Eilhard Schulze verdankt, nachdem sie früher von Hrn. Leydig[3] als „Schleimzellen" erwähnt wurden, finden sich auch in der Fischhaut in grosser Verbreitung. Als ich mich in meinem oben erwähnten, vorläufigen Bericht auf Hrn. Leydig's Angabe über die Aalhaut bezog, war ich der Ueberzeugung, dass der Ausdruck „Schleimzellen" im Sinne v. Kölliker's gebraucht sei und auf Kolben hindeutete. Da nach Hrn. Eilhard Schulze's Untersuchungen in der Aalhaut sowohl Kolben wie Becherzellen vorkommen, so ist es mir zweifelhaft geworden, welcher Kategorie die von Hrn. Leydig am angeführten Orte seiner Histologie abgebildeten Elemente angehörten. Wahrscheinlich vereinigte er damals beide Kategorien unter demselben Namen, da er sie als Blasen mit einem bald zähen, körnigen, bald mit ganz hellem Fluidum beschreibt. Auch Hr. Leydig vermuthet, dass sie durch Platzen ein Secret entleeren und dadurch gewissen einzelligen Drüsen der Wirbellosen sehr ähnlich werden. Durch den treffend gewählten Namen „Becherzellen" wird solcher Zweifel, was gemeint sei, fernerhin vermieden; der Name deutet eben an, dass es Zellen sind, welche nach Entleerung ihres schleimigen Inhaltes durch die an der oberen Fläche sich bildende Oeffnung die Form eines Bechers annehmen, in dessen Tiefe der einfache Kern, umgeben von etwas körnigem Protoplasma gefunden zu werden pflegt. Bevor diese Zellen an der Epidermisfläche in ihrer typischen, vollentwickelten Gestalt erscheinen, lassen sie sich bei den Fischen als helle, rundliche Zellen erheblicherer Grösse zwischen den anderen Elementen nachweisen.

Die Verbreitung dieser schleimhaltigen Becherzellen ist beim Zitterwels keine sehr grosse; sie finden an den schmalen Zwischenräumen der Zotten, auf dem durch die Schläuche unterbrochenen Terrain kaum ein geeignetes Plätzchen, um sich in der regelmässigen, man möchte sagen bequemen Weise auszubilden, wie es an anderen Fischen von Hrn. Eilhard Schulze beschrieben und abgebildet wurde. Sie sind vielmehr in der bei weitem grössten Zahl an die abhängigen Flächen der Zotten verwiesen, viel seltener begegnet man ihnen in den Zwischenräumen der Zotten; sie entwickeln auch nicht die charakteristische Bechergestalt, sondern bleiben rundliche, blasige Räume, welche vermuthlich sehr schnell ihren Lebenslauf vollenden, um gänzlich ausgestossen und durch Nachfolger ersetzt zu werden.

[1] A. a. O. S. 290.   [2] A. a. O. S. 161.
[3] Zeitschrift für wissenschaftliche Zoologie. Bd. III. S. 2. — Lehrbuch der Histologie des Menschen und der Thiere. 1857. S. 96.

Ich schliesse mich vollständig der von Hrn. EILHARD SCHULZE entwickelten Ansicht an, dass die Becherzellen sich in den mittleren Lagen der Epidermis aus gewöhnlichen Epidermiszellen unter Quellung des Inhaltes derselben entwickeln,[1] die beschränkte Verbreitung beweist aber, dass nur ein Theil solche Umwandlung durchmachen kann. Warum noch eben scheinbar gleiche Elemente einen völlig abweichenden, weiteren Entwickelungsgang einschlagen, ist noch unerklärt.

Die Grösse der rundlichen Becherzellen beim *Malopterurus* ist eine ziemlich gleichmässige, nämlich 0.02 mm. Der häufig unregelmässige, zackige oder mehr rundliche Kern färbt sich oft auffallend lebhaft mit Haematoxylin. An abgeplatzten Fetzen der obersten Epithelschicht sieht man gelegentlich die zu vergangenen Becherzellen früher gehörigen, etwa halb so grossen Oeffnungen.

In den Figuren der Tafel VIII, besonders in Fig. 25 bei *c* sieht man an den Grenzen der Epidermis die Becherzellen als rundliche, helle Flecke; auch der an die Wand gedrängte, geschrumpfte Kern ist hier und da angedeutet. In den tieferen Lagen der Zellen sind mir unzweifelhaft zu ihnen zu rechnende Elemente nicht vorgekommen, doch werden sich bei genügender Sorgfalt entstehende Becherzellen zwischen anderen, noch unveränderten Epidermiszellen constatiren lassen.

3. Die gewöhnlichen Epidermiszellen.

Die gewöhnlichen Epidermiszellen, welche vom Corium bis gegen die Oberfläche der Haut die Hauptmasse der zelligen Elemente darstellen und die auch sonst als Riff- und Stachelzellen gerade bei den Fischen in charakteristischen Formen angetroffen werden, sind beim Zitterwels ebensowenig zu verkennen. Ihre Gestalt ist nur durchschnittlich gestreckter, in der basalen Schicht cylindrisch, darüber spindelförmig bis gegen die obersten Lagen hin, wo die Zellen unregelmässig polygonal werden. Es verräth sich dadurch die Abhängigkeit der Gestalt von dem Aufbau der Elemente. Das Terrain der Epidermiszellen, eingeengt durch die massenhaften Kolbenzellen, sowie durch die schlauchförmigen Einsenkungen der Oberfläche, wird weiterhin verkleinert durch die zur bindegewebigen Grundlage der Zotten emporstrebenden Coriumfasern. Es bleiben ihnen beim Zitterwels also durchweg zwischen anderen Elementen nur so enge Thäler übrig, wie sich etwa an der Haut anderer Wirbelthiere zwischen sehr hoch entwickelten Papillen finden, wo gleichfalls auch die auf die tiefste Lage folgenden Zellen noch sehr in die Länge gestreckte Gestalt zeigen.

Allerdings sind die Epidermiszellen der Zotten ebenfalls sehr länglich gebildet.

Der abgeplattete Kern dieser Zellform ist oval oder rund, von bläschenförmigem Charakter, häufig undeutlichem Kernkörperchen, und überall arm an Chromatin, besonders aber in den obersten Lagen, wo die Kerne auch an sonst kräftig gefärbten Präparaten wie runde Lücken der Zellen erscheinen. Ihre wenig variirende Grösse beträgt 0.005 mm, die der ganzen, im Gegentheil sehr variabeln Zellen, im grossen Durchmesser 0.014 mm bis 0.027 mm, im kleinen etwa 0.006 mm bis 0.008 mm.

Diese Zellen müssen jedenfalls bis in späte Zeiten ihres Lebenslaufes eine ausserordentliche Umbildungsfähigkeit behalten; denn abgesehen von ihrer gelegentlichen Verwandlung in Schleimzellen, die bereits erwähnt wurde, lassen die oberflächlichsten, unregelmässigen Elemente durchschnittlich eine deutliche Abplattung erkennen wie sie verhornenden Zellen eigen ist; von dieser Form stellen die oben beschriebenen cubischen Elemente um die epidermoïdalen Schläuche eine lokale Variation dar.

Ich kann nicht umhin in diesen geschrumpften, abgeplatteten Zellen mit leer erscheinender Kernstelle in den obersten Lagen an zottentragenden Hautpartien einen Uebergang zu dem gewöhnlichen Verhornungsprocess der Landthierepidermis zu sehen, vielleicht bedingt durch die ganz eigenthümliche Oberflächenentwickelung der in Rede stehenden Haut. An den nicht zottentragenden Theilen des Körpers, wie auf dem Vorderkopf ist die oberflächliche Zellabplattung viel geringer, ein deutlicher Cuticularsaum vorhanden und so die Verbindung mit dem Verhalten der Epidermis an anderen Fischen von glatter Haut gegeben, gleichzeitig auch die genügende Conservirung des Materiales erwiesen.

Während aber bei dem Verhornungsprocess der Säugethierhaut die Rückbildung ganz allmählich vom *Stratum granulosum* ab erfolgt, müsste hier sich die Umwandlung sehr plötzlich vollziehen, zumal wenn man die ganz oberflächlich lagernden platten Schüppchen auf den gleichen Ursprung zurückführen will. Die dadurch sich darbietende Schwierigkeit ist unzweifelhaft recht erheblich, und man kann umsomehr Bedenken gegen eine rückhaltlose Entscheidung in diesem Sinne tragen, als die Zellschüppchen der Oberfläche auch auf eine andere Quelle zurückgeführt werden könnten.

---

[1] A. a. O. S. 150.

Diese sogleich näher zu beschreibende Kategorie von Elementen beeinflusst durch ihre mächtige Entwickelung die Gestalt der basalen Epidermiszellen in unverkennbarer Weise und trägt dazu bei sie zu langstreckigen, schmalen Formen zu dehnen.

Die Figuren der Taf. VIII sollen die Gestaltungen dieser Zellen in den verschiedenen Schichten veranschaulichen. (Vergl. Fig. 25 bei *g*.)

4. Die Kornzellen und Follicularschläuche.

Sehen wir zu, was ausser den bereits erwähnten histologischen Elementen in der Fischepidermis beschrieben wurde, so begegnen wir in der älteren Literatur und auch später noch den sogenannten „Körnerzellen", räthselhaften Gebilden, welche zuerst von Hrn. v. KÖLLICKER[1] in der Haut der Neunaugen beschrieben und benannt wurden. Es scheint, dass homologe Theile bei anderen Fischen bisher nicht aufgefunden sind, und auch beim *Malopterurus* war nichts Aehnliches in der Epidermis zu entdecken, wohl aber an besonderen, weiter unten zu beschreibenden Oertlichkeiten.

Ferner hat Hr. LANGERHANS[2] in seinen Untersuchungen über *Petromyzon Planeri* „einzelne Rundzellen" erwähnt, welche durch die ganze Epidermis verstreut gefunden werden sollen. Hr. LANGERHANS nimmt sie im Anschluss an eine Angabe von Hrn. LEYDIG[3] als „zusammengezogene Chromatophoren" in Anspruch, was doch als ein *Lucus a non lucendo* erscheinen muss, so lange weder active Contraction noch ein specifisches Pigment an ihnen nachgewiesen ist. Viel näher scheint es mir zu liegen, dabei an die erst neuerdings von Hrn. LIST[4] beschriebenen Elemente zu denken, welche er als wandernde Leukocyten auffasst. Was auch immer die Rundzellen des Neunauges sein mögen, so viel steht fest, dass Hr. LIST bei *Cobitis* die nämlichen histologischen Elemente vor sich gehabt hat, die ich beim Zitterwels in ausserordentlich grosser Anzahl und Verbreitung antraf.

Für dieselben möchte ich im Hinblick auf ähnliche Bildungen in anderen Organen vorläufig den Ausdruck „Kornzellen" gebrauchen, bis es sichergestellt ist, wo sie eigentlich unterzubringen sind. Folgende Merkmale sind in Bezug auf Anordnung und Bau an ihnen charakteristisch. In der auffallend lockeren, von breiten Intercellularräumen durchbrochenen Epidermis des Zitterwelses finden sich rundliche, sehr chromatinhaltige Körner von 0·004^{mm} mit einem meist deutlichen, punktförmigen Granulum versehen, welche besonders unmittelbar auf dem Corium zwischen den Zellen des Rete in kleineren oder grösseren Gruppen vereinigt (etwa bis zu 40 und darüber) und von einer klaren Substanz umgeben sind. Isolirte solche Körner oder Kerne aus dieser Gegend zeigen die umgebende Substanz als einen schmalen, wahrscheinlich durch Gerinnungserscheinungen unregelmässigen Hof, so dass also das ganze Gebilde den Charakter einer unvollkommen entwickelten Zelle trägt. Zwischen den basalen Zellen der Zottenepidermis fehlen die Kornzellen oder finden sich doch nur ganz vereinzelt; dasselbe gilt von der Epidermis des Vorderkopfes.

Ein genaues Studium der Präparate lehrt, dass diese Elemente unter stärkerer Ausbildung des ihnen anhaftenden Protoplasma's zwischen den gewöhnlichen Epidermiszellen in meist kleineren Gruppen, zwei bis fünf an der Zahl, oder einzeln aufwärts rücken und in den höheren Lagen der Epidermis als Zellschollen mit geschrumpftem, aber noch immer stark durch Haematoxylin tingirbarem Kern gefunden werden.

Solche kleine Zellschollen der mittleren und oberen Epidermisschichten sind histologisch nicht mehr von den platten, cuticular metamorphosirten Schüppchen zu unterscheiden, welche beim Zitterwels zwischen den Zotten und am basalen Theil derselben auf der Hautoberfläche gefunden werden. Gleichwohl möchte ich mich nicht dafür verbürgen, dass sie, weil sie so ähnlich sind, auch wirklich zusammengehören, da der für solche Annahme nothwendige Process der Aneinanderfügung auf der Oberfläche schwierig zu denken ist. Werden die geschrumpften Kerne der altersschwachen Epidermiszellen sehr klein, so täuschen die leeren, durch Totalreflexion des Lichtes dunkel erscheinenden Kernlücken sehr häufig einen tief gefärbten, chromatinhaltigen Kern vor, wie er den Kornzellen eigen ist, und verstärken dadurch eine illusorische Aehnlichkeit. Der Rückbildungsvorgang würde also zweierlei, ursprünglich durchaus verschiedene Zellkategorien in einen optisch annähernd gleichen Zustand versetzen.

---

[1] Würzburger naturwissenschaftliche Zeitschr. u. s. w. Bd. I. S. 7.
[2] A. a. O. S. 16; Taf. I Fig. 11.
[3] Ueber Organe des sechsten Sinnes. A. a. O. Taf. II Fig. 13 bei e.
[4] Studien an Epithelien. 1. Ueber Wanderzellen im Epithel. Archiv für mikroskopische Anatomie. Bd. XXV. 1885. S. 264.

Hrn. List's Befund stimmt in den wesentlichen Punkten vollständig mit dem meinigen überein, nur kamen ihm ausser den runden Formen der Kerne auch zahlreiche unregelmässige und in die Länge gezogene zur Beobachtung. Das zu den Kernen gehörige, klare Protoplasma konnte er nicht sehen, doch verrieth es wohl seine Existenz genügend durch die Art und Weise, wie die Kerne sich in Ausschnitte der benachbarten Zellen gelegentlich einlagerten.[1] Die Eigenthümlichkeit des Aussehens, der Verbreitung und Umbildung muss das Bedenken erwecken, ob die fraglichen Gebilde wirklich als eigentliche Leukocyten anzusprechen sind; mich wenigstens hat die Beobachtung des unbedeutenden Protoplasmakörpers der Kornzellen besonders in den tiefsten Epithellagen über die solcher Deutung entgegenstehenden Zweifel nicht hinweggebracht. Die Leukocyten haben der Regel nach auch bei den Fischen doch einen grösseren Kern und granulirtes Protoplasma; wenn dieselben ausserdem zwischen die Epithelzellen eingewandert sein sollen, so darf man nicht erwarten, dass ihr Vorkommen an der Basis des Epithels plötzlich fast gänzlich aufhört. Hr. List hat auch, seiner Angabe zufolge, die gleichen Elemente bei *Cobitis fossilis* zahlreich zwischen den Coriumfasern angetroffen, ich selbst kann dies aber bei *Malopterurus* durchaus nicht behaupten. Während sie zwischen den Basalzellen der Epidermis so massenhaft angehäuft sind, findet sich in der unmittelbaren Nachbarschaft zwischen den Coriumfasern kaum ein vereinzeltes Element, welches möglicherweise als gleichartig aufgefasst werden kann. Untersucht man dickere Schnitte, so liegen sie dicht zusammengepackt, folliculäre Haufen oder Kernschläuche bildend, und quetschen die weichen, basalen Epidermiszellen in der Längsrichtung zusammen; natürlich fehlt eine bindegewebige Umhüllung des folliculären Haufens. Diese lokalen Zusammenhäufungen sind sicherlich nicht allein auf Einwanderung zurückzuführen, wenigstens nicht auf den gewöhnlichen, den Leukocyten allseitig offenstehenden Wegen, sondern man müsste schon besondere Wege gerade in der Tiefe des Epithels und örtliche Vermehrung durch Fragmentation annehmen, da Kerntheilungsfiguren nicht zur Beobachtung gelangten. Zur Entscheidung über die Natur dieser Gebilde frägt es sich ferner, was aus ihnen wird, wenn sie die Oberfläche erreicht haben? Hr. List ist durchaus consequent, wenn er im Anschluss an andere, sichergestellte Angaben über Wanderzellen im Epithel (Stöhr, Bockendahl) annimmt, sie würden zu Schleimkörperchen im Schleim der Haut; aber ich kann nicht verhehlen, dass an meinem Material der Augenschein dieser Vermuthung wenig entspricht. Zu solchem Vorgang gehört eine fortschreitende Quellung der Leukocyten unter Undeutlichwerden des ebenfalls gequollenen Kernes, aber nicht eine Schrumpfung, die den Kern meist noch schärfer markirt. Auch Hr. List hat mehrere solche kleine, markirte Kerne in die oberflächlichste Schicht der Epidermis gezeichnet (a. a. O. Taf. XIV, Fig. 1).

Beim *Malopterurus* kommt noch hinzu, dass die Kornzellen, wie erwähnt, zwischen den basalen Zellen der Zottenepidermis nur ausnahmsweise angetroffen werden, obwohl Capillargefässe und also auch Leukocyten bis in die Spitze der bindegewebigen Zottengrundlage vordringen; ebenso werden die Kornzellen, wie erwähnt, in der Epidermis des Kopfes selten; warum die Wanderzellen gerade diese Theile der Epidermis vermeiden sollten, ist ganz unerfindlich.

Es ergiebt sich somit, dass beim Zitterwels die Kornzellen in der Oberhaut sowohl ihrem Bau, wie ihrer Vertheilung und ihrem Schicksal nach erhebliche Unterschiede von eigentlichen Leukocyten zeigen, und man muss diese Bezeichnung im weiteren Sinne, d. h. als gleichbedeutend mit „lymphoiden Zellen" auffassen, um sie vertreten zu können; denn in der That entsprechen die Kornzellen ihrem Habitus nach jedenfalls nicht sowohl normalen, weissen Blutkörperchen als vielmehr Lymphkörperchen. Der Autor, auf welchen sich auch Hr. List bezieht, Hr. Stöhr, hat in dieser noch offenen Frage schon sehr schätzenswerthe Momente beigebracht, die in seinem Aufsatz über „periphere Lymphdrüsen"[2] niedergelegt sind.

Es wäre wohl nicht zulässig eine jede beliebige, zufällige Anhäufung wandernder Leukocyten schon eine „Lymphdrüse" zu nennen, und dies liegt auch, wie ich glaube, nicht in Hrn. Stöhr's Absicht. Die lymphoiden Elemente müssen, um solche Bezeichnung zu verdienen, in ein bestimmtes Verhältniss zu einander treten, um einen Lymphstrom zwischen den gruppirten Körperchen zu ermöglichen, wie es bei den eigentlichen Lymphdrüsen durch das hyaline Stützgerüst geschieht. Auch hier an den epithelialen Zusammenhäufungen dürfte die Ausbreitung von Lymphbahnen zwischen den basalen Zellen thatsächlich in den Gebieten der Rumpfepidermis das Auftreten der eigenthümlichen Bildung am leichtesten erklären.

Offenbar haben die in der Fischhaut zu beobachtenden stellenweisen Anhäufungen der beschriebenen Kornzellen eine sehr grosse Aehnlichkeit mit Follikeln oder follicularen Strängen der Lymphdrüsen und möchte

---

[1] Vergl. dazu Hrn. List's Fig. 2 auf Taf. XIV, a. a. O. bei k, sowie Hrn. Langerhans' ganz ähnliche Darstellung a. a. O.

[2] Ueber die peripheren Lymphdrüsen. Sitzungsberichte der physikal. mediz. Gesellsch. zu Würzburg. 19ter Mai 1883.

ich sie bis auf Weiteres den peripheren Lymphdrüsen STÖHR's beiordnen. Der genannte Autor hat es am bezeichneten Orte gleichfalls abgelehnt eine bestimmte Angabe über die Bedeutung solcher Bildungen zu machen, indem er nur als Vermuthung ausspricht, dass es sich bei diesem Auswandern vielleicht um Ausstossen überschüssigen Materials handele.

Die Ausstossung der aufwärts wandernden Elemente lässt sich an der Zitterwelsepidermis beobachten und zwar, wie mir scheint, unter Schrumpfung der absterbenden Elemente, nicht unter Quellung wie sie den eigentlichen Leukocyten eigen zu sein pflegt.

Sind die zusammengehäuften Kornzellen der Epidermis wirklich als periphere Lymphdrüsen aufzufassen, so scheiden sie also aus den, der Epidermis als solcher zukommenden Elementen aus, und möchte ich mich entgegen meiner früheren Vermuthung jetzt nach weiteren Untersuchungen für diese letztere Entscheidung aussprechen.

Demnach hätten die verschiedenen histologischen Elemente der Zitterwelsepidermis immer noch einen dreifachen Gang der Fortbildung durchzumachen: Einige Zellen entwickeln Zwillingskerne und werden zu Kolben; andere, die gewöhnlichen Epidermiszellen, werden zum Theil zu Becherzellen, während die übrigen ohne solche Umwandlung in den oberflächlichen Lagen bei mässiger Abplattung allmählich absterben und als geschrumpfte Zellgruppen abgestossen werden, nachdem sie den anderen Fischepidermiszellen eigenen cuticularen Saum nur in unvollkommener, ungleicher Weise ausgebildet haben.

Die in ausserordentlich wechselnder Menge und Verbreitung zwischen ihnen entwickelten lymphoiden Körper verfallen, indem sie ausgestossen werden, einer ähnlichen regressiven Metamorphose wie die oberflächlichsten absterbenden Epidermiszellen der zottentragenden Körpertheile.

An den vorragenden Theilen der Hautzotten und auf dem Kopfe, wo in der Tiefe die Kornzellen zwischen den basalen Epithelzellen vermisst werden, fehlen auch die cuticularen Zellschüppchen der Oberfläche. Die Anlagerung dieser vergänglichen Gebilde auf der Epidermis ist locker und unvollständig, wie es sich aus der Natur des beschriebenen Vorganges erklären würde.

Die lebensfähigen sowohl als die absterbenden Kerne der gewöhnlichen Zellen sind bläschenförmig, blass und doppelt so gross als die Kerne der Kornzellen, dreifach so gross als die Kerne der an zottentragenden Theilen sich abstossenden Zell-Schüppchen. Ueberall, wo es wegen Fehlens der Zotten und der zwischen ihnen stets vorhandenen epithelialen Einsenkungen zur regelmässigen Ausbildung einer Grenzschicht des Epithels kommt, also auf dem Vorderkopfe, den Barteln sowie in den sogleich zu besprechenden Hautkanälen, weicht der histologische Charakter derselben nicht auffallend von derjenigen verwandter Fische ab und zeigt einen deutlichen, fein gestreiften, cuticularen Saum.

Es ist also die Ausbildung der Zotten und der damit parallel gehenden Einsenkungen zwischen denselben, welche in grosser Ausdehnung dem Epithel der Haut den beschriebenen, abweichenden Charakter verleiht.

Der gegen diese Darstellung vielleicht zu erhebende Einwand, es sei die wirkliche Begrenzung der Epidermis durch Maceration verloren gegangen, würde, selbst wenn er zutreffend wäre, die Schwierigkeit der Erklärung der beschriebenen Bildung nur vermehren, weil eine flächenhafte Ausbreitung und Gruppirung solcher geschrumpfter Elemente sich doch nur an einer Oberfläche vollziehen kann; flächenhaft ausgebreitet und gruppirt sind sie aber an den angegebenen Stellen in der That, wie durch die Betrachtung der Präparate leicht zu beweisen ist. Die normale Oberfläche muss also erhalten sein.

Auch die Figuren z. B. Fig. 25 der Tafel VIII bei *d* werden von den Verhältnissen eine Vorstellung geben können, doch ist es gerade die regelmässige Wiederkehr der bestimmten Elemente in den bezeichneten Regionen, welche mir hauptsächlich beweisende Kraft zu haben scheint.

In Bezug auf die Gruppirung der Kornzellen ist zu berücksichtigen, dass die Schnitte, welche zur Darstellung gelangten, stets zu dünn waren, um die ganze folliculäre Zusammenballung der Elemente zwischen den basalen Epidermiszellen zu zeigen, und dass stets nur ein kleiner Theil derselben in demselben Schnitt zur Anschauung kommt.

b. Die Seitenorgane.

Dringen wir, das gleiche Princip wie bei der Darstellung der makroskopischen Anatomie des Zitterwelses befolgend, von diesen oberflächlichsten Theilen des Leibeswandorganes weiter gegen die Tiefe vor, so stossen wir zunächst auf die zum gleichen System gehörigen interessanten Gebilde, welche man im Allgemeinen als die Seitenorgane der Fische bezeichnet.

Sie bilden bekanntlich ein System längs einer an den Seiten des Körpers sich hinziehenden Linie, der Seitenlinie, sowie in bestimmten auf den Kopf sich erstreckenden Fortsetzungen derselben. Es ist mir nicht erinnerlich, dass irgendwo in den Autoren auch nur das Wort „Seitenlinie" in Bezug auf den Zitterwels gebraucht worden sei, abgesehen vielleicht von makroskopischen, zoologischen Beschreibungen; in BILHARZ' Monographie ist Nichts davon zu finden und gilt es also eine Lücke in diesem wichtigen Capitel auszufüllen.

Da sich die Seitenlinie hier zum wirklichen Kanal schliesst, so ist es erforderlich zum Studium der mit ihr in Beziehung stehenden Organe Quer- und Längsschnitte des Kanales anzufertigen, um sie mit einander combiniren zu können und so die Uebersicht der verdeckten Anordnung zu erhalten.

Ein Schnitt senkrecht auf die Seitenlinie und auf die Körperoberfläche, wie ihn Fig. 28 der Tafel IX darstellt, enthüllt den regelmässigen, rundlichen Querschnitt des Kanales, sowie zwei längliche Spalten beiderseits von demselben.

Diese rundliche Oeffnung zieht sich nach aussen in die Länge und führt zum Hohlraum des Schornsteines auf dem Seitenkanal, sobald der Schnitt in die Nähe eines solchen Organs gefallen ist. Hat man ungefähr die mittlere Ebene desselben getroffen, so erkennt man ohne Schwierigkeit, dass die Communication mit dem äusseren Medium keineswegs einfach ist, sondern dass der Hohlraum der Röhre etwa in der Höhe der Epidermisgrenze wiederum durch eine Art Diaphragma bis zu feiner Oeffnung verengt ist, und auf diesem verengten Theil erst der äusserlich weit vortretende Schornstein wie ein Ansatzstück folgt. Von eigenthümlichen Sinnesorganen ist auch in der Tiefe des Seitenkanales meist Nichts bemerkbar, dagegen fällt unter der tiefsten Stelle noch eine deutlich begrenzte, engere Oeffnung in die Augen, welche sich als der Querschnitt eines unter dem Seitenkanal hinziehenden besonderen Kanälchen herausstellt, dem ich seiner Lage wegen den Namen Basalkanal beilegen möchte. Derselbe charakterisirt sich durch seinen Bau als eine Abkammerung des Hauptkanales, die einen wechselnden Grad von Vollständigkeit erreichen kann. Häufig sieht man noch streckenweise zwischen den oben auflagernden Zellen des Seitenkanales selbst etwas wie eine Verlöthung, an der Stelle, wo der Abschluss erfolgt ist.

Mit dem Mikroskop bei mittlerer Vergrösserung betrachtet, zeigt der Durchschnitt dieser Gegend von histologischen, bisher nicht erwähnten Elementen im tieferen Theil der Röhre eine osteoïde Substanz. Die Grundsubstanz ist fein granulirt, dicht und ziemlich fest; einlagernde Zellkörper sind spärlich; wo sie vorhanden, zeigen sie mehr den Charakter von Knochenkörperchen als von Knorpelzellen, d. h. einen geschrumpften Zellrest in einem zackig begrenzten Hof, der sich hier und da in kurze Ausläufer fortsetzt.

Die osteoïde Stützsubstanz bildet in der bindegewebigen Grundlage der Röhre eine festere Masse, welche am oberen Ansatz an den Seitenkanal mit verdickter Basis beginnt und hier mit anderen gleichartigen Einlagerungen um den Kanal selbst in continuirlicher Verbindung steht.

Sowohl aussen wie innen ist die osteoïde Röhre umhüllt von lockerem, netzförmigem Bindegewebe, welches weite Lymphspalten enthält und sich durch direct von den Lymphräumen neben dem Seitenkanal aufsteigende Communicationen beständig strotzend gefüllt halten kann. Ueber das Osteoïd hinaus steigen die bindegewebigen Züge als Grundlage für die Ansatzröhre bis zu deren lippenförmigen Endigung nur von einer mässig dicken Epithellage bekleidet. Es bleiben sehr bald nur noch zwei bis drei Lagen von Zellen übrig, die in ihrer Gestalt um die cubische Form schwanken; es sind also die oberflächlichsten Zellen weder so niedrig, noch die tiefsten so gestreckt, wie es an anderen Stellen der Haut der Fall zu sein pflegt. Die innere Auskleidung der Ansatzröhre trägt ein ganz ähnliches Epithel, während dasselbe in dem tieferen Abschnitt, der die directe Fortsetzung des Seitenkanales darstellt, seinen Charakter etwas ändert. Die oberflächlichsten Zellen sind in dem aufsteigenden Kanal ziemlich platt, die darunter liegenden unregelmässig polygonal; erst unten im Seitenkanal selbst werden die Epithelzellen wieder etwas höher und nähern sich der cubischen Form. Es bethätigt sich dadurch auch hier das sehr verbreitete Gesetz, dass in der Entwickelung bedingte Vergrösserung ursprünglich eng angelegter Höhlen, ein Sinken in den Höhendimensionen der auskleidenden Epithelien veranlasst. Man darf aus diesem Umstand wohl schliessen, dass von einem gewissen Zeitpunkt an die Vermehrung der Epithelzellen nicht mehr im Stande ist, mit der Ausdehnung der unter ihnen befindlichen Schichten Schritt zu halten und somit eine Dehnung in die Fläche erfolgt.[1]

Gewisse Zellelemente von besonderem Charakter, die weiter unten bei Besprechung der Kopfkanäle genauer beschrieben werden, nämlich Körnerzellen finden sich auch hier zwischen den gewöhnlichen Elementen vor, doch sind sie an jenen Lokalitäten besser zu erkennen, und wohl durchschnittlich etwas grösser. Sie stehen auch im Epithel des Seitencanales in einigermassen regelmässigen Abständen, die etwa das Fünffache ihres Durchmessers betragen.

In dem Basalkanal ist stets ein ungleichmässig entwickeltes Epithel vorhanden, indem der distale Theil der Wölbung einzelne leicht vergängliche Epithelzellen trägt, welche den oberflächlichen Lagen im Seitenkanal selbst ähnlich sind, die proximale Hälfte seiner Höhlung ist stets mit mehreren kleinen cubischen oder niedrig cylindrischen Zellen ausgekleidet, deren relativ grosser, stark lichtbrechender Kern besonders in die Augen fällt. Es scheint, dass ein klarer, coagulirbarer Inhalt des Kanales sich auf diesen Zellen in unregelmässig verflochtenen Fädchen niederschlägt; zuweilen scheinen dieselben in kurze Stifte verlängert.

In dem netzförmigen Bindegewebe, auf welchem die beschriebenen Epithelien ruhen, ist kein Mangel an geräumigen Blutcapillaren und Lymphspalten, deren Inhalt gelegentlich noch in den Lücken kenntlich wird. Die welligen, mit einander verflochtenen Coriumfasern sind nur von spärlichen Capillaren durchbrochen, dagegen pflegt sich in der Gegend der Schornsteine mitten zwischen den Fasern der Durchschnitt eines Nervenstämmchens bemerkbar zu machen, welches einem benachbarten Seitenorgan zustrebt. Unter dem Corium erscheint der zugehörige Hauptstamm der Nerven der Seitenorgane, daneben der Arterien- und Venendurchschnitt, sowie die Lymphstränge, von denen die Communicationen zu den Gefässen neben dem Centralkanal in gewissen Abständen, den einzelnen Schornsteinen, wie es scheint, entsprechend, direct aufwärts ziehen.

Erst in einiger Entfernung von den Communicationsröhren mit dem Medium trifft man der Regel nach auf die nervösen Endapparate des Seitenkanals; ausnahmsweise lagern sie auch wohl gerade darunter. Die osteoïde Substanz schliesst sich plötzlich zu einer den Kanal ringförmig umgebenden Masse; der dadurch gegebenen, ziemlich kreisförmigen Begrenzung desselben entspricht aber kein kreisförmiges Lumen, sondern der innen frei bleibende Raum erscheint eingeengt durch eine von unten her sich erhebende Zellwucherung, wodurch das Lumen etwa auf die Hälfte reducirt wird; diese Zellwucherung ist das eigentliche Sinnesorgan, der Nervenhügel, zuerst von Hrn. LEYDIG[2] beschrieben.

Ueber den Bau solcher Nervenhügel der Fische ist in den Autoren, nachdem besonders durch das Verdienst Hrn. EILHARD SCHULZE's ihre Abtrennung und Unterscheidung von den sogenannten „Becherorganen" sichergestellt worden war, eine ziemlich vollständige Einigung erzielt. Hr. SOLGER giebt in seinen „Neuen Untersuchungen zur Anatomie der Seitenorgane der Fische"[3] eine gute Uebersicht derselben und fügt mancherlei Neues hinzu. Ein höchst bemerkenswerther Punkt, der mir, wenn auch gelegentlich angedeutet,[4] doch nicht genügend hervorgehoben scheint, ist die erstaunliche Aehnlichkeit des histologischen Baues der Endhügel mit demjenigen der Maculae acusticae im Gehörorgan der Fische.

Vergleicht man die ebenso gründlich ausgeführten, wie prächtig illustrirten Arbeiten von Hrn. GUSTAV RETZIUS[5] über den Gegenstand, so ist man fast in Verlegenheit, wesentliche Unterschiede namhaft zu machen, wenigstens gilt dies für den hier behandelten Fisch. Hr. EILHARD SCHULZE und die Autoren, welche sich ihm angeschlossen haben, sprechen nur von zwei Zellkategorien, die den Nervenhügel zusammensetzen sollen, d. h. lang gestreckte blasse Cylinderzellen, die meilerartig zusammengebaut sind, und oben dazwischen eingeschaltet, birnförmige mit kurzen, breit angesetzten Härchen versehene Zellen, in denen sie die eigentlichen Endapparate der Nerven sehen.

Hr. SOLGER[6] hat bereits zu diesen Zellen andere von ihm als Basalzellen bezeichnete Elemente gefügt, die er mit den Cylinderzellen in Verbindung setzt; für den Zitterwels gestaltet sich das Verhältniss aber jedenfalls anders, indem hier die den Basalzellen zu vergleichenden Elemente sich nach oben zu fadenförmigen Fortsätzen verlängern, welche sich zwischen die Cylinderzellen eindrängen und wahrscheinlich die Oberfläche des

---

[1] Ein charakteristisches Beispiel für dies zu wenig beachtete Verhältniss liefert die Epithelbekleidung des Centralkanales und der Hirnhöhlen.

[2] Ueber Organe des sechsten Sinnes. Verhandlungen der Leopoldino-Carolina. Bd. 34.

[3] Arch. f. mikroskopische Anatomie. Bd. XVIII. 1880. S. 364. III. Die Seitenorgane der Knochenfische.

[4] So hat Hr. MAYSER die Schleimkanäle der Fische. d. h. in dasselbe Gebiet wie die Seitenorgane gehörige Organe, gestützt auf den Ursprung der sie versorgenden Nervenbahnen im Gehirn, als ein »accessorisches Gehörorgan« bezeichnet.

[5] Das Gehörorgan der Wirbelthiere. Stockholm 1881. I.   [6] A. a. O. Taf. XVII Fig. 8.

Nervenhügels zwischen den nervösen Birnzellen erreichen. Dadurch wird ihr Verhalten ein durchaus ähnliches, wie es die sogenannten »Fadenzellen« des Gehörorgans darbieten, so dass also Fadenzellen, indifferente Cylinderzellen und haartragende Sinneszellen (Hörzellen) bei dem einen wie bei dem anderen Organ sichtbar werden.

Ja, die Vergleichung geht noch weiter: Hr. EILHARD SCHULZE hat das höchst merkwürdige Verhalten festgestellt, dass bei den Nervenhügeln der Fische markhaltige Nervenfasern zwischen die Epithelzellen vordringen; ich bin wegen der abweichenden Präparationsmethode (ohne Osmium, dagegen Aufhellung durch Balsam) nicht in der Lage, die Angabe bestätigen zu können, habe aber um so weniger Grund, ihre Richtigkeit zu bezweifeln, als Hr. RETZIUS[1] von der so verwandten Anlage der Maculae acusticae dasselbe behauptet. Ich will also nicht in Abrede stellen, dass beim Zitterwels dasselbe Verhalten der Nerven vorkommen kann, doch wäre auch die Möglichkeit in Erwägung zu ziehen, dass die bei der Coagulirung durch Osmium vor sich gehenden Veränderungen im Gewebe das Nervenmark vielleicht weiter nach der Peripherie zu vorpressen, als den normalen Verhältnissen entspricht. Nach dem Befund beim *Malopterurus* muss ich nämlich den Aufbau der epithelialen Elemente gerade im Centrum des Nervenhügels als sehr locker bezeichnen; die Annahme, dass die am besten geschützten Zellen etwa zu Grunde gegangen sein sollten, wo die exponirten erhalten blieben, erscheint unzulässig, auch ist die Vertheilung der verschiedenen histologischen Elemente in diesen Organen beim Zitterwels eine eigenthümliche, von der Präparation unter allen Umständen unabhängige.

Das zum Endhügel tretende Nervenstämmchen, aus wenigen markhaltigen Fasern auffallend ungleichen Calibers bestehend, tritt durch eine geräumige Oeffnung der osteoïden Substanz, und gelangt so in die basale, von Capillaren vielfach durchbrochene Bindegewebsplatte, wie sie auch von Hrn. EILHARD SCHULZE beschrieben wurde. Von hier steigt es aber keineswegs direct zwischen die Zellen, sondern die Fasern suchen stets die (hintere?) Peripherie des Organs auf, so dass ein Querschnitt des Endhügels, der sogar schon etwas jenseits der Mitte gefallen ist, von den Nerven immer noch einen Schrägschnitt aufweist. In der Peripherie schlagen sich die Fasern zwischen den hier sehr lang ausgedehnten Fadenzellen nach oben und umgreifen also das Centrum des Endhügels, um zu den birnförmigen Zellen zu gelangen. Diese sehe ich, ebenso wie die genannten Autoren, als die Träger der feinsten Nervenendigungen an, die sich mit ihnen durch basale Fortsätze verbinden.

Warum die eintretenden Nerven dem Centrum des Endhügels aus dem Wege gehen, ist nicht mit Sicherheit zu sagen, doch scheint es mit dem bereits erwähnten, besonderen Aufbau der centralen Zellen in Beziehung zu stehen, und dies ist zugleich ein weiterer Indicienbeweis, dass dieser Aufbau ein natürlicher, nicht nur durch die Präparation veranlasster ist. Hier drängt sich gleichzeitig die Frage auf, was denn aus dem oben beschriebenen Basalkanal geworden ist, den man unter dem Querschnitt des Nervenhügels vergeblich sucht? Ueber den Verbleib des kleinen Kanälchens giebt ein mittlerer Längsschnitt der Organanlage den besten Aufschluss. Man sieht auf solchem Schnitt das Lumen des Kanälchens unmittelbar unter dem Epithel des Hauptkanals bis zum Endhügel ziehen, um hier aufsteigend in den Raum zwischen ihm und dem Epithelwulst auszumünden, der den Hügel rings umgiebt und mit seinen vorspringenden Rändern sogar etwas überragt. Ebenso beginnt auch der Basalkanal jenseit des Endhügels wieder in dem nämlichen spaltförmigen Raum und gewinnt alsbald seinen alten Platz. Die eigenthümlichen spärlichen Epithelien von etwa cubischer Gestalt mit regelmässig gerundeten Kernen, werden auf Längsschnitten des Kanales häufig aus ihrer Stelle gerückt und finden sich in dem Lumen unregelmässig verstreut. Es scheint fast, als wenn Abzweigungen dieses Röhrensystems unter die centralen Zellen des Endhügels treten und sie stellenweise auseinander drängen, doch ist der Beweis dafür nicht leicht zu erbringen, da weder deutliche Wandungen noch auskleidende Elemente so weit gelangen.

Ein Moment, wodurch die Endhügel des Zitterwelses den *Maculae acusticae* noch besonders ähnlich werden, ist die starke Ausbildung der haarförmigen Verlängerungen auf den Sinneszellen, welche hier eine beträchtliche Länge erreichen, während sie bei anderen Fischen gewöhnlich nur die Gestalt kürzerer Borsten zeigen sollen. Der auch sonst beschriebene breite, basale Ansatz des Haares auf der Zelle kommt hier gleichfalls zur Beobachtung.

Zur Vervollständigung des Bildes würde es dienen, wenn die Sinneshaare bedeckt gefunden wären mit einer sogenannten *Cupula*; eine solche ist aber mit Rücksicht auf die Conservirung ohne Anwendung von Osmium nicht wohl zu erwarten. Was die Auffassung dieser merkwürdigen, die Sinneshaare wie eine streifige Kappe bedeckenden Formation anlangt, so schliesse ich mich ganz an Hrn. RETZIUS an,[2] welcher das Zustandekommen des auffallenden Bildes im Präparat durch die unter Osmiumeinwirkung erfolgende Gerinnung einer schon bei Lebzeiten zwischen den Haaren befindlichen, fein gestreiften Substanz erklärt. Danach ist also nur die Form,

---

unter welcher sie in den Präparaten erscheint, durch die Behandlung hervorgerufenes Kunstproduct, und es ist durchaus wahrscheinlich, dass durch ähnliche Methoden der Conservirung, wie sie zur Darstellung der *Cupula* in Anwendung kamen, auch an den Seitenorganen des Zitterwelses eine solche Umhüllung der Sinneshaare sichtbar zu machen wäre.

Die glashellen Röhren, welche auf freistehenden Seitenorganen gewisser Knochenfische, sowie auf denjenigen der Amphibienlarven beobachtet wurden (EILHARD SCHULZE), sind auch von Anderen als ein Homologon der *Cupula*-Bildung betrachtet worden.

Der beistehende Holzschnitt giebt eine schematische Darstellung der Anordnung des Seitenkanales mit einem Sinnesorgan. Derselbe soll das Verständniss der auf Taf. IX gegebenen Figuren 27 und 28 erleichtern, und wurden daher auch zwei längsdurchschnittene Zotten sowie die Einsenkungen dazwischen angedeutet, welche Bildungen, wie erwähnt, auf der Seitenlinie nur unvollkommen zur Entwickelung gelangen.

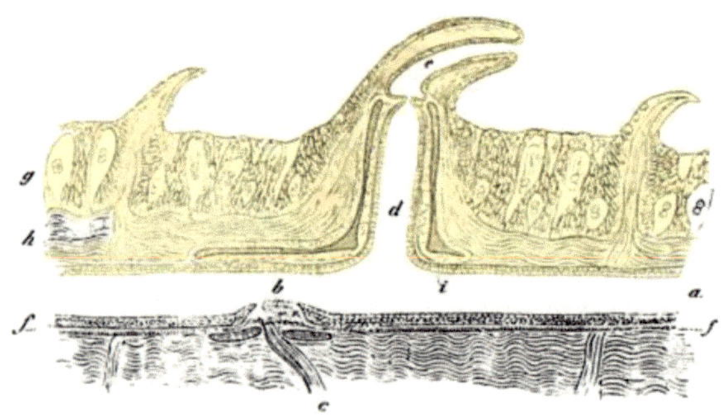

Schematischer Längsschnitt des Seitenkanals.

a. Lumen des Kanals; *b.* Endhügel; *c.* der zugehörige Nerv; *d.* unterer Abschnitt der Ausstülpung; *e.* der vorstehende Abschnitt; *f.* der Basalkanal; *g.* die Epidermis; *h.* die Coriumfasern; *i.* die ostoide Substanz.

Fig. 29 der Taf. X zeigt den Längsschnitt eines Endhügels nach der Natur mittelst des OBERHÄUSER'schen Zeichenapparates entworfen, Fig. 30 derselben Tafel den ebenso dargestellten Querschnitt. Der ersterer Figur zu Grunde liegende Schnitt hat auch den Basalkanal in der Längsrichtung getroffen und zeigt besonders rechterseits die Ausmündung desselben in die Umgebung des Endhügels. Auch der lockere Aufbau der Elemente im centralen Theil des Hügels wurde nach Möglichkeit genau wiedergegeben. In dem Bilde des Querschnittes sind die langstreckigen „Basalzellen" recht kenntlich, der Basalkanal fehlt hier, wie es nach dem geschilderten Verlauf nicht anders erwartet werden kann. Die Haaranhänge der Birnzellen sind, obwohl unregelmässig untereinander verklebt, doch an den Präparaten noch kenntlich, ein Beweis, dass die Conservirung der zu denselben verwandten Haut allen billigen Anforderungen entsprechen dürfte.

Die Kopfkanäle.

Ausser dem Seitenkanalsystem finden sich bei den Fischen andere Kanäle verwandter Natur, welche sich in mannigfacher Weise auf dem Kopfe verbreiten und eben deshalb den Namen Seitenkanäle nicht recht verdienen. Sie hängen aber in der Regel mit dem Seitenkanal zusammen und zeigen einen ähnlichen histologischen Charakter wie dieser. In ihnen wurden von Hrn. LEYDIG[1] in gewissen Abständen eingesenkte „Nervenköpfe" beschrieben, den Endhügeln des Seitenkanals entsprechend. Ihre Anordnung in den zu einem System vereinigten Kanälen zeigt eine gewisse Regelmässigkeit, freilich sehr verschieden in den einzelnen Fischgattungen. Die Bezeichnung Schleimkanäle, welcher ihnen am angeführten Orte beigelegt wird, deutet auf eine secretorische Function hin, ist daher an dieser Stelle wohl besser zu vermeiden und die Benennung „Kopfkanäle" der so eng verwandten Anlage, den „Seitenkanälen", am meisten entsprechend.

Wie zu erwarten stand, fanden sich auch beim Zitterwels solche Kopfkanäle vor, doch sind sie nicht annähernd von der Weite, wie sie bei manchen Fischen (z. B. beim Kaulbars nach LEYDIG) angetroffen werden. Die Schwierigkeit, für solche Untersuchungen genügend gut conservirtes Material in grösserer Masse zu beschaffen, zwingt mich, über den Bau und die Verbreitung dieser Kopfkanäle zunächst nur einige kurze Bemerkungen zu veröffentlichen.

Die Kanäle beginnen mit punktförmigen, leicht aufgewulsteten Mündungen an der äusseren Oberfläche der Haut, durchsetzen das Corium in schräger Richtung und ziehen im Unterhautzellgewebe für grössere

---

[1] Lehrbuch der Histologie der Menschen und der Thiere. S. 201.

Strecken fort. Es scheint, dass sie sich dabei mit benachbarten Kanälchen zu einem System verbinden, und es ist zu vermuthen, dass sich wie bei anderen Fischen auch hier eine Verbindung mit dem eigentlichen Seitenkanal herstellt. Die Kanälchen sind häufig tief in das Zellgewebe eingesenkt und da sie noch etwas geringere Weite zeigen als der Seitenkanal, so ist ein sicheres Verfolgen derselben ohne vollständige Aufopferung einer ganzen Reihe von Exemplaren nicht wohl durchführbar.

Mehrere Oeffnungen oder Dermalporen solcher Kopfkanälchen finden sich um die doppelten Nasenlöcher des Zitterwelses und selbst an der Basis der grössten Bartel wurden deren noch beobachtet. Etwa fünf finden sich, eine Bogenlinie bildend, unterhalb des Auges; eine andere Bogenlinie beginnt hinter dem Mundwinkel und zeigt vier deutliche Oeffnungen; von der Nasenregion nach hinten bis zum Anfang des elektrischen Organs sieht man deren zwei bis drei jederseits. Die Gesammtzahl der thatsächlich an demselben Fisch beobachteten stellt sich also auf etwa 30, doch ist die wirklich vorhandene Zahl wahrscheinlich grösser, da man die feinen Oeffnungen leicht übersieht. Weiter nach hinten, auf dem Organ habe ich keine mehr beobachtet, so dass man annehmen muss, die etwas vorragenden, gewulsteten Dermalporen gehören zu den Kopfkanälen, wie die oben beschriebenen Schornsteine zu den Seitenkanälen; wie die gewöhnlichen Zotten auf dem Kopfe bis zum Verschwinden niedrig werden, an den Körperseiten aber hoch sind, so zeigen sich die röhrenförmigen Aufsätze der Kanäle dort niedrig, hier aber hoch.

Dass die in Rede stehenden Kanäle auf dem Kopfe, selbst wenn sie nicht mit dem Seitenkanal in Verbindung stehen sollten, doch eine durchaus verwandte Bildung darstellen, ergiebt sich aus der Vergleichung des innen aufsitzenden Epithels, welches sich ganz ähnlich wie im Seitenkanal aufbaut.

Auch hier haben wir flach cubische Zellen, mit grossen Kernen als regelmässig geschlossene, oberflächlichste Schicht, darunter unregelmässig polygonale und ein lockeres, netzförmiges Bindegewebe, welches sich erst in einigem Abstand vom Epithel zu einer festen, fibrösen Scheide schliesst, die durchgängig osteoïde Substanz einschliesst, wie solche bei dem Seitenkanal nur die Endhügel und Aufsatzröhren begleitet.

Die histologische Untersuchung begegnet hier besonderen Schwierigkeiten; denn einmal hindert das Osteoïd der Wand ein vollkommenes Eindringen der conservirenden Flüssigkeiten, und ausserdem fand ich die Endstücke der Kanäle von den Mündungen her öfters mit Fremdkörpern, mit feinem Sand und Schlamm vollgestopft. Es gelang mir gleichwohl zu constatiren, dass auch hier in den Kanälen den „Nervenknöpfen“ anderer Fische homologe Sinnesorgane vorkommen, doch sind dieselben in recht erheblichen Abständen gelagert, und nach den bisherigen Untersuchungen möchte ich annehmen, dass auf jede Dermalpore nur ein Nervenknopf kommt.

Die Nervenstämmchen treten, von einem stärkeren Gefäss begleitet, seitlich durch das Osteoïd und dringen gerade gegen den einen Winkel des niedrigen Ovals vor, welches der Querschnitt des Kanals darstellt. Hier bildet sich eine Art Polster von Bindegewebe, das stark von Gefässen durchzogen wird, ein Homologon der basalen Platte des Endhügels im Seitenkanal. Auf derselben lässt sich noch die dichte Zusammenhäufung gestreckter cylindrischer und spindelförmiger Zellen erkennen, nur ist die Zellgruppe parallel mit der Axe des Kanales in die Länge gezogen ohne jedoch einen wirklich „linearen Charakter“ zu bekommen, wie ihn Hr. LEYDIG bei anderen Fischen auffand. Die auf dem indifferenten Zelllager vorhandenen Sinneszellen waren in den bisher untersuchten Fällen so durcheinander geworfen, dass ich es ablehnen muss über ihre Anordnung etwas auszusagen. Der Epithelwulst der Nachbarschaft umgiebt den Nervenkopf jedenfalls sehr dicht, und erhebt sich an den Seiten mindestens zur gleichen Höhe, wodurch das Bild eines Durchschnittes noch besonders unklar wird.

Eine Ueberraschung war mir bei der Durchmusterung des gewöhnlichen Epithels der Kopfkanäle noch vorbehalten, auf welche ich am wenigsten gerechnet hatte: Es fanden sich unter den Elementen dieses Epithels Zellen, welche unzweifelhaft zu der Kategorie der bisher nur in der Haut von Petromyzonten aufgefundenen Körnerzellen gerechnet werden müssen.

Die zuerst von Hrn. v. KÖLLIKER beschriebenen und benannten räthselhaften Gebilde wurden später von Hrn. EILHARD SCHULZE und Hrn. FOETTINGER besonders eingehend untersucht, ohne dass es bisher gelang, ihre Function mit Sicherheit festzustellen. Hr. v. KÖLLIKER vermuthete in ihnen ebenso wie Hr. FOETTINGER drüsige Elemente, Hr. SCHULZE Sinneszellen, doch gehen die thatsächlichen Angaben dieser Autoren über die Körnerzellen noch sehr auseinander, und ich selbst habe bisher keine Gelegenheit gehabt, bei *Petromyzon* mir darüber ein eigenes Urtheil zu bilden.

Die Körnerzellen im Epithel der Kopfkanäle des Zitterwelses sind nur von dem Umfang gewöhnlicher Epithelzellen, sie enthalten aber die scharf begrenzten, stark lichtbrechenden Granula gleicher Grösse in gewissen

Abständen von einander und den blassen, ovalen Kern wie jene des Neunauges. Die Fortsätze dagegen sind im Unterschiede von letzteren nur zart und lassen sich an Schnittpräparaten zwar erkennen, aber nicht mit Sicherheit verfolgen. Zuweilen schien es mir, als besässen die am oberflächlichsten lagernden Körnerzellen eine schmale kanalartige Oeffnung, die auf dem Epithel mündete und oberflächlich von einem ausgetretenen Coagulum bedeckt war.

Bei der Aehnlichkeit des Epithels im Seitenkanal mit demjenigen der Kopfkanäle und der Verwandtschaft beider Anlagen überhaupt wäre es in der That auffallend gewesen, wenn sich das Epithel der letzteren in einer so bemerkenswerthen Eigenthümlichkeit, wie das Auftreten der Körnerzellen sie darstellt, von ersterem getrennt hätte. Nachdem ich die Körnerzellen in den Kopfkanälen gesehen hatte, revidirte ich nochmals das Epithel des Seitenkanals für grössere Strecken sorgfältig, und fand, dass allerdings auch hier sich Körnerzellen eingestreut finden. Dieselben sind indessen erheblich schwieriger zu sehen, weil sie spärlicher auftreten und durchschnittlich auch noch kleiner zu sein scheinen. Nur in der Umgebung der Endhügel konnte ich diese Elemente im Epithel häufiger bemerken, vermisste sie bisher aber zwischen den platteren Zellen der Ansatzröhren am Seitenkanal.

Ihre Anordnung entspricht im Uebrigen derjenigen in den Kopfkanälen, d. h. sie lagern in gewissen, ziemlich regelmässigen Abständen unter der oberflächlichsten Zellenschicht des Epithels.

Weitere Untersuchung wird hoffentlich nun mehr Licht über diese räthselhaften Gebilde verbreiten; ich möchte die Ueberzeugung aussprechen, dass nach den jetzt vorliegenden Erfahrungen das Vorkommen der Körnerzellen auch bei anderen Knochenfischen anzunehmen ist und eine secretorische Function der beim Zitterwels beobachteten am wahrscheinlichsten erscheint.

Eine Abbildung des allgemeinen Aufbaues der Kopfkanäle konnte ich aus den oben angeführten Gründen nicht entwerfen, eine Uebersicht der histologischen Structur würde im Vergleich zu dem Seitenkanal Neues nicht bieten; ich begnüge mich daher mit der Abbildung eines Körnerzellen enthaltenen Epithelabschnittes, um die Vergleichung mit den meiner Überzeugung nach homologen Elementen der Neunaugenepidermis zu ermöglichen. (Fig. 26 Taf. VIII.)

c. Die tieferen Hautschichten um das elektrische Organ.

In den ersten Kapiteln dieser Abhandlung wurde darauf hingewiesen, dass bei der makroskopischen Betrachtung der Haut in ihrem Verhältniss zu tiefer liegenden Theilen sich das elektrische Organ deutlich als eine Dependenz des Leibeswandorgans darstellte, und wurden die dafür aus den anatomischen Thatsachen sich ergebenden Beweisgründe entwickelt.

Die mikroskopische Untersuchung verstärkt diesen Beweis in hohem Maasse, ja, es erscheint geradezu unthunlich, das elektrische Organ ausser Zusammenhang mit der Haut zu betrachten, weil es, wie schon die makroskopische Betrachtung lehrte, zwischen Theile eingeschoben ist, die unzweifelhaft zu ihr gehören.

Unter der Epidermis stösst man unmittelbar auf die bereits mehrfach erwähnte mächtige Lage von Bindegewebsfasern, welche scheinbar wie ein fest geschlossener Damm zwischen der Epidermis und dem elektrischen Organ eingeschaltet ist. Bei dem hohen Interesse, welches letzteres begreiflicher Weise erweckte, unterliess man es bisher, Regionen der Leibeswand genauer zu untersuchen, wo elektrisches Gewebe nicht mehr vorhanden ist; selbst über die Endigungsweise des Organs fehlen bisher histologische Angaben überhaupt, obwohl diese Untersuchung doch gewichtige Aufschlüsse über die Natur der räthselhaften Anlage bieten konnte. Bei Besprechung des makroskopischen Baues „der elektrischen Organe" gedenkt BILHARZ wenigstens des eigenthümlichen Gewebes, welches er als „indifferente Ausfüllungsmasse" zwischen der äusseren Haut und der inneren Sehnenhaut bezeichnet. Obgleich BILHARZ den mikroskopischen Bau der hier zusammenstossenden Theile in seinen Hauptzügen richtig erkannte, hinderte ihn der Mangel einer vollständigen Uebersicht ihrer Anordnung und der Vergleichung jugendlicher Exemplare an einer verständlichen Auffassung des Baues. Er beschreibt illusorische Grenzen, seine „Scheidewände"[1], und füllt sie dann aus, hier mit indifferenter Masse, dort mit elektrischem Gewebe.

____

[1] A. a. O. S. 27.

Es liegt auf der Hand, dass man auf diese Art die Organisation eines Thierleibes nicht folgerichtig darstellen kann, sondern dass man naturgemäss Organe sich entwickeln lässt, die nach Erreichung eines bestimmten Entwickelungsgrades, wenn sie aneinander anstossen, sich erst abgrenzen können. Während er meint, eine einzelne Bindegewebsfaser in Achtertour zweimal um den Leib des ganzen Thieres verfolgen zu können (!), was ihm ebensowenig nachgemacht werden dürfte, als VALENCIENNES[1] die Construction von sechs festen Blättern in RUDOLPHI's flockiger Haut, übersieht er den einheitlichen Gesichtspunkt der Betrachtung, der trotz seiner unvollständigen Untersuchungen sehr wohl zu erfassen war.

BILHARZ sagt ausdrücklich am angeführten Orte: „Die innere Sehnenhaut geht nur an einem Punkte in ihrer Totalität (!) in die äussere Haut über. Beide Membranen werden fast überall durch die sulzige Zwischenmasse auseinander gehalten, stehen aber durch zahlreiche Fortsätze, welche in Form von Scheidewänden, Balken- und Fächernetzen die Zwischenmasse durchsetzen, mit einander in Verbindung."

Anknüpfend an diese durchaus correcte Angabe meines Vorgängers, möchte ich von dem Verhältniss nunmehr folgende Darstellung entwickeln und die Beweise dafür beibringen:

Das bindegewebige Hautsystem des Zitterwelses besteht ebenso wie bei anderen Fischen aus starken Bindegewebsbündeln und daneben aus einem, wie PACINI[2] treffend bemerkt, auf embryonaler Stufe stehenbleibendem Gewebe, welches von geschlängelt verlaufenden Fibrillen sehr wechselnder Mächtigkeit durchsetzt wird. Es bleibt dazwischen eine dem Schleimgewebe verwandte formlose, im coagulirten Zustande fein gekörnte Masse mit unregelmässig vertheilten, spärlichen Bindegewebszellen und Kernen übrig.

Die das Ganze durchsetzenden Züge verlaufen, nach aussen plötzlich mächtiger werdend, in die Masse der Coriumfasern, nach innen schliessen sie zu der dünnen bereits oben erwähnten Membran zusammen, welche den Namen der inneren Sehnenhaut erhalten hat. Diese kaum sehr auffallende Anordnung wird nur dadurch bemerkenswerth, dass in ausgebreiteten Regionen der Hautanlage an Stelle des Schleimgewebes eine regelmässig angeordnete Masse von Elementen sich eingeschoben hat, welche, die Fibrillen zusammendrängend und vor sich her schiebend, die eigene Regelmässigkeit der Anordnung auf die sonst unregelmässige Vertheilung der Bindegewebsbündel überträgt. Mit dieser Darstellungsweise allein stimmt der mikroskopische Befund überein und bestätigt die schon aus der makroskopischen Betrachtung gewonnene Anschauung, bei deren Erörterung oben bereits auf das mikroskopische Bild Bezug genommen wurde.

Die Selbständigkeit der inneren Sehnenhaut mit den angeblichen Achtertouren ihrer einzelnen Fasern ist also nur scheinbar und durch den Contrast mit dem elektrischen Gewebe vorgetäuscht. Am klarsten ersichtlich wird die Richtigkeit dieser Behauptung besonders durch die Betrachtung des Organendes im Schwanzabschnitt unter dem Seitenkanal, wie es Fig. 27 auf Taf. IX darstellt. Man sieht hier sehr deutlich den Austausch fibröser Bündel, häufig begleitet von Gefässen und Nerven, welche von der inneren Sehnenhaut schräg durch die mächtige, taube Ausfüllungsmasse zum Coriumlager verlaufen, und dass letzteres ebendeshalb gegen die Tiefe gar nicht sicher abgegrenzt erscheint.

Durch diese nach vorn und aussen emporstrebenden Bindegewebszüge werden mehrfach nach hinten zugeschärft auslaufende Theile der ganzen Anlange abgegrenzt, deren eines das Ende des elektrischen Organs darstellt. Die Abgrenzung ist nicht einmal exact; denn wie die Abbildung es lehrt, wird durch den Hauptzug, welcher BILHARZ' „hintere Scheidewand" darstellen soll, auch ein Feld zum Organ gewiesen (y der Figur), das elektrisches Gewebe gar nicht enthält. Noch etwas weiter nach hinten, von dem Zeichenapparat nicht mehr in das Bild gefasst, würde wieder ein ähnlicher Zug gegen das Corium aufstreben und sich nur dadurch von dem hier abgebildeten unterscheiden, dass dort der Mangel anlagernden elektrischen Gewebes keinen regelmässigen Verlauf bewirkt.

Von den locker geordneten, wenn auch in sich festen, fibrösen Bündeln sondern sich gern einzelne schräg geschnittene Gruppen ab, wie immer auch der Schnitt geführt worden sein mag, und andere hängen um so fester mit dem Hautsystem zusammen, eben weil sie sich in die Masse desselben einsenken. Dies gilt in gleichem Sinne von den in die indifferente Ausfüllungsmasse wie von den zwischen elektrisches Gewebe eintretenden, wenn man die innige Zusammenfügung und straffere Spannung durch die quellenden Platten des letzteren in Rechnung stellt.

Um dies zu beweisen, ist es nur nöthig einen Schnitt durch das Organende neben der Fettflosse in's Auge zu fassen, wie ihn Fig. 33 auf Taf. X darstellt. Auch hier ist der Durchschnitt der inneren Sehnenhaut

---

[1] Archives du Muséum d'histoire naturelle. Tom. II. 1841. p. 59.   [2] A. a. O. S. 6.

mit der ihr auflagernden, flockigen Haut abgebildet, und an mehreren Stellen, besonders aber ganz rechts sieht man, wie starke Bündel fibröser Fasern, die elektrischen Platten gleichsam mit sich fortreissend, in derselben Richtung nach vorn (rechts der Figur) und aussen aufstreben. Die höchst merkwürdige Plattenanordnung, auf welche weiter unten zurückzukommen ist, zeigt noch eine so geringe Regelmässigkeit, dass man an dem Princip des Organaufbaues zweifelhaft werden könnte. Solche Züge fibrösen Gewebes müssten, wenn nicht beiderseits elektrische Platten lägen, mit demselben Rechte „Scheidewand" genannt werden, als diejenigen, welche solche Elemente nur auf einer Seite neben sich haben, wie es bei der sogenannten hinteren Scheidewand (BILHARZ) der Fall ist.

Wichtig für die ganze Theorie der Entstehung elektrischen Gewebes überhaupt erscheint es mir, dass sich nunmehr bei allen elektrischen Fischen in der unmittelbaren Umgebung der Organenden Gewebsstücke fanden, deren Beschaffenheit es wahrscheinlich machte, sie seien unentwickelt gebliebene Reste der grösstentheils in elektrisches Organ verwandelten embryonalen Anlage.[1] Ich habe auf diese eigenthümlichen Bildungen bereits wiederholentlich hingewiesen und sie in den Figuren mit x und y bezeichnet, wie hier auch die indifferente Ausfüllungsmasse auf Taf. II Fig. 4. der sie in ihrem histologischen Charakter stets merkwürdig ähnlich sehen.

Die besondere Vertheilung, der feinere Aufbau des Gewebes und die innige Verbindung einzelner Stücke mit vollkommenem elektrischen Gewebe sprechen für die Gleichheit der ursprünglichen Anlage und lassen in solchen, von der allgemeinen Masse sich sondernden Theilen fehlgeschlagenes elektrisches Gewebe vermuthen.

Die gegen die Epidermis zu sich bildende dichte Lage von Coriumfasern wird vielfach durchbrochen durch aufsteigende Bündel, welche frei hervortretend die Grundlage der bereits beschriebenen Zotten bilden; durch derartige dichtgestellte Erhebungen wird also auch die äussere Fläche dieser auf den ersten Blick dicht erscheinenden Lage eine gänzlich unebene.

Eine weitere Störung der im Allgemeinen so regelmässigen Anordnung der Coriumfasern ist durch die ganz willkürlich zwischen den oberflächlichen Lagen eingestreuten Pigmentzellen gegeben, die bald zu dichten, makroskopisch als Flecke kenntlichen Gruppen sich vereinigen, bald nur vereinzelt auftreten. Sie steigen auch in die Zotten auf, dagegen habe ich beim Zitterwels nie eine zwischen den Epidermiszellen angetroffen, während solche bei anderen Fischen nicht selten vorkommen.

Die feineren, lockeren Fasern in der tauben Ausfüllungsmasse sind häufig sehr stark gewunden oder spiralig gedreht und machen dann den Eindruck elastischer Fasern, ohne jedoch die charakteristischen Reactionen dieses Gewebes zu geben.

Die flockige Haut RUDOLPHI's verhält sich zur indifferenten Ausfüllungsmasse wie die embryonale Hautanlage irgend eines Säugethiers zum embryonalen subcutanen Bindegewebe, d. h. die zelligen Elemente und Kerne sind spärlicher, die eingestreuten Fasern zarter, die feinkörnige Zwischensubstanz weicher, halbflüssig. Die massenhaften Gefässe und Nerven finden sich in ihr wie sonst auch im Unterhautzellgewebe, indem sie darin nur eingebettet liegen, um an den geeigneten Stellen zu benachbarten Organen hindurchzutreten.

Die mikroskopische Untersuchung bietet durchaus keinen Anhalt dafür, in der flockigen Haut irgend eine besondere höhere Function anzunehmen.

d. Das elektrische Organ.

Seit BROUSSONET 1782 als der erste in dem besonderen sulzigen Gewebe der Hautanlage die elektrischen Batterien des Fisches erkannte, ist soviel über die Histologie des elektrischen Organs geschrieben worden, dass man meinen sollte, es müsse bei unserer Zeit genügend bekannt sein, und doch ist dies nicht der Fall. Wenn ich nun auch in einigen Punkten weitere Aufschlüsse über dies Räthsel glaube beibringen zu können, bin ich gleichwohl weit entfernt von der Ueberhebung, es gelöst zu haben; in manchem Punkte schürzt es sich sogar durch die neuen Untersuchungen scheinbar noch enger.

---

[1] Vergl. Untersuchungen am Zitteraal Anh. II. S. 362. Taf. VII. Fig. 18—21; — Beiträge zur Embryologie von Torpedo. Sitzungsber. der Königl. Akad. der Wissensch. 1883. Taf. IV.

Dazu gehören gewisse Abweichungen und Unvollkommenheiten der Organbildung, welche dem bereits erkannten Princip seiner Anordnung Abbruch thun, ohne dasselbe indessen zu widerlegen. Wenn selbst am Himmel die Störungen im Umlauf der Planeten die Gravitationsgesetze nicht widerlegen, sondern gerade erst recht bestätigen, so gilt es der Biegsamkeit der organischen Natur gegenüber noch mehr Spielraum für Abweichungen zu gewähren. Der Aufbau des thierischen Körpers ist noch lange kein Planetensystem und seine Besonderheiten hängen ausser den allgemeinen, ewigen Gesetzen von allerhand Zufälligkeiten und ererbten Unvollkommenheiten ab, die sich nicht in gleicher Weise wie bei einem astronomischen System in Rechnung stellen lassen.

Eben weil sie eng mit der phylogenetischen wie ontogenetischen Entwickelung des Fisches zusammenhängen, sind sie besonders lehrreich für die Art der Entstehung des Organs, und ersetzen uns auf diese Weise theilweise die leider noch fehlende Kenntniss von der embryonalen Entwickelung.

Ueber die Ausbreitung des elektrischen Gewebes im Hautsystem wurde bereits oben das Wesentliche vermerkt. Die mikroskopische Untersuchung lehrt, dass der essentielle Theile etwa kreisförmige Scheiben von wechselnder Dicke sind, die im Centrum durch eine stielartige Verlängerung mit feinen Verzweigungen des elektrischen Nerven zusammenhängen, wie Traubenrosinen an ihren Stielen sitzen.

Dies Bild ist ohne vorgängige Maceration zu erlangen, sobald man aus dem Organ eines noch jugendlichen, vielleicht 12 cm. langen *Malopterurus* etwas mit der Scheere abträgt und in einer conservirenden Zusatzflüssigkeit (z. B. 1% Ueberosmiumsäure) ausbreitet. Zwischen den Scheiben oder Kuchen des Organs bleibt nur wenig Schleimgewebe mit spärlichen, zarten Bindegewebsfibrillen.

Die Fische von der angegebenen Länge schlagen bereits, und in der That sind auch die elektrischen Scheiben ausgebildet, unentwickelt sind dagegen nicht nur die Scheidewände, welche das Organ im Ganzen umgeben sollen, sondern auch die an erwachsenen Fischen erscheinenden Fächer für die elektrischen Scheiben.

Diese Fächer tragen also wie die allgemeinen Scheidewände einen unwesentlichen, secundären Charakter, der erst sehr spät zur Geltung gelangt. Im Embryo müssen die Elemente, welche zu elektrischen Scheiben werden, eine dichte Zusammenhäufung von Zellkörpern darstellen, zwischen denen eine Intercellularsubstanz nur undeutlich angelegt ist, d. h. sie müssen etwa so aussehen, wie die Lagen einzelliger Drüsen, welche bei manchen Insekten auch im ausgebildeten Zustande der Leibeswand anlagernd gefunden werden. Wo hier verzweigte Ausführungsgänge vorkommen, würden sie in dem gewählten Vergleich die Nervenverzweigung zu repräsentiren haben.

Der Vergleich hinkt insofern, als die elektrischen Zellkörper sich abplatten, während die Drüsenkörper an den angeführten Orten rundlich bleiben. Wo aber sich stark vermehrende Drüsenzellen eng aneinandergedrängt werden, wie z. B. in der Leber der höheren Wirbelthiere, platten sie sich ebenfalls gegen einander ab.

Ein ähnliches Verhältniss besteht zweifelsohne auch bei den elektrischen Elementen des *Malopterurus*, d. h. sie drängen sich aneinander zu einer dichten Masse, und nun erst bildet die spärliche Zwischensubstanz deutliche Fibrillen aus, welche zu Fächerwänden zusammenschliessen. Das einzig Auffallende bei diesem Vorgang, der sich in ähnlicher Weise an so manchem anderen Organ abspielt, ist das Streben der sich abplattenden Körper eine regelmässige Anordnung zu erlangen. Ohne eine regelmässige Anordnung wäre das Organ eben kein elektrisches, es handelt sich also darum, festzustellen, wie dieselbe in vorher ungeordneten Elementen zu Stande kommt. Unter Berücksichtigung der gleich zu erwähnenden, anatomischen Thatsachen ist es mir wahrscheinlich geworden, dass die allmählich sich herausbildende höhere, d. h. elektrische Function, richtend auf die noch lockeren, cellulären Elemente wirkt und da einen gleichartigen Aufbau der sich nun abplattenden Körper bewirkt, wo der Process früh genug zum Abschluss gelangen kann.

Der Beweis dafür, freilich nur ein Wahrscheinlichkeitsbeweis, beruht in dem Umstande, dass die Regelmässigkeit der Anordnung im Organ überhaupt nur annähernd erreicht wird, und die peripherischen Theile, vermuthlich die zuletzt entwickelten, eine solche gar nicht mehr erlangen.

Diese wichtige Thatsache ist bisher gänzlich unbeachtet geblieben; man erkannte sehr bald, dass die elektrischen Scheiben zwei verschieden gestaltete Flächen erkennen lassen, von denen die eine, dem Kopf des Thieres zugewendete, stärker in hügelartige Erhebungen vorgewölbt ist als die hintere Fläche, welche in der Mitte den Stiel und Nerven trägt. Die Hügel und Riffe der Scheibe gruppiren sich besonders um das kraterähnlich einsinkende Centrum derselben, dessen Rand in den anfänglich hohlen Stiel der Hinterseite übergeht. Beim erwachsenen Fisch liegt diese hintere Fläche der Wand des Faches dicht an, während vor der Vorderseite ein dünner Schleim den Rest des Raumes ausfüllt.

Sowohl MAX SCHULTZE[1] wie BILHARZ[2] haben dies nur im Allgemeinen gültige Princip ausschliesslich zur Anschauung gebracht und auch Hr. BABUCHIN erwähnt meines Wissens nicht, dass Abweichungen davon vorkommen. Zunächst widerstrebt der Regelmässigkeit des Aufbaues die Stauchung des Scheibenrandes gegen die Coriumlage sowie gegen die innere Sehnenhaut, wodurch der sonst nur leicht aufgebogene Rand in erheblichem Grade nach vorn zu verlängert erscheint. Von dieser Aufstülpung, welche an den elektrischen Platten des *Gymnotus*[3] ganz ähnlich beobachtet wird, geben die soeben citirten Figuren von MAX SCHULTZE und BILHARZ eine allerdings zu schwach ausgefallene Andeutung. Je weiter nach hinten der Organrand aber untersucht wird, um so stärker pflegt die Aufstülpung zu sein und am hinteren Organende erscheinen schliesslich grösstentheils, oder völlig flach zur Körperoberfläche lagernde Scheiben, die also mit den normal geordneten einen rechten Winkel bilden. (Vergl. Fig. 27 auf Taf. IX.)

Damit nicht genug! Die Züge fibröser Fasern, welche von der inneren Sehnenhaut am hinteren Organende in die Substanz vordringen, stören die Lagerung der Scheiben in noch weit höherem Maasse, in der Weise, dass auch an ihnen die Scheiben sich andrücken und scheinbar mit in die Höhe gezerrt werden, so dass dieselben gelegentlich eine der normalen fast entgegengesetzte Stellung erhalten. Dadurch muss es sich natürlich auch ereignen, dass Scheiben unter Umständen Rücken an Rücken zu liegen kommen, die Stielansätze demnach gegen einander richten (bei * und † der Figur 33 auf Taf. XI). Die Behauptung, es könne diese abnorme Anordnung etwa durch die Präparation veranlasst sein, erscheint völlig ausgeschlossen, da kein Einfluss der Präparation den Raum an den bindegewebigen Grenzschichten schaffen könnte, welcher thatsächlich in aller Behaglichkeit von den Scheiben eingenommen wird; die Einwirkung der Reagentien könnte solche Stellen höchstens zur Schrumpfung bringen. Ich sagte oben, die Scheiben sind „scheinbar" in die Höhe gezerrt, weil ich thatsächlich diesen selbst mit ihren Nervenansätzen die active Rolle zuspreche, d. h. dass die in der noch weichen, indifferenten Ausfüllungsmasse sich ausbreitenden, wuchernden elektrischen Elemente da, wo sie grösserem Widerstand begegnen, von den Nachkommenden gedrängt, verschoben und „an die Wand gedrückt" werden, um ein bekanntes, geflügeltes Wort zu gebrauchen.

Es spricht dieser Befund auf das Deutlichste gegen die von Manchen begünstigte Annahme, es sei ein etwa hier ursprünglich vorhandener Muskel in elektrisches Gewebe verwandelt, weil die Bildung derartig frei beweglicher Scheiben aus degenerirtem Muskel gänzlich undenkbar erscheint; wohl aber können selbständige, celluläre Drüsenkörper, den oben beschriebenen Kolbenzellen ähnlich, durch starke Vermehrung in solcher Weise zur Verschiebung gezwungen werden.

Durch die beschriebene widersinnige Scheibenstellung im hinteren Theil des Organs erhält Hrn. DU BOIS-REYMOND's Beobachtung, dass die elektrischen Wirkungen daselbst erheblich schwächer sind, als vorn, eine sehr erfreuliche Begründung[4]. So ist anatomisch wie physiologisch der Beweis geführt, dass die Regelmässigkeit der Anordnung, welche auch für die in den Scheiben enthaltenen, kleinsten Theilchen gelten muss, zu kräftiger Wirkung des Organs nothwendig ist, Abweichungen davon eine Schwächung der Leistung veranlassen.

Allerdings ist die Schwäche der hinteren Organabschnitte nicht ausschliesslich auf die beschriebenen Unregelmässigkeiten zurückzuführen, sondern es kommt noch ein zweites, wichtiges Moment hinzu, nämlich die Zahlenverhältnisse der elektrischen Elemente.

Annähernde Feststellung dieser Zahlenverhältnisse gehörte zu meinen Aufgaben als ich seiner Zeit Aegypten zum Studium der elektrischen Fische aufsuchte, und in dem darüber veröffentlichten Bericht wurde auch bereits ein Zahlenwerth der etwa im Ganzen vorhandenen elektrischen Scheiben gegeben. Ich nannte dies „Zählungen", nicht „Schätzungen", dem physiologischen Sprachgebrauch folgend, welcher von Zählungen der Blutkörperchen, der Haare und ähnlicher Dinge spricht, wenn die an ausgemessenem Raum vollzogene wirkliche Zählung durch Multiplication auf den gesammten, davon eingenommenen Raum ausgedehnt wird.

Es kann nicht die Rede davon sein, und ist auch wohl nie behauptet worden, dass eine solche Zählung auf absolute Genauigkeit Anspruch machen könnte, so wenig wie irgend eine Durchschnittsberechnung

---

[1] Zur Kenntniss der elektrischen Organe d. Fische. 1. Abth. Taf. II Fig. 2.

[2] A. a. O. Taf. IV Fig. 2.   [3] Untersuch. am Zitteraal Taf. VIII Fig. 30.

[4] Gesammelte Abhandl. Bd. II. S. 630. Hr. DU BOIS-REYMOND vermuthete alsbald einen Unterschied in dem Bau der vorderen und hinteren Hälfte des Organs, etwa verschiedene Plattenzahl in der Längeneinheit des Organs. Indessen gelang es damals dem mit der Untersuchung betrauten MAX SCHULTZE nicht, diese Vermuthung durch direkte Beobachtung zu bestätigen. Hr. DU BOIS-REYMOND suchte daher die schwächere Wirkung des hinteren Organabschnittes allein durch den dort vorhandenen grösseren Widerstand im Organ zu erklären. Es ist nunmehr erwiesen, dass verschiedene Momente zum Zustandekommen dieser Erscheinung zusammenwirken. (Vergl. auch M. SCHULTZE's Angaben in den Abhandlungen der naturforschenden Gesellschaft in Halle. S. 16. 17.

absolut genau ist. Eine derartige Genauigkeit ist in den bezeichneten Fällen auch gar nicht verlangt, es fragt sich dabei nur, welcher Ordnung die gesuchten Zahlen etwa angehören. Handelt es sich nur um Schätzungen, so braucht es eben keiner wirklichen Zählungen und Messungen; letztere so zu nennen erschien mir als eine Versündigung gegen die darauf verwandte Zeit und Mühe, doch werde ich aus gleich zu erörternden Gründen nunmehr diese Bezeichnung theilweise selbst annehmen.

Die folgenden Daten stütze ich also auf wirkliche, stellenweise ausgeführte Zählungen, die ich durch Multiplication auf die Gesammtausdehnung des Organs übertrug. Auch das nur stellenweise Auszählen der Scheiben nebst den dazu nöthigen Präparationen ist so zeitraubend, dass ich es mir versagen musste, eine Reihe verschieden grosser Individuen abweichenden Geschlechtes in solcher Weise zu untersuchen, solche Zusammenstellung mir vielmehr für eine spätere Zeit versparte.

Ausser den bereits veröffentlichten Werthen habe ich, um wenigstens die Zahl der Elemente in den verschiedenen Regionen der Leibeswand festzustellen, mehrere Exemplare in der Weise behandelt, dass ich aus dem im Ganzen conservirten Organ, nachdem es nochmals gemessen worden war, aus zehn Stellen, wie sie auf Taf. III in Fig. 6 durch punktirte Rechtecke vermerkt sind, Organstücke von 1 □ cm. Fläche ausschnitt und durch nochmalige Messung der entstandenen Oeffnung die erzielte Genauigkeit controlirte. Von den Stücken wurden alsdann nach Durchtränkung mit Paraffin oder mit Celloidin je drei Präparate angefertigt und die in den Schnitten hinter einander lagernden Scheiben an der äusseren oder inneren Organoberfläche gezählt. Dabei galt es als Regel, dass jedes Element gezählt wurde, welches eine deutliche Anlagerung an den Bindegewebsschichten dieser Oberflächen erlangte, gleichviel ob es sich dem Schnitt in grosser oder geringer Ausdehnung dargeboten hatte.

Zuweilen sind die Abschnitte solcher Scheiben nur klein und werden daher leicht übersehen; die anfänglich unter Lupenvergrösserung versuchte Zählung derselben ergab bei Vergleichung mit Zählungen unter dem Mikroskop etwa $\frac{1}{5}$ kleinere Werthe und wurde daher aufgegeben. Von den zur Verfügung stehenden, im Ganzen conservirten Organen wurden zunächst zwei ausgewählt (No. 6 und 8 der Tabelle), welche sich in der Grösse erheblich unterscheiden, und davon in der bezeichneten Weise je drei Folgen von Präparaten angefertigt.

No. 8 der Tabelle ist mit Celloidin durchtränkt; die acht Probestücke des Organs, von denen VI, VII, VIII, d. h. die der Bauchlinie entnommenen im transversalen Durchmesser nur 0.7 cm gross geschnitten wurden, ergaben folgende, durch Controlzählungen gesicherte Werthe:

	I		II		III		IV		V		VI		VII		VIII	
je drei Präparate ge-	145		132		(109)		132		104		130		122		96	
zählt an der inneren	140	142	127	128	119	122	135	133	109	109	131	130	108	118	83	88
Sehnenhaut.	142		124		125		130		113		129		125		84	

Dass die Zahlen für die drei Präparate desselben Stückes nicht ganz gleich ausfallen, kann nicht Wunder nehmen, da bei der Präparation häufig ganz unvermeidlich am Ende der sehr dünnen Schnitte etwas verloren geht, oder die eintretenden Bindegewebszüge mit Gefässen und Nerven Scheiben verdrängt haben. So wurde das erste Präparat von No. III als verdächtig von der Durchschnittsberechnung ausgeschlossen. Die Zahl für No. V fällt aus der Reihe, da sie zu klein ist (109); der Grund dafür ist aber nicht in Beobachtungsfehlern zu suchen, sondern in dem Umstande, dass gerade in diesem Stück auffallend viele und starke Gefässe in das Organ eintreten und durch das begleitende Bindegewebe eine grössere Anzahl Scheiben von der inneren Sehnenhaut abdrängen, die nun, ohne das Princip zu verletzen, nicht wohl gezählt werden können. Die Normalzahl würde etwa um 10 höher, also 119 sein. Es kommt hinzu, dass gerade bei dieser Probe, die durch das Zusammensinken des Organs sehr schräge Plattenstellung an den Enden des ausgeschnittenen Stückes leicht Elemente verloren gehen lässt.

No. 6 der Tabelle, ein erheblich grösseres Exemplar wurde in gleicher Weise conservirt, die Proben nachher aber vorsichtig mit Paraffin durchtränkt und so geschnitten.

	I		II		III		IV		V		VI		VII		VIII	
je drei Präparate	107		86		70		80		84		79		93		70	
unter der Haut gezählt.	100	105	86	86	72	70	86	84	82	83	80	80	93	93	69	69
	108		86		68		86		86		80		93		68	

Beim Nachmessen der durch die ausgeschnittenen Proben entstandenen Löcher ergaben sich für No. 8 dre Tabelle die Maasse:

	I	II	III	IV	V	VI	VII	VIII
anstatt 1.0 =	0.96	1.1	1.05	1.02	1.00	1.03	1.00	0.95

für No. 6:

	I	II	III	IV	V	VI	VII	VIII
anstatt 1.0 =	1.06	1.04	0.93	1.0	1.05	1.0	1.0	1.0

Bringt man unter Berücksichtigung dieser Correction die gefundenen Zahlen auf 1 cm Organlänge, so erhält man für die beiden Reihen folgende Werthe der elektrischen Scheiben:

	I	II	III	IV	V	VI	VII	VIII
Nr. 8 — 201 mm lang.	148	128	116	130	109	126	118	93
Nr. 6 — 331 mm lang.	100	83	76	84	79	80	93	69

Das Verhältniss der Körperlängen ergiebt Nr. 6 : Nr. 8 = 331:201 oder als Decimalbruch = 1.647

„ „ „ Rückenlinien des Organs Nr. 6 : Nr. 8 = 184:131 „ = 1.404

„ „ „ Seitenlinien des Organs Nr. 6 : Nr. 8 = 217:125 „ „ = 1.736

„ „ „ Organstücke (1 cm)   I = 100:148 „ „ = 0.676

„ „ „   II = 83:128   = 0.649

„ „ „   III = 76:116   = 0.655

„ „ „   IV = 84:130   „ = 0.646

„ „   V = 79:109 „   „ = 0.724

„ „   VI = 80:126 „   = 0.636

„ „ „   VII = 93:118   = 0.787

„ „ „ „   VIII = 69: 93   „ = 0.704

Ein Blick auf diese Zahlen lehrt unmittelbar, dass der grössere Fisch relativ annähernd dieselben Organlängen besitzt wie der kleinere, dass also beim Wachsen des Fisches wahrscheinlich die relative Organlänge dieselbe bleibt.

Nächstdem aber geben die Zahlen einen neuen Beweis für das Gesetz der Präformation der elektrischen Elemente; denn in dem aus dem grösseren Organ geschnittenen Centimeter sind nahezu soviel weniger Scheiben als der grösseren Länge des Fisches entspricht.

Hätten sich beispielsweise in der Probe I des Organs von Nr. 6 anstatt 100 Elemente deren etwa nur 95 gefunden, so wäre das Verhältniss der durchschnittlichen Organlängen mit dem umgekehrten der Elementenzahl von beiden verglichenen Exemplaren:

$$\frac{\text{Nr. } 6}{\text{Nr. } 8} = \frac{200.\ 95}{118.148} = \frac{19000}{18944} = 1.0003$$

oder annähernd = 1, d. h. die Zahl der in einer Längeneinheit des Organs enthaltenen elektrischen Scheiben verglichen mit derjenigen eines anderen Zitterwelses steht im umgekehrten Verhältniss der Organlängen beider.

Für die Probe V, 80:126 stimmt das Verhältniss ohne weitere Correction wenigstens für die zwei ersten Decimalen:

$$\frac{\text{Nr. } 6}{\text{Nr. } 8} = \frac{200.\ 80}{128.126} = \frac{16000}{16128} = 1.008.$$

Man ist also im Stande aus der Zahl der in einem Organstück bekannter Länge gefundenen elektrischen Elemente, annähernd die Grösse des Fisches anzugeben, dem die Probe entnommen wurde, wenn die Körperregion bekannt ist, der dasselbe entstammt. Dabei wird natürlich Gleichheit der Präparationsmethoden vorausgesetzt. Wenn die gefundenen Zahlen mit dem aufgestellten Princip nicht absolut übereinstimmen, so bedenke man, dass manche Fehlerquellen nicht wohl zu vermeiden sind, dass besonders das Ausschneiden der quadratischen Organstücke sehr leicht Gruppen von Elementen dislocirt und so ungleiche Werthe gefunden werden können. Aber auch abgesehen von den Fehlerquellen wäre es leicht begreiflich, wenn die Elementenzahl in der Längeneinheit des Organs bei grösseren Fischen nicht entsprechend klein gefunden würde, weil bei der Ausdehnung des Faches sehr wahrscheinlich ein grösserer Theil des Zuwachses auf die schleimige Ausfüllungsmasse als auf die elektrischen Scheiben selbst entfällt, diese also bei der Conservirung auch verhältnissmässig stärker schrumpfen und aneinander rücken würden.

Ein Moment tritt aber aus den gefundenen Zahlen mit absoluter Sicherheit zu Tage, dass die Zahl der elektrischen Scheiben vom vorderen Organende gegen das hintere zu in der Längeneinheit des Organs nicht unbeträchtlich abnimmt; die Elemente stehen also mit einem Wort hinten lockerer als vorn. Setzt man die höchste in Probe I sich ergebende Zahl = 100, so finden sich in den rückwärts folgenden Proben bei den beiden Exemplaren folgende procentuale Werthe:

	I	II	III	IV	V	VI	VII	VIII
Nr. 6	100	83	76	84	79	80	93	69
Nr. 8	100	86	78	88	74 (?)	85	79	63

Probe III hat also gegen Probe I 24 beziehungsweise 22°/₀ verloren, Probe V gegen Probe IV trotz der verhältnissmässig geringen Entfernung bereits 5 beziehungsweise 14°/₀, wobei ich allerdings letztere Zahl aus den oben angeführten Gründen als zu gross erachte. Probe VIII gegen Probe VI 11 beziehungsweise 22%.

Der Gang dieser Zahlen ist wohl bestimmt genug, um die Behauptung aufstellen zu können, dass die Längeneinheit des elektrischen Organs, aus dem Endabschnitt genommen, mindestens 20% weniger elektrische Elemente enthält als im vordersten Theil desselben Organs.

Hieran schliesst sich die Frage: Wieviel elektrische Scheiben liegen in einer bestimmten Linie des Organs hinter einander? Das allmähliche Sinken der Dichtigkeit macht die Lösung der Frage einigermassen schwierig, doch dürften die nach einer einfachen Durchschnittsrechnung sich ergebenden Werthe dem physiologischen Bedarf genügen, zumal dieselben einen ziemlich gleichmässigen Gang zeigen.

Für Nr. 6 ist die Dorsallinie des Organs 18.4 cm gefunden worden, die Probe II aus der Mitte dieser Linie weist in linearer Anordnung 83 Elemente auf, was nach Vergleichung der vor und hinter entnommenen Proben dem Durchschnitt nahe kommen muss. Die Zahl der hinter einander in der Dorsallinie lagernden Elemente beträgt also: 18.4×83 oder **1527**.

Für Nr. 8 hätte die Probe II mit 128 ermittelten Elementen den Durchschnitt darzustellen; die Länge der Dorsallinie beträgt 13.1 cm. Die Zahl der hinter einander in der Dorsallinie Platz findenden Elemente stellt sich also auf 13.1×128 = **1676**.

Für Nr. 6 ist die Länge der Seitenlinie 21.7 cm.

Die zwei Organproben IV und V aus derselben haben eine mittlere Lage, als Durchschnittszahl erhält man 82. Annähernd denselben Werth (81) erhält man auch, wenn man unter gleichzeitiger Benutzung der dorsal und ventral benachbarten Proben die Durchschnittzahl berechnet. In der Seitenlinie befinden sich demnach 21.7×82 = **1779**.

Für Nr. 8 ergab sich eine Länge der Seitenlinie von 12.5. Die Organproben IV und V zeigten 130 und 109 Elemente; in der Linie ordneten sich somit hintereinander 12.5×120 = **1500**[1].

Die Entwickelung des Organs in der Seitenlinie ist also im zweiten Falle etwas geringer als im ersten.

Bedenkt man, dass die beiden hier verglichenen Fische sehr verschieden waren, dass die zur Verwendung gekommenen Methoden der Präparation (Paraffin und Celloidin) abwichen, und die mit letzterem Stoff behandelten Organstücke wegen des Zusammensinkens in der Dickendimension sich nur mit Schwierigkeit zählen liessen, so darf man mit dem Ergebniss dieser Zählungen wohl zufrieden sein. Mir machte die Niedrigkeit der Summe einen überraschenden Eindruck, doch wird sie erklärlich, wenn man bedenkt, dass ja nur eine einzige Reihe gezählt wurde, es sich also um ein lineares Verhältniss handelt.

Erheblich grössere Werthe ergeben sich schon, wenn man zu bestimmen sucht, wieviel Scheiben nebeneinander in einem Querschnitt des Organs also in einer Fläche ausgebreitet sind?

Die mit dem Stangenzirkel am glatt durchschnittenen Organ gewonnenen Maasse erweckten bei mir wegen des weichen, nachgiebigen Zustandes des zu messenden Gewebes kein hinreichendes Vertrauen, um dieselben zur Grundlage für grössere Reihen von Messungen zu benutzen, zumal die Vergleichung der Dimensionen des erhärteten Materials, auf welche zur Correction gerechnet war, unerwarteter Weise ganz ungleiche Veränderungen zeigte. Bei kräftiger Chromsäureconservirung hatte die grösste Dicke des Organs im Vergleich mit dem frischen Durchschnitt sogar zugenommen, während Dorsal- und Ventrallinie schwächere Durchmesser zeigten. Die Schrumpfung hatte also vorwiegend das Organ in seiner Flächenausdehnung getroffen und durch das Aneinanderpressen der elektrischen Scheiben dieselben zum Ausweichen in der Dickendimension genöthigt.

---

[1] Diese Zahl ist jedenfalls etwas unter ihrem normalen Werth; die wiederholten Zählungen ergaben stets auffallend niedrige Summen, wofür die Gründe oben angeführt wurden.

Als Beispiel zur ungefähren Feststellung der Zahl wurde der erste Durchschnitt an einem grossen Exemplar (Nr. 3 der Tabelle) gewählt; hier lagen nach Abzug der Zwischenwände und Grenzschichten, wie sogleich eingehender zu erörtern, in der Längeneinheit des Organs (1 cm) 11.08 Scheiben nebeneinander; ebensoviel natürlich wegen ihrer kreisförmigen Gestalt in der Richtung senkrecht darauf, also in einem Quadratcentimeter 11.08×11.08 oder 123. Nun war noch die Gesammtfläche des Querschnittes zu bestimmen, dazu zeichnete ich denselben nach den durch Messung ermittelten Dicken und Umfang auf Papier und schnitt die Figur aus, die alsdann in möglichst geradlinige Streifen zerlegt und diese zu einem regelmässigen Parallelogramm geordnet wurden. Die untersuchte Schnittfl äche bildete ein solches von 8 cm bei 3 cm Seite, hatte somit 24 □ cm Inhalt. In dem Gesammtquerschnitt des Organs fanden sich an dieser Stelle folglich 123×24 oder **2952**.

Es lag in meiner Absicht die Antwort auf die Frage nach der Gesammtzahl aller Scheiben in einem Organ aus dem conservirten Material in folgender Weise zu gewinnen: In jedem Exemplar sollte durch zahlreiche Messungen von Scheiben aus verschiedenen Regionen des Organs die durchschnittliche Grösse der Scheibe festgestellt werden. An der Hand dieser Werthe und der bereits ermittelten, betreffend die Zahl der hintereinander in einer Längeneinheit lagernden Elemente liess sich berechnen, wieviel deren in einer Cubikeinheit des Organs bei der jedesmaligen Körperentwickelung vorhanden sind; dabei wäre die durch einfache Multiplication der Werthe sich ergebende Zahl zu verdoppeln, da sich bei der angenommenen Gestalt der Fächer als niedrige Doppelpyramiden, in den Lücken des einen Reihensystems das zweite von gleicher Ausdehnung einschaltet.

Der Cubikinhalt des ganzen Organs sollte ermittelt werden durch Eintauchen desselben (natürlich mit äusserer Haut und innerer Fascie) in Wasser und Bestimmung der verdrängten Flüssigkeitsmenge.

Die Multiplication des gesammten Rauminhaltes mit der für die Einheit gefundenen Zahl der Elemente musste endlich die Gesammtzahl der letzteren ergeben.

Die Arbeiten wurden auch in dieser Weise ausgeführt, die gefundenen Werthe bleiben aber hinter den zu stellenden Anforderungen so weit zurück, dass ich dieselben leider als unbrauchbar erklären muss. Die Gründe für diese traurige Thatsache sind wesentlich folgende: Trotz der Gleichheit in der Methode der Conservirung sind die Organe der Zitterwelse verschiedener Grösse offenbar in ausserordentlich ungleichem Maasse geschrumpft. Z. B. zeigte der *Malopterurus* Nr. 6 bei 331 mm Körperlänge ein Organvolumen von 228 ccm, Nr. 8 bei 201 mm Körperlänge nur 36 ccm. Das letztere, jedenfalls viel jüngere Individuum ist offenbar ungleich stärker geschrumpft als das erstere, und ähnlich verhielten sich auch die Werthe bei den anderen darauf untersuchten Exemplaren.

Da, wie oben ausführlich besprochen, das Bindegewebe des Organs bei jugendlichen Individuen sehr viel zarter, embryonaler ist als bei den alten, so erklärt dieser Umstand allein schon die enorme Abweichung im Einfluss der Chemicalien. Es kommen ausserdem auch wechselnde Temperaturen, bei nicht lebend verarbeiteten Fischen wechselnder Grad der Frische, sowie geringe Differenzen in der Beschaffenheit der Conservirungsmittel selbst hinzu, um die Resultate zu trüben. So erscheint es unmöglich, den wichtigsten Factor für die Ermittelung der Gesammtsumme an Elementen, die Masse des Organs, auf diese Weise mit genügender Genauigkeit festzustellen, um vergleichbare Werthe zu erhalten. Nach solchen Erfahrungen würde ich künftig das Organvolumen am frischen, dem Thieren unmittelbar entnommenen Material bestimmen und die später zu untersuchenden Proben der Längeneinheit des Organs (1 cm) auf der Innenfläche sofort bezeichnen, damit die eintretende Schrumpfung vernachlässigt werden könnte.

Abstrahirt man von der Vergleichung mit jugendlichen Individuen und berücksichtigt nur die unbedeutend geschrumpften, alten Exemplare, so hat man eine zweite, höchst unangenehme Fehlerquelle zu berücksichtigen: nämlich die lockere und unregelmässige Anordnung der Scheiben neben und hinter einander. Zählt man an den verschiedenen Proben des voluminösen Organs von Nr. 6 unter dem Mikroskop die Zahl der nebeneinander in transversaler Richtung d. h. von der inneren Fascie zur äusseren Grenzschicht auftretenden Scheiben, so findet man deren 4 bis 8 oder höchstens 9, während der Berechnung nach von den durchschnittlich 0.824 mm messenden Scheiben (die Organstücke IV und V sind 9.3 und 9.2 mm dick) $\frac{9.3}{0.824}$ beziehungsweise $\frac{9.2}{0.824}$ oder etwa 11 neben einander Platz finden sollten.

Es gilt also zur Ausgleichung des Unterschiedes die durchschnittliche Haut- und Fascien-Dicke, sowie die Fachwände und durch den lockeren Aufbau etwa übrigbleibende Zwischenräume in Ansatz zu bringen. Ich gestehe offen, dass mir bei der Unregelmässigkeit des Ganzen die Möglichkeit, diesen Werth anders als durch Schätzung zu ermitteln, nicht einleuchten will, und dadurch gewinnt allerdings die Ermittelung der Gesammtmenge elektrischer Scheiben bei einem Individuum ebenfalls den Charakter einer solchen. Aeussere Haut und innere Fascie erscheinen auch bei Ermittelung des Gesammtvolums mit in dem gefundenen Werth, denselben ungebührlich erhöhend, und müssen wiederum nach Schätzung in Abzug gebracht werden. Die Verdoppelung der Zahl im Hinblick auf die einzuschaltenden Scheiben könnte aus den angeführten Gründen ebenfalls bemängelt werden, da die regelmässigen Zwischenräume dafür nicht zu Stande kommen, die unregelmässigen aber von Gefässen und Nerven, sowie dem begleitenden Bindegewebe grossentheils in Anspruch genommen werden. Es bilden sich dem zu Folge eine grosse Anzahl Scheiben unvollkommen aus, und da diese natürlich bei der Messung normaler Verhältnisse unberücksichtigt bleiben, so wird durch sie der Ausfall wieder zum Theil gedeckt werden; die Gesammtsumme kommt indessen keineswegs auf das Doppelte, sondern etwa auf $1^1/_4$.

Die von MAX SCHULTZE auf Taf. II Fig. 2 gegebene Abbildung[1], welche hinsichtlich der Plattenstellung eine grosse Naturwahrheit besitzt, kann sehr wohl zur Illustration des angedeuteten Verhältnisses benutzt werden, wenn man berücksichtigt, dass die Organdicke im Ganzen zu gering angegeben wurde. Es finden sich in dem dargestellten Organstück an der Fascie hinter einander gelagert 33 Elemente, neben einander in einer Reihe lagern deren nur 3, die mit den Rändern vielfach in einander verschoben erscheinen. Bei regelmässigem Aufbau der rautenförmigen Fächer kämen auf das Organstück: $33 \times 3 \times 2$ oder 198 Elemente; thatsächlich in demselben vorhanden sind aber nur 114, also noch nicht $1/_6$ über das einfache Produkt (33×3).

Je flacher die Fächer werden, um so weniger können die Scheiben etwa entstehende Zwischenräume ausnutzen, um so mehr wird der Aufbau sich einer einfachen, lagenweisen Aneinanderfügung nähern und um so geringer wird das auf einer bestimmten Strecke vorhandene Mehr für die zwischen einzuschaltenden Scheiben ausfallen.

Selbst die Schätzung wird zaghaft so schwankenden, unregelmässigen Anordnungen der Elemente gegenüber einen bestimmten Zahlenwerth aufzustellen, der oben angeführte von $1/_4$ ist also nur ganz annähernd bestimmt und mehr auf den optischen Eindruck als auf wirkliche Messung gegründet.

Zur Bestimmung der Plattenmenge des Organs von Nr. 6 sind nunmehr folgende Daten vorhanden: Die durchschnittliche Plattengrösse beträgt 0.824 mm. In einem Cubikcentimeter des Organs fänden nebeneinander also Platz: 12.1 und zwar nach zwei Richtungen hin; in der dritten (senkrecht zur Scheibenfläche) wurden hinter einander 83 gezählt. Ein Würfel des Organs von 1 ccm Gehalt umfasst also $83 \times 12.1 \times 11.08 \times ^3/_4 = \mathbf{13\,909}$, wobei der Verlust an Raum für die Scheiben durch die mit gemessene äussere Haut, innere Sehnenhaut und Fachwände auf $1/_{10}$ des Ganzen veranschlagt ist (daher 11.08 anstatt 12.1); das Plus für die eindoublirenden Scheiben ist auf $1/_4$ angesetzt. Wie oben bereits angegeben, betrug das durch Eintauchen bestimmte Volumen des Organs (mit Haut und Fascie) 228 ccm. Die Gesammtsumme aller in dem elektrischen Organ dieses Welses vorhandenen Scheiben stellt sich demnach auf: 13909×228 oder $\mathbf{2\,171\,252}$.

Die Gründe welche dazu zwingen, diese Zahl trotz der zahlreichen, wirklichen Messungen und Zählungen, auf welche sie sich stützt, doch als Schätzung zu bezeichnen, sind wohl hinreichend erörtert. Ich gestehe, dass sich die aufgewandte Zeit und Mühe im Missverhältniss mit der Genauigkeit des gewonnenen Resultates findet, und dass es mir daher nicht angezeigt erscheint, die Zählungen nach dieser Methode fortzusetzen; ob es gelingt nach irgend einer anderen wesentlich genauere Resultate zu gewinnen, lasse ich dahin gestellt.

Immerhin wird das Obige die Möglichkeit geben, Vergleichungen zwischen den elektrischen Organen der verschiedenen Fische auch in dieser Hinsicht anzustellen. Zur physikalischen Untersuchung des Organs lässt sich nunmehr ein annähernder Werth aus ihr ableiten, wieviel elektrische Scheiben in einem Organquerschnitt neben einander Platz finden würden, wenn dasselbe ein regelmässig gestalteter, überall gleich weiter Cylinder von einer gewissen Dicke wäre? Da nach der obigen Aufstellung durchschnittlich 1620 Scheiben hintereinander im Organ lagern, so kommt man aus dem kubischen zu dem gesuchten Verhältniss der Anordnung in der Fläche, wenn man 2 171 252 durch 1620 dividirt. Es lagern somit in dem Durchschnitt eines ideellen Organs etwa $\mathbf{1340}$ elektrische Scheiben neben einander, oder noch nicht die Hälfte der Zahl (2 952), welche für ein wohl entwickeltes Organ an seiner dicksten Stelle gefunden wurde.

<hr>

[1] Zur Kenntniss der elektrischen Organe der Fische. I. Abth.

e. Der histologische Aufbau des einzelnen elektrischen Elementes.

Die eigenthümlichen scheibenförmigen Gebilde, denen man jedenfalls mit Recht die elektrische Kraft des Fisches zuschreibt, wurden oben nur in ihrer allgemeinen Gestalt charakterisirt. Es erübrigt Einiges über ihren feineren Bau zu sagen, so weit unsere jetzigen Hilfsmittel in denselben einzudringen erlauben.

Die elektrischen Scheiben charakterisiren sich unter dem Mikroskop als vielkernige Protoplasmakörper und können daher, wie ich bereits an anderer Stelle betonte, als elektrische Riesenzellen betrachtet werden. Ein wichtiges Moment für die Auffassung der ganzen Bildung liegt in der besonderen Vertheilung der Kerne, welche keineswegs beliebig in der Substanz des Elementes eingebettet sind, sondern die, wie bereits BILHARZ[1] richtig erkannte, der Peripherie angehören, sich demnach der vorderen oder hinteren Fläche anschliessen. Nur wo der Dickendurchmesser schon sehr niedrig wird, ist die Zugehörigkeit der Kerne zur einen oder anderen Seite nicht mehr festzustellen. Die späteren Autoren haben dies wichtige Moment gänzlich vernachlässigt zumal BOLL[2], der eine in dieser Hinsicht gänzlich falsche Abbildung veröffentlichte, während MAX SCHULTZE[3] die Mehrzahl der Kerne der vorderen Scheibenfläche genähert zeichnete, an der hinteren Fläche gar keine.

Durch die Anlagerung der Kerne in einer Protoplasmaschicht der Peripherie wird der kernfreie Theil der inneren Masse als eine Absonderung oder eine Art von Sekret charakterisirt, welches den übrigen Zellinhalt gegen die Wände drängt. Das Verhältniss ist also vergleichbar mit dem oben von den Kolbenzellen beschriebenen, wo eine besondere Masse sich im Innern abscheidet, die Zwillingskerne verdrängend, und nach Erlangung einer gewissen Reife wahrscheinlich durch Platzen entleert wird.

Zu dem Platzen kommt es bei den elektrischen Scheiben so wenig als zu einer völligen Erweichung der inneren Masse, vielmehr bleibt dieselbe von einer eigenthümlichen, zähflüssigen Consistenz und lässt im frischen Zustande weitere histologische Merkmale nicht erkennen. An Material, welches mit Chromsäure erhärtet und später als Schnitt mit Haematoxylin kräftig gefärbt wurde, findet man in der kernfreien Masse ein äusserst feines, körniges Fasernetz, das geronnenem Schleim ganz ähnlich sieht. Da es frisch nicht zu bemerken ist, so möchte ich auf dasselbe keinen besonderen Werth legen und habe es auf den Abbildungen nur zart angedeutet. (Vergl. Fig. 35, Taf. XII.)

Etwas anderes wäre es gewesen, wenn man die unregelmässigen Fasern als Ausläufer an die Kerne verfolgen und so durch die ganze Scheibe ein feines Fasergerüst mit Kernen in den Knotenpunkten hätte construiren können, eine Vorstellung, die von vornherein viel Verlockendes darbot.

Schon Hr. BABUCHIN[4] hat darauf aufmerksam gemacht, dass die Kerne, die er „Sternzellen“ oder „behaarte Zellen“ nennt, am frischen Element von zarten Fortsätzen umgeben sind, die an einem sie umgebenden Hof ihren Ursprung nehmen, um sich nach verschiedenen Richtungen in der Masse des Elementes zu verbreiten. Ueber ihren Verbleib konnte der genannte Autor Nichts aussagen und beschrieb nur eingehend, wie die Fortsätze beim Absterben der Substanz in Stäbchen zerfallen sollen. Abgesehen von dem letzteren Umstand, den ich für eine irrige Auffassung der Coagulationsphaenomene halten möchte, kann ich seine Angaben über diese Fortsätze vollkommen bestätigen und fand, wie er, dass Goldbehandlung des Organs am ehesten im Stande ist, die vergänglichen Bildungen für einige Zeit zu conserviren.

Sind in der coagulirten Scheibe die Fortsätze auch später nicht mehr zu sehen, so bleibt doch ein unregelmässiger, in spitze Zacken ausgezogener Hof um die Kerne als Rest der beschriebenen Verhältnisse am frischen Organ. (Fig. 34 und 35 auf Taf. XII zeigt solche Höfe um die Kerne.) Die Aussonderung eines dünnen, in feine Fortsätze sich ausziehenden Paraplasma's um die Kerne kann hier so wenig wie an anderen Orten den Grund angeben, die Kerne als Zellen anzusprechen.

Es ist wohl möglich, dass die am frischen Material kenntlichen, zarten Fortsätze feine Ausstrahlungen der um die Kerne sich anhäufenden Substanz darstellen, welche gegen das Innere hin zu einer homogenen Masse zusammenfliessen. Unter solchen Umständen wäre ein weiterer Vergleichungspunkt mit dem Verhalten der Kolbenzellen in der Haut gegeben, wo der Hof um die Zwillingskerne gleichfalls, in Spitzen ausgezogen, sich in das Zellprotoplasma verliert.

Es kommt hinzu, dass auch die Kerne der elektrischen Elemente sehr häufig Doppelkerne darstellen; zuweilen zerfallen sie durch Fragmentation in eine Gruppe mehrerer Theilkerne.

---

[1] A. a. O. Tafel IV, Fig. 2.   [2] A. a. O. Taf. XV, Fig. 9. MAX SCHULTZE's Archiv. Bd. X.
[3] Zur Kenntniss der elektrischen Organe der Fische. I. Abtheil. Taf. I. Fig. 4.   [4] A. a. Ort. S. 259.

Schon BOLL[1] hat auf das gelegentliche Vorkommen von Doppelkernen hingewiesen, ohne indessen irgend welchen Werth darauf zu legen und die grosse Verbreitung richtig erkannt zu haben. In der Peripherie der Scheiben, zumal solcher, die den Grenzen des Organs nahe liegen, finden sich deutliche Doppelkerne sehr häufig und ein grosser Theil der für einfach gehaltenen Kerne dürfte zu ihnen zu rechnen sein, da die dicht auf einander lagernden Körperchen von ähnlichem Umriss Einfachheit vortäuschen. Oft sieht man solche, die ihrem Habitus und ihrer Stellung nach als Tochterkerne imponiren, aber schon etwas auseinander gerückt sind.

So macht sich ein noch im entwickelten Organ thätiger Wucherungsprocess bemerkbar, der zur Vergrösserung der Scheiben sowie zur Vermehrung, eventuell zur Ergänzung des kernfreien Theiles der elektrischen Elemente führen wird.[2]

Die Körperchen selbst sind sehr zart, von geringer Grösse (0.002—0.004 mm), mit undeutlichem *Nucleolus* und werden durch die Präparation häufig auffallend unregelmässig, während ihnen frisch ein rundlich ovaler Umriss und abgeplattete Gestalt zukommen.

Ich brauche kaum zu versichern, dass ich gern etwas von Anordnung kleinster Theilchen in der Scheibensubstanz erkannt hätte, davon war aber mit den bisher verwandten Mitteln zu meinem grossen Leidwesen nicht die Spur zu bemerken. Die Untersuchung mit starken, homogenen Immersionssystemen (LEITZ $^1/_{20}$, $^1/_{16}$, ZEISS $^1/_{18}$ und $^1/_{12}$ und die apochromatischen Systeme 1.3 und 1.4 Ap. gaben indessen doch manche weitere Aufschlüsse über den Bau der Elemente.

Es ist von allen neueren Autoren erwähnt worden, dass sich auf dem Plattenquerschnitt eine feine, senkrecht zur Oberfläche gerichtete Streifung bemerkbar macht, auf welche in neuerer Zeit BOLL besonders eingehend hinwies und dadurch wohl die Veranlassung gab, dass die Streifung von vielen Autoren nach ihm benannt wurde.

Auch Hr. BABUCHIN[3] hat sich viel mit derselben beschäftigt und vergleicht die Bildung mit einem Stäbchenbesatz oder einer feinen Bürste, ein Vergleich, der insofern hinkt, als die Theilchen, welche die Streifung entstehen lassen, nach innen gegen die Substanz der Scheibe gerichtet und in dieselbe eingebettet zu denken wären. Die Stäbchen richten sich aber überhaupt nicht nach innen, sondern das Studium feiner Durchschnitte, nach verschiedenen Behandlungsweisen angefertigt und die Vergleichung der von frischem Material gewonnenen Bilder lässt erkennen, dass die Streifung durch eine eigenthümliche Porosität der Wandung entsteht: eine Ueberzeugung, die auch Hr. DU BOIS-REYMOND gleichzeitig mit mir selbst, aber auf andere Beobachtungen gestützt, gewonnen hat.[4]

BOLL war unvollkommen über die Natur der Streifung orientirt, wie sich schon aus dem Umstand ergiebt, dass er peremptorisch erklärte „Alkoholwirkung zerstöre die Streifung sofort“. Wäre dies wirklich der Fall, so stünde es schlecht um die Annahme, dass es sich dabei um Porenkanäle der Wandung handele, da solche durch Alkohol doch nicht beseitigt werden würden. Der Sachverhalt entspricht aber BOLL's Angabe keineswegs, sondern aus Alkohol in aufhellende Mittel und Balsam gebrachte Präparate zeigen keine Streifung, weil das Eindringen dieser Stoffe in die Poren ihren Brechungsunterschied mit der ebenfalls stark lichtbrechenden Scheibensubstanz nahezu aufhebt.

Die auf Taf. XII befindlichen Figuren zeigen trotz Alkoholwirkung auf die Präparate die Streifung deutlich genug; sie sind gezeichnet von Material, welches nach der Chromsäurehärtung durch absoluten Alkohol entwässert worden war und dann als Schnitt in eine schwache Gummi-Glycerinmischung gebracht wurde. Solche Präparate, geeignet gefärbt, tragen in manchen Beziehungen Merkmale, die dem frischen Material ähnlich sind, in anderen zeigen sie durch den Einfluss der Behandlung entstandene Veränderungen, aus welchen man mancherlei lernen kann.

Es ergiebt sich, dass die Scheibe von einer cuticularen Schicht bedeckt ist, die sich bei Schrumpfung der Substanz auf ihrer vorderen Seite entweder in blasenförmigen Erhebungen oder selbst in grösseren, zusammen-

---

[1] A. a. O.

[2] Auch Hr. BABUCHIN beschreibt diesen Wachsthumsvorgang, nur spricht er, wie erwähnt, die Kerne für Zellen an. Centralblatt 1875. S. 145.

[3] Ueber den Bau der elektr. Organe beim Zitterwels. Centralbl. f. d. medic. Wissensch. 1875. S. 122. Die Randstreifung wurde zuerst von REMAK an der Torpedoplatte gesehen.

[4] Hr. W. KRAUSE hat in seiner Arbeit: Die Nervenendigung im elektrischen Organ (Internationale Monatschr. f. Anat. u. Histol. Bd. III) unberechtigter Weise eine von mir über das *Gymnotus*-Organ gemachte ähnliche Angabe auf die *Torpedo*-Platte bezogen. Ueber die letztere habe ich an der von ihm citirten Stelle Nichts ausgesagt und lag mir bei der grossen Verschiedenheit der Nervenanordnung die von ihm angenommene Verallgemeinerung fern. Vergl.: Untersuch. am Zitteraal. S. 391.

hängenden Partien von der Unterlage abheben kann, wie es Fig. 35 auf Taf. XII, nach der Natur entworfen, darstellt. Solche cuticulare Fetzen lassen auf der Fläche eine schwache, mosaikartige Zeichnung erkennen, welche in ihren Verhältnissen sich als ein Abdruck derjenigen auf der Unterlage selbst charakterisirt, d. h. es erscheinen flache, aneinander stossende Dellen von rundlichem Umriss, zwischen denen dunklere Stellen von unsicherer Begrenzung übrig bleiben. Diese ganze Zeichnung trägt überhaupt ein verschwommenes Aussehen, da in der glashellen Schicht geringe Dickenunterschiede, oder Gruppirung von Elementen nahezu gleicher Brechbarkeit, natürlich nicht scharf markirt erscheinen können.

Max Schultze[1] hatte also positiv Unrecht, wenn er die schon von Bilharz erkannte, membranöse Umhüllung der Scheibe leugnete; er stützte diese Behauptung auf die ersichtlich falsche Angabe, es liesse sich auf keine Weise eine Membran von der Scheibe ablösen.

Hr. Babuchin[2] setzt die membranöse Umhüllung wieder in ihr Recht ein, doch blieben bei der von ihm vorgenommenen Maceration der Scheiben, die „Härchen" auf der allein conservirten hinteren Abtheilung der Platte sitzen. Die Verklebung der Stäbchenenden mit der cuticularen Membran unter gleichzeitiger Verflüssigung des Innern der Scheibe erklärt sich übrigens sehr leicht durch die Einwirkung der von ihm angewandten, sehr schwachen Ueberosmiumsäure mit nachträglicher Quellung des Materials in Wasser.

Die Randzone der Scheibe sondert sich beiderseits, aber vorn am deutlichsten in stäbchenförmige Elemente, welche wie aus Klümpchen zusammengekittet erscheinen, nach aussen gegen die cuticulare Bedeckung sich abrunden und so die Delleneindrücke der *Cuticula* entstehen lassen, in der Tiefe aber unmerklich in die Substanz der Scheiben übergehen. Zwischen denselben bleiben feine Kanälchen übrig, die mit schwächer brechender Substanz, wahrscheinlich in flüssigem Zustande erfüllt sind, und bei scharfer Einstellung auf den Rand durch Totalreflexion dunkel erscheinen, wodurch das bekannte Bild der Streifung entsteht.

Indem durch die innige Verbindung nach der Tiefe, und die leichte Ablösung nach der cuticularen Membran zu die Stäbchen als Elemente der Scheibensubstanz und nicht als ein Besatz dieser Membran charakterisirt werden, treten Vergleichungspunkte mit verschiedenen anderen zelligen Elementen immer deutlicher heraus. Die gestreiften, cuticularen Platten auf den oberflächlichen Zellen der Fischepidermis, die gestreifte Deckelmembran der Darmepithelien, welche beim Zerfall sich in stäbchenförmige Bildungen auflöst, bieten sich zunächst zur Vergleichung dar. Ist bei solchen Zellen auch der Regel nach eine scharfe Sonderung des Saumes von der Zellsubstanz zu beobachten, so finden sich bekanntlich auch deren, wo die Streifung auf letztere sich fortsetzt (z. B. Darmepithelien von Mollusken; Wimperwurzeln der wimpernden Epithelzellen.)

Ein schlagender Beweis für die Richtigkeit der eben entwickelten Anschauung scheint mir in dem Umstande zu liegen, dass beim Ablösen der cuticularen Membran zuweilen Partikelchen von den Stäbchen ausbrechen und an der Membran haften bleiben oder verloren gehen, wie Fig. 35 einen solchen Fall, nach der Natur gezeichnet, zur Anschauung bringt. Wäre zwischen den geperlten Stäbchen nicht ein System feiner Porenkanäle oder etwas dem Aehnliches, so könnten einzelne Partikelchen der Stäbchen ihren Platz nicht mit solcher Leichtigkeit verlassen.

Ich habe Membranablösungen nur an der vorderen Seite der Scheiben beobachtet und sehe darin einen der Unterschiede, welche beide Seiten von einander unterscheidet.

Hr. Babuchin[3], dessen ausserordentlich mühsame und sorgfältige Beobachtungen über den Bau der elektrischen Scheiben in den meisten Punkten mit den meinigen übereinstimmen, wenn wir auch in den Deutungen vielfach auseinander gehen, hat darauf aufmerksam gemacht, dass durch die Behandlung mit Schwefelsäure die elektrischen Elemente des Zitterwelses leicht in zwei Scheiben zerfallen. Dadurch kennzeichnet sich meines Erachtens die Verschiedenheit des schleimhaltigen Inhaltes von dem festeren, kernhaltigen Protoplasma der peripherischen Zonen, die beim Zerfall eben allein übrig bleiben.

Den Stäbchenbesatz der Membran verfolgt er bis an den Rand der hinteren, kreisförmigen Vertiefung, in die der Stiel sich einsenkt[4]; ich selbst sah die Streifung, allerdings schon weniger deutlich, sich auch in diese Vertiefung hinein bis an die Wurzel des Stieles erstrecken. Auch Unterschiede im chemischen Verhalten der beiden Seiten hat der genannte Autor bereits angeführt. Nach einer soeben bereits angeführten Angabe soll

---

[1] A. a. O. S. 13. „Die elektrische Platte ist aber in ihrer ganzen Dicke von so gleichmässiger Consistenz, dass ein Abheben einer besonderen Grenzmembran nie gelingen wollte."

[2] A. a. O. Centralbl. 1875. S. 132.

[3] A. a. O. S. 259. [4] Centralbl. f. die medic. Wissenschaft. 1875. S. 132.

Maceration in Wasser nach schwacher Behandlung der Scheiben mit Ueberosmiumsäure „nur die hintere Abtheilung der Platte mit den auf ihr sitzenden Härchen" conserviren.

Diese Beobachtung war wohl der Grund, welcher ihn veranlasste den Stäbchenbesatz zur „Membran" zu ziehen, doch können Macerationspräparate in dieser Beziehung kaum entscheidend sein. Bei Chromsäureconservirung, die mir und auch BILHARZ die besten Resultate gewährte, erscheinen, wie erwähnt, die Stäbchen als Differenzirung der peripherischen Plattensubstanz, während die cuticulare Schicht sich abhebt.

Weder die cuticulare Schicht noch die darunter befindliche Streifung beobachtet man auf der hinteren Seite so stark ausgebildet wie vorn; während die Stäbchen der vorderen Seite aus fünf oder sechs Klümpchen zusammengesetzt erscheinen, zeigen sie hinten deren etwa drei oder vier, und die Stäbchen sind also kürzer.

Das Bild wird in Präparaten aus conservirtem Material ferner aber auch dadurch beeinflusst, dass an der Hinterseite der Scheibe sich eine bedeutende Ansammlung stärker lichtbrechender Körnchen oder Tröpfchen einfindet, welche die Randstreifung häufig sehr verdeckt. Da eine solche Ausscheidung, von der an frischem Material Nichts zu bemerken ist, der Vorderseite fehlt oder doch nur in vereinzelten Körnchen erscheint, so kennzeichnet sich dadurch ein weiterer Unterschied beider Seiten, wie auch immer die Bildung zu Stande kommen mag.

Die grobe Punktirung, welche elektrische Scheiben in Aufsicht, zumal nach langer Aufbewahrung in schlecht conservirenden Flüssigkeiten gewöhnlich zeigen, beruht wesentlich auf dieser ziemlich regelmässigen Gruppirung von solchen Körperchen, während die feine Randstreifung zu der Zeit bereits gänzlich ausgelöscht ist. Auch für Ausscheidungen der zahlreichen Körnchen und Tröpfchen an der hinteren Fläche und der weniger stark ausgebildeten, vereinzelten der vorderen wird die Fig. 35 der Taf. XII als Illustration dienen können.

Eine eigenthümliche Thatsache, auf welche Hr. BABUCHIN[1] gleichfalls schon aufmerksam gemacht hat, beruht in dem Auftreten von Kernen, die der Scheibe auflagern, wie solchen die angeführte Figur bei *k* zur Anschauung bringt. Derselbe fügte sich in diesem Falle der innern Fläche der Membran an, in anderen, wie es scheint, häufigeren liegen ihr die Kerne auf. Sie tragen den Charakter von Bindegewebskernen und unterscheiden sich demnach nicht wesentlich von denjenigen der Fachscheidewände.

Gleichwohl möchte ich sie nicht für gewöhnliches Bindegewebe ansprechen, welches durch seine späte Consolidirung und den gesonderten Verlauf in den Fachscheidewänden einen gewissen selbständigen Charakter verräth, während im Gegentheil die in dem sich bildenden Fach eingeschlossenen Theile in engster Beziehung zu einander stehen und zwar schon in jugendlichen Fisch, bevor noch das Bindegewebe des Organs deutlich fibrillär ausgebildet ist. Vielleicht wandern manche Bindegewebselemente von der embryonalen Anlage aus gleichzeitig mit den sich bildenden elektrischen Riesenzellen in die Stelle der späteren Fächer vor. —

Wie auch immer man sich die Endigungsweise des Nerven an der elektrischen Scheibe denken möge, soviel ist von allen Beobachtern anerkannt, dass die Vereinigung beider eine ausserordentlich innige ist. Dem entspricht es auch, dass die Scheide des Nerven sich nicht nur ohne jede Grenze direkt auf den Stiel der Scheibe fortsetzt, sondern es ist auch der ganze Raum der zur Aufnahme des Stieles bestimmten, weiten Höhlung der Hinterseite (vergl. Fig. 34 der Taf. XII) von reticulärer Substanz mit vereinzelten Kernen in den Knotenpunkten erfüllt. Dieses schon von MAX SCHULTZE[2] treffend abgebildete Gewebe stellt die aufgelöste HENLE-SCHWANN'sche Scheide des Nerven dar, d. h. zeigt ein ganz ähnliches Verhalten, wie es die reticuläre Substanz um die Dornfortsätze der *Gymnotus*-Platte aufweist[3], da es sich hier wie dort in seinen feinen Ausläufern an das elektrische Element ansetzt. Beim Zitterwels ist noch Niemand darauf gekommen, in diesen feinen, reticulären Balken Nerven zu sehen, während sie beim *Gymnotus* bekanntlich von manchen Autoren z. B. SACHS selbst als feinste Nervenendigungen an der Platte angesprochen wurden; dass dies unberechtigt ist, habe ich am angeführten Orte (S. 388) bereits früher darzuthun versucht.

Es war also für BILHARZ[4] sehr verlockend, in der elektrischen Scheibe eine Erweiterung und Umformung der Nerven selbst zu sehen, dessen Scheiden zur Aufnahme des umgestalteten Endstückes gleichfalls sackartig erweitert sein mussten. Der anatomische Befund widerspricht einer derartigen Auffassung nicht ernstlich; freilich schliesst derselbe die Annahme nicht aus, dass in den sich der Beobachtung als einheitliche Anlage darbietenden Endapparat andere histologische Elemente mit eingeschmolzen sind. Hier muss ich nochmals auf den bereits mehrfach berührten Cardinalpunkt zurückkommen, ob diese anderen Elemente, wie manche Autoren wollen, auch beim *Malopterurus* Muskeln gewesen sein können, was für *Torpedo* und *Gymnotus* äusserst wahrscheinlich gemacht wurde.

---

[1] A. a. O. Centralbl. 1875. S. 145.   [2] A. a. O. I. Abth., Taf. I. Fig. 4.   [3] Zitteraal. Taf. VIII. Fig. 31.   [4] A. a. O. S. 35.

Fritsch, Elektrische Fische.   9

Wäre diese Anschauung auch beim Zitterwels zutreffend, so müsste es histogenetisch ungemein schwierig sein zu denken, wie etwa ein Muskelprimitivbündel, zumal wenn mehrere Nervenendigungen an demselben Bündel vorhanden sind, sich als scheibenförmiger Körper mit einer einzigen Nervenfaser in so innige Verbindung setzt, dass dasselbe in die Nervenfaserscheiden selbst eingehüllt erscheint. Das Muskelprimitivbündel hätte sich, den herantretenden Nervenfasern entsprechend, in mehrere Stücke zu theilen, die zertrennten Sarcolemmschläuche hätten sich wieder fest zu schliessen und mit der Scheide des hinzutretenden Nerven zu verschmelzen.

Histogenetisch betrachtet ist dies ein kaum annehmbarer Vorgang. Die entsprechenden Verhältnisse sowohl bei *Gymnotus* als bei *Torpedo*, welche letzteren in einer zweiten Abtheilung dieses Buches eingehende Würdigung finden sollen, gestalten sich nach Allem, was wir darüber wissen, durchaus verschieden. Sind bei den eben genannten Elektrikern Reihen von guten Beobachtungen verzeichnet, welche für die Herleitung der Organe aus umgewandeltem Muskel sprechen, so darf man wohl verlangen, dass für *Malopterurus* ähnliche Beweise angeführt werden, welche im Stande sind, die hier vorgebrachten gegentheiligen zu widerlegen. Zur Zeit ist nicht der Schatten eines Beweises für musculären Ursprung vorhanden, und die gelegentlich auftauchende Anschauung, weil die Natur es im einen oder anderen Falle so gemacht habe, müsse sie es in allen übrigen genau ebenso machen, ist zu naiv, um ernstlich diskutirt zu werden. Beweisen doch Hunderte von Fällen gerade das Gegentheil, nämlich dass der Natur mannigfache Wege zu Gebote stehen, um zu ähnlichen Zielen zu gelangen! Wie wenig übrigens das erreichte Ziel gerade bei *Malopterurus* mit demjenigen bei *Gymnotus* oder *Torpedo* vollkommen identisch ist, lehrt abgesehen von allem Anderen ja schon der Umstand, dass bei ersterem Fisch, der PACINI'schen Regel zuwider, die Nerven an die positive Seite der elektrischen Platte treten.

BILHARZ' Anschauung von der zur elektrischen Scheibe erweiterten Nervenendigung böte histogenetisch kaum ernste Schwierigkeiten, ebenso wenig aber auch die von mir aufgestellte, dass ein Endorgan von cellulärem Charakter mit der Nervenendigung verschmolzen ist. Bei der Entwickelung der embryonalen Drüsenzelle zur elektrischen Riesenzelle ergreift die Wucherung den stielartig vorragenden Nervenansatz an dieselbe weniger als den eigentlichen Zellkörper, der durch die Raumbeschränkung im Bindegewebsfach gezwungen wird sich so um den Stiel herum zu entwickeln, dass letzterer in die elektrische Scheibe hineingestülpt erscheint und die Nabelbildung veranlasst.

Der Stiel nimmt mit dem übrig bleibenden Platz vorlieb, in gleicher Weise wie der hinzutretende Nerv; denn beide gehören zusammen und bilden ein einziges, untrennbares Ganze. Die ebenfalls wuchernden Scheiden umhüllen die zusammengeschweissten Elemente als einheitliche Membran. (Vergl. Taf. XI Fig. 32 und Taf. XII Fig. 34.)

An dieser Stelle möge es mir vergönnt sein, um besser verstanden zu werden, einige allgemeine Bemerkungen über celluläre Endigungsweisen der Nerven einzufügen. Wenn eine embryonale Nervenzelle sich mit einer embryonalen Zelle des Endorgans in solche Beziehung setzt, dass ein Uebergang des Nervenimpulses auf die Zelle zur Anregung ihrer Function möglich wird, so kann dies nach theoretischer Erwägung in folgenden Formen geschehen: Die aus der Nervenzelle hervorgehende Faser legt sich derartig eng an die Zelle des Endorgans an, dass an der Berührungsstelle die Ueberleitung des Impulses auf das Zellprotoplasma kein Hinderniss mehr findet; oder es bildet sich zur Vermittelung dieses Uebergangs eine beiden Geweben verwandte Kittsubstanz aus, welche der Fortleitung des Nervenimpulses dienen kann; oder es kommt zur völligen Verschmelzung von Nerv und Endorgan, so dass die Substanz des Nerven, resp. seines Axencylinders, und der Endzelle selbst ein Continuum bilden; oder endlich der Nerv entwickelt in das Innere der Zelle hinein noch weitere, morphologisch charakterisirte Elementartheile.

Keine dieser verschiedenen Endigungsweisen, welche sich gegenseitig keineswegs ausschliessen, sondern die nebeneinander bestehen können, giebt, so viel ich sehen kann, weiteren Aufschluss über die Natur des räthselhaften Vorganges selbst, wie sich die Ueberleitung des Nervenimpulses vollzieht, und das Endorgan darauf reagirt? Es liegt also auch kaum genügende Veranlassung vor, erbitterte litterarische Kämpfe darüber auszufechten, welche der verschiedenen Formen in einem gegebenen Falle der Wirklichkeit entspricht.

Am allerwenigsten kann mir dies von der letztgenannten Möglichkeit einleuchten, welche die am wenigsten präcise und gleichzeitig die am schwierigsten histogenetisch zu verstehende sein würde; und doch tobt gerade über sie der Kampf der Meinungen zur Zeit am heftigsten. Wie kommt denn die embryonale Nervenzelle dazu, das Gebiet einer befreundeten Nachbarin, mit der sie gemeinsam wirken soll, zu verletzen und sich wie ein Dolch in den Leib derselben zu bohren? Wird denn die Schwierigkeit, den Vorgang zu verstehen, geringer, wenn man sie an eine andere Stelle verlegt, wo doch Nervsubstanz und Zellsubstanz sich wieder genau in derselben Weise gegenüber stehen, als es an der Peripherie der Fall war? Macht endlich der Grad der Feinheit, den das Nervenelement schliesslich an seiner Endigung erlangt, etwas aus, um seine Function zu begreifen? Beschreibt heute ein Autor intracelluläre Nervenfäden von vielleicht ein Zehntausendstel mm Durchmesser, glaubt morgen ein anderer darüber hinaus solche von ein Zwanzigtausendstel zu sehen; lässt sie heute einer am Kern endigen, verlegt morgen ein Zweiter ihre Endigung an's Kernkörperchen, ohne doch der Lösung des Räthsels dadurch auch nur um einen Schritt näher zu kommen. Wir fragen ganz in gleicher Weise wieder: Wie endigt der Nerv in der Zelle? wie etwa am Kern? wie am Kernkörperchen?

Es ist wohl möglich und sogar wahrscheinlich, dass an den functionirenden Systemen die Einwirkung des Nerven auf seine Endorgane eine mikroskopisch kenntliche molekulare Anordnung des Protoplasma hervorruft, nach Art der karyolytischen Figur in sich entwickelnden Eiern, aber dass zum Nerven zu rechnende, morphologische Elemente in das Innere von anderen Zellen eingedrungen seien, ist bisher nirgends mit Sicherheit bewiesen worden, und würde, wenn es thatsächlich festgestellt wäre, die Frage nach der Art der Einwirkung des Nerven auf seine Endorgane in keiner Weise fördern. Die hierbei zu lösenden Räthsel liegen eben an anderer Stelle als der Boden einer noch so weit gefassten Zelltheorie sie gewährt. —

Dies vorausgeschickt, hoffe ich nicht mehr missverstanden zu werden, wenn ich für den vorliegenden Fall, d. h. die Endigungsweise des elektrischen Nerven an der Endscheibe, im Anschluss an BILHARZ die für unsere optischen Hilfsmittel vollkommene Verschmelzung von Nerv und Endapparat annehme. Weder die Anwendung unserer stärksten, modernen Immersionssysteme, noch die Benutzung der verschiedensten Reagentien machte es mir möglich eine genaue Grenze zwischen Stiel und Axenfaden des Nerven zu constatiren, wenn auch häufig genug in den Präparaten Trugbilder mannigfacher Weisen der Anfügung vorkommen.

So hat in dem als Fig. 31 auf Taf. XI gezeichneten Fall der Schnitt zwei wellige Biegungen des Axencylinders abgetragen, welche am Isolirungspräparat einen seitlich am Stiel angeklebten Nerven hätten vortäuschen können. Thatsächlich befinden wir uns aber an der Stelle der vom Stiel aus gerechnet ersten Durchtrennung schon offenbar im Gebiet des Axencylinders. In gleicher Weise liess sich auch in dem als Fig. 34 auf Taf. XII abgebildeten Fall, noch erheblich weiter als die Abbildung es zeigt, die Continuität von Substanz des Stieles und Axencylinders verfolgen. Sind andere Autoren in der Zukunft glücklicher als ich in dem Bemühen, eine scharfe Grenze zwischen Nerv und Stiel der Scheibe nachzuweisen, so werde ich dies bereitwillig anerkennen, ohne aus oben angeführten Gründen einen besonderen Werth darauf zu legen.

Am Kraterrande verjüngt sich die solide Substanz, so dass Ober- und Unterseite dicht aneinander liegen; hier müsste das von MAX SCHULTZE[1] seiner Zeit behauptete Ueberströmen des sich ausbreitenden Nerven auf die Vorderfläche der Scheibe vor sich gehen, und sollten auch etwa vorhandene feine Nervenfäserchen, die in die seitlichen Theile verlaufen, am besten zu sehen sein: Ich erkläre nochmals, dass es mir nicht gelungen ist, auch nur die geringste Spur davon zu bemerken.

In Bezug auf die Gestalt der Stiele und ihre Verbindung mit dem Nerven haben neuere Autoren mancherlei Angaben gemacht, welche mit der hier gegebenen nicht übereinstimmen, und ich muss mich gefasst machen, darin Widerspruch zu erfahren. Meine Stärke in diesem Streit der Meinungen würde ich darin sehen, dass die Angaben der Autoren unter einander schon gar nicht übereinstimmen und nachweislich auch mit den räumlichen Verhältnissen des Organs im Widerspruch stehen, während ich in der thatsächlichen Beobachtung hier mit meinem genialen Vorkämpfer BILHARZ[2] im Einklang bin. Letzterer allein bildet schlanke, geschwungene Stiele mit allmählichem Uebergang in den Nerven ab. MAX SCHULTZE[3] dagegen, Hr. BABUCHIN[4] und BOLL[5] mächtige, klobige Stiele die mehr oder weniger gerade von der Platte hinwegstehen.

Stände ein Stiel von solchen Dimensionen, wie ihn z. B. Hr. BABUCHIN abbildet, von der Scheibe nach hinten ab, so würde derselbe etwa die sechs folgenden Plattenreihen zu durchbohren haben um seinen Platz zu behaupten; legt sich derselbe, wie Hr. BABUCHIN selbst angiebt, seitwärts um, so müssten die anschliessenden Platten wenigstens eine kanalartige Höhlung für denselben zeigen, oder er müsste plattgedrückt sein: Nichts davon ist der Fall. Aehnlich ist es bei MAX SCHULTZE's Abbildung, wo der markhaltige (!) Nerv an den keulenförmigen Stiel bis auf das etwa $1\frac{1}{2}$fache des Nabeldurchmessers der Platte herantritt, was unter normalen Verhältnissen niemals zur Beobachtung kommt; ebensowenig ist BOLL's Zeichnung mit dem granulirten Knoten im Stiel der Wirklichkeit entsprechend.

---

[1] A. a. O. S. 15.   [2] A. a. O. Taf. IV. Fig. 8. 4.   [3] A. a. O. Taf. I. Fig. 1. 3.
[4] Centralblatt 1875. S. 132.   Arch. f. mikrosk. Anat. Bd. X. Taf. XV. Fig. 9.

Ich bilde auf Taf. XII als Fig. 36 ein Stück Stiel der Scheibe aus einem frisch mit Osmiumsäure behandelten Präparat ab. Fig. 31 der Taf. X stellt ein feines Nervenästchen des nämlichen Präparates dar, wo die markfärbende Wirkung der Osmiumsäure ganz unverkennbar hervortritt; an ersterer dagegen ist nicht die Spur von Schwarzfärbung zu beobachten, und ich bestreite daher, dass wirkliches Fettmark den Nerven bis in das Gebiet des Scheibenumfangs begleitet. Der in der Figur nicht ganz aus gezeichnete Stiel verläuft ohne den Durchmesser schnell zu ändern noch für die etwa dreifache Strecke, bevor die Scheibe selbst erreicht ist. Nach unten schlägt sich eine Abzweigung des gemeinsamen Stammes, welche zum Stiel einer anderen Scheibe wird, herab und lehrt uns, da wir verzweigte Stiele nicht kennen, dass wenigstens noch die Theilungsstelle zum Nerven zu rechnen ist; freilich ist auch hier von irgend einer Abgrenzung Nichts zu sehen, nur häufen sich an der Theilung die Kerne in bemerkenswerther Weise an.

Auch der Umstand, dass gerade an dieser Stelle der Stiel, wie es beispielsweise in dem abgebildeten Falle sich ereignete, gern abreisst, könnte dafür sprechen, hier die Grenze zwischen Nerv und Endorgan zu setzen. Zuweilen läuft ein Nervenästchen ohne weitere Theilungen in eine Endscheibe aus, meist aber sieht man noch kurz vor der Endigung solche vor sich gehen. Höchstens bis zu diesen letzten Theilungsstellen oder an einfachen Aestchen bis zu einer nach den Dimensionen der Faser ihr etwa gleichwerthigen Stelle, lässt sich ein deutliches Fettmark verfolgen, d. h. der davon frei bleibende Theil erreicht an Länge mindestens soviel als der Scheibendurchmesser beträgt. Die Scheide liegt dem Axencylinder beziehungsweise dem Stiel auch in diesem Gebiet nicht dicht an und ist der Raum jedenfalls durch eine Substanz ausgefüllt, welche sich durch Osmiumsäure nicht bräunt, also höchstens als eine fettfreie Modification des Markes aufgefasst werden kann.

Es scheint, dass dieselbe sich bei frisch hergestellten Isolirungspräparaten besonders nach Osmiumbehandlung am Ende des Nerven in ähnlicher Weise anstaut, wie es nach Hrn. RANVIER's[1] Angabe auch das Fettmark an den nach ihm benannten Einschnürungen thut; dadurch entstehen dann solche Knoten, wie sie BOLL abbildet, und wie sie wohl auch MAX SCHULTZE's keulenförmigen Anschwellungen des Stieles zu Grunde gelegen haben, wenn er den Inhalt auch nicht angedeutet hat; in beiden Fällen liegen sie viel zu nahe an der Scheibe, die Stiele sind somit zu kurz und zu dick gezeichnet. Die Anschwellung erscheint nach Behandlung mit Osmiumsäure besonders deutlich, an Schnittpräparaten aus Chromsäure-Material kann ich sie nicht finden und muss daher annehmen, dass die eigenthümliche, durch erstgenanntes Agens veranlasste Erstarrung und Zusammenziehung der Gewebselemente das Zustandekommen des Bildes begünstigt.

Die Fig. 36 wird aber noch ein anderes Merkmal des Stieles zur Anschauung bringen, welches in den Kreisen der mit dem Gegenstand vertrauteren Autoren eine gewisse Verwunderung erregen düfte: ich zeichnete den Stiel fibrillär gestreift und glaube die Richtigkeit dieser Beobachtung vollkommen verbürgen zu können. Obwohl erst die letzten Jahre uns in den Besitz von so leistungsfähigen mikroskopischen Systemen setzten[2], um dies äusserst zarte Bild zu erkennen, so war doch einem so scharfen Beobachter wie Hrn. BABUCHIN nicht entgangen, dass sich in dem Stiel 1—3 Körnchenreihen erkennen liessen. Er sagt darüber in seinem bereits mehrfach citirten Aufsatz[3], es sei dies immer der Fall „wo fremdartige Gebilde von Pigment (z. B. *Octopus-Retina*) oder von farblosen Körnchen (z. B. primitive Axenfibrillen im elektrischen Organ von Mormyrus) begleitet werden." Es ergiebt sich daraus, dass er der Beobachtung eine besondere Bedeutung nicht beilegte, obwohl gerade die angeführten Beispiele offenbar darauf hinführen sollten, dass Anordnung von lockeren Körnchen in Reihen doch nur entstehen kann, wo sie sich zwischen langgestreckten Elementen einzufügen haben. Damit ist aber der fibrilläre Aufbau der Stielsubstanz gegeben.

Die Untersuchung des hier abgebildeten Präparates, welches von einem im Institut gestorbenen Zitterwels stammt und unmittelbar nach dem Tode des Thieres Osmiumbehandlung unterworfen wurde, zeigte in schwacher Gummi-Glycerinmischung mit ZEISS' *homog. Immers.* $^1/_{12}$ und apochromatischem System 1.4 *Ap.* untersucht, dass nicht nur 1—3 Körnchenreihen vorhanden sind, sondern die scheinbaren Körnchenreihen wie bei der Streifung des Scheibenrandes selbst Zwischenräume granulirter Fibrillen darstellen, von denen mehrere sich vor den übrigen durch grössere Dunkelheit auszuzeichnen pflegen. Ich glaube, dass dieser Unterschied durch zufällige Interferenz mehrerer in verschiedenen Ebenen liegender Gruppen zu Stande kommt, wie übereinander liegende Stücke von Diatomeenschalen ein sonderbares, verstärktes Relief vortäuschen. Entscheidend war für meine Auffassung des vorliegenden Sachverhaltes der Umstand, dass durch das Abreissen des Stieles die eine

[1] RANVIER, Technisches Lehrbuch der Histologie. übersetzt von NIKATI und WYSS. S. 683.
[2] ZEISS' neueste apochromatische Systeme leisteten mir bei dieser Untersuchung vorzügliche Dienste.
[3] A. a. O. S. 259.

Fibrille aus ihrer Lage gewichen ist und sich schräg über ihre Nachbarn gelagert hat. Die äussere Umhüllung des Stieles ist nicht durchgerissen, sondern nur eingerissen und hat sich nach der einen (im Bilde linken) Seite zusammengeschoben, den Stiel selbst einer besonders günstigen Untersuchung zugänglich machend. Vielleicht hat auch das Zerreissen selbst und der sofortige Eintritt der Osmiumsäure in das Innere die bemerkenswerthe Erscheinung verstärkt; wenigstens gelingt es mir an anderen benachbarten Stielen nicht, ein ähnlich klares Bild zu gewinnen.

Weitgehende Schlussfolgerungen auf diese Beobachtung zu gründen, dürfte augenblicklich noch nicht angezeigt sein, zumal die quere Lagerung der Stiele die Richtung hier etwa vorhandener, in den Fibrillen vereinigter kleinster Theilchen mit der Stromesrichtung unter einen Winkel von fast 90° bringt.

Auch Hrn. BABUCHIN's Beobachtung, dass die Strahlen seiner „behaarten Zellen", im Stiel der Längsrichtung folgen, spricht offenbar für eine fibrilläre Anordnung der zwischen den Strahlen befindlichen Substanz.

An der Stelle des muthmasslichen Ueberganges der Nervenfaser in den Stiel finde ich also auch nicht einmal eine unansehnliche Menge von Nervenmark nach der gewöhnlichen Auffassung des Begriffes und kann daher die Richtigkeit von Hrn. BABUCHIN's Figur, wo ein durch dunkelgefärbtes Mark ausgezeichnetes Nervenästchen seitlich an den keulenförmig verdickten Stiel angeklebt erscheint, aus eigener Beobachtung nicht bestätigen.

Ich bedaure dies umsomehr, als anderseits Hr. BABUCHIN[1] der einzige, mir bekannt gewordene Autor ist, welcher beim Zitterwels der RANVIER'schen Einschnürungen der elektrischen Nerven gedenkt. Er fand sie, ebenso wie ich selbst, an den feinen Endästchen des Nerven besonders dicht stehend; was jedoch die specielle Beschreibung ihrer Anordnung an den „Terminalfasern" anlangt, so möchte ich dieselbe ebensowenig, wie die Anfügung des Nerven an den Stiel der Platte, unterschreiben, da die Angaben es zweifelhaft lassen, ob der Autor hier wirklich noch Schnürringe vor sich gehabt hat.

Auf Taf. X bilde ich als Figur 31 ein sehr feines Nervenästchen aus dem Organ nach Osmiumbehandlung ab, welche die RANVIER'schen Einschnürungen und dadurch bewirkte Abgrenzung des Nervenmarkes erkennen lässt. Der sehr zarte Axencylinder ist in dem geschwärzten Mark nicht mehr deutlich; er durchzieht die sehr langgestreckten Einschnürungen als ein äusserst feines Fädchen und ist hier an schmaler Stelle von einer stärker lichtbrechenden, ungefärbten Substanz umgeben, welche RANVIER's „*Renflement biconique*" entspricht. Die blassen Kerne (*noyau du segment*, RANVIER) sind wie stets am Osmiumpräparate schwierig von den Scheidenkernen zu unterscheiden. Die Anstauung des Markes an den Segmentenden ist sehr wohl ausgeprägt.

Hr. RANVIER hat bei den elektrischen Nerven von *Torpedo* darauf aufmerksam gemacht, dass die Einschnürungen viel dichter stehen, als an den motorischen Nervenfasern desselben Thieres. Diese Beobachtung, welche ich bereits Gelegenheit nahm zu bestätigen, findet einen neuen Stützpunkt an der Betrachtung der elektrischen Nerven des Zitterwelses, da auch hier, wie ersichtlich, die einzelnen Abschnitte der Markscheide ausserordentlich kurz sind, die Schnürringe vergleichsweise sogar noch dichter stehen als am Zitterrochen. Es erübrigt dies Verhältniss auch bei *Gymnotus* festzustellen, um es auf seine allgemeine Gültigkeit für elektrische Nerven zu prüfen. Hier bietet sich eine unerwartete Schwierigkeit dar: an den augenblicklich zur Verfügung stehenden Präparaten der elektrischen Nerven des Zitteraales konnte ich typisch gebildete RANVIER'sche Einschnürungen bisher nicht constatiren, obwohl die Präparate frisch mit Osmiumsäure behandelt wurden. Es finden sich an den feineren Nerven des Organs nahe aneinander gedrängte Verjüngungen der Markscheide, welche vielleicht den Einschnürungen anderer Nerven homolog sind; aber da sonst das Fettmark an der Einschnürung stets gänzlich intermittirt, hier aber als schmaler Saum erhalten scheint, so ist eine positive Entscheidung nicht mit Sicherheit zu treffen. Weitere Untersuchungen unter Benutzung von Fasern stärkerer Nerven werden darüber wohl mehr Licht verbreiten[2].

Dagegen wurden die Schnürringe beim *Malopterurus* von den meisten Autoren vermuthlich übersehen, weil sie sich in voller Deutlichkeit nur an den feinen Aestchen zeigen, was mit dem histologischen Bau des elektrischen Nerven naturgemäss zusammenhängt. Werfen wir, bevor in diese Beschreibung eingetreten wird, noch einen Blick auf die Vertheilung der Nerven im Organ.

Das als Fig. 32 abgebildete Präparat wurde auch aus dem Grunde zur Darstellung gebracht, weil es eine ungewöhnliche Anordnung des Stieles mit seinem Nervenansatz zeigt. Bekanntlich fügen sich die Nerven der nach dem Schwanz zugewandten Seite der Scheiben an; die Stiele legen sich um und erreichen mit ihrer

---

[1] A. a. O. S. 130.

[2] SACHS erwähnte nur ganz beiläufig, dass die Schnürringe bei den Nerven des Zitteraales in den gewöhnlichen Abständen vorhanden seien; irgend etwas Auffälliges scheint er demnach an ihnen nicht bemerkt zu haben. Vergl.: Zitteraal S. 45.

Spitze meist eine Stelle, wo die zunächst dahinter folgenden Scheiben aneinander stossen, und hier findet dann auch der zugehörige Nerv ein bequemes Plätzchen, um sich hindurch zu drängen. An dieser Stelle pflegt durch den Schnitt wegen der beim Passiren der Nachbarscheiben zu Stande kommenden Krümmungen, die Continuität der Nerven gestört zu werden.

Im abgebildeten Fall hat der Endnerv aber seinen Weg nach vorn genommen und geht noch im Bereich des Gesichtsfeldes in ein Stämmchen (bei *n* der Figur) über, welches etwas weiter nach vorn liegt als die innervirte Scheibe. Es scheint mir dies keineswegs vereinzelte Vorkommen einen Beweis dafür zu bieten, dass die Endnerven sich den räumlichen Verhältnissen anpassen und, allseitig ausstrahlend, auf dem bequemsten Wege zu den Stielen der Scheiben zu gelangen suchen, ohne ein Princip des Verlaufs streng festzuhalten. Ein parallel zu den Scheibenflächen geführter, nicht zu dünner Schnitt durch das Organ zeigt die allseitige Ausstrahlung der Nervenstämmchen und das Herantreten an die Stiele am besten.

Um den untersten Theil des Stieles schliesst sich das reticuläre Gewebe der Kratereinsenkung schon zu einer deutlichen Scheide, einen zarten, doppelten Umriss des Randes erzeugend, welcher Umriss dann ebenso gleichmässig wie Stielsubstanz und Axencylindersubstanz in die Scheide der Nervenfaser übergeht. In geringer Entfernung vermehren sich bereits die schützenden Hüllen um den Axencylinder, und damit ist unmittelbar angezeigt, dass man schon ein Aestchen des elektrischen Nerven vor sich hat. In der Fig. 32 zeigt der Durchschnitt der Nervenfaser bereits deren mehrere, obwohl die Entfernung von dem Stielansatz an der Scheibe noch kaum den Durchmesser der letzteren ausmacht.

f. Die Histologie des elektrischen Nerven.

Der elektrische Nerv, dessen Austritt und Vertheilung oben beschrieben wurde, zeichnet sich im frischen Zustande durch seine eigenthümliche silberweisse Farbe und eine auffallende Festigkeit aus, und zwar gilt dies sowohl vom Stamm, als auch von den Aesten bis hinunter in die feinsten Verzweigungen. Der Grund für die weissliche Farbe liegt nicht, wie man vielleicht vermuthen möchte, in dem Gehalt an Fettmark, sondern in einer höchst merkwürdigen Ausbildung fibröser Scheiden, welche die Primitivfaser umgeben.

BILHARZ[1], welcher als der Erste die Histologie des elektrischen Nerven eingehend behandelt, hat auch hierin Bedeutendes geleistet, doch entbehrte er offenbar übersichtlicher Durchschnitte, ohne welche das Verhältniss der einzelnen Theile zu einander nicht wohl festzustellen ist. Er unterschied bereits eine äussere und eine innere Scheide, in welch letzterer er den Axencylinder als ein unsicher begrenztes Band abbildet.

MAX SCHULTZE[2] hat durch seine Theorie von der Durchbohrung der Scheibe seitens des Nerven viel Verwirrung angestiftet, ohne in anderer Beziehung wesentlich über BILHARZ hinausgekommen zu sein. Seine der von BILHARZ gegebenen ganz ähnliche Figur eines Nervenstückes ist wohl mit die Veranlassung, dass falsche Vorstellungen über die Dicke des Axencylinders Verbreitung fanden, da die angeführten Figuren die Vorstellung erwecken, man habe es mit der ganzen Faser zu thun, während thatsächlich nur die innere Scheide mit der Primitivfaser, d. h. etwa $\frac{1}{10}$ des ganzen Durchmessers vorliegt. Dies Verhältniss ist von BILHARZ auch richtig angegeben worden, während MAX SCHULTZE[3] nur von „zahlreichen anderen Bindegewebsscheiden spricht, welche in der Figur weggelassen wurden". Beide Autoren waren aber im Irrthum, insofern sie diese innere Scheide als aus concentrisch in einander steckenden Bindegewebshüllen gebildet beschrieben.

Die Zahlenangaben der BILHARZ'schen Beschreibung führen auch den Leser leicht in Irrthum, da er die Dicke des ganzen elektrischen Nerven auf ungefähr eine Linie angiebt, wovon $\frac{9}{10}$ auf die äussere Scheide etwa $\frac{1}{10}'''$ auf die innere Scheide entfallen sollen, so dass für Markscheide und Axencylinder überhaupt Nichts übrig bleibt; er hat also offenbar innere Scheide + Inhalt gerechnet. Dieser Inhalt wäre die Primitivfaser, die er mit einer dicken Markscheide, aber sonderbarer Weise keiner bindegewebigen Scheide ausstattet. Trotz der dicken Markscheide soll der Durchmesser der ganzen Faser $\frac{1}{90}'''$ (0.018 mm) betragen, der Durchmesser des Axencylinders aber $\frac{1}{100}'''$ (0.016 mm), d. h. nur ganz unbedeutend dünner sein.

Aus diesen wirklichen und scheinbaren Widersprüchen ist nur durch das Studium eines exacten Querschnittes des elektrischen Nerven herauszufinden, wie solchen Fig. 22 der Taf. VII. nach Photographie entworfen,

---

[1] A. a. O. Taf. III. Fig. 9.   [2] A. a. O. Taf. I. Fig. 7.   [3] A. a. O. S. 35. Erklärung zu Taf. I. Fig. 7.

darstellt. Ein Blick genügt, um zu bemerken, ein wie ungeheures Feld die concentrischen Scheiden der Nerven-faser, ein wie kleines diese selbst, zumal der in ihr steckende Axencylinder einnimmt. Letzterer erscheint als eine bemerkenswerth regelmässig gebildete, rundliche Figur im Centrum des Ganzen, umgeben von einem (im Balsampräparat) hellen Hof, der unbedeutenden Markscheide. Die exacten Maasse dieser Theile sind für den Axencylinder: 0.008 mm, für die Markscheide: 0.03 bei 0.012 mm, während der Durchmesser des ganzen Stammes 1.1 mm beträgt. Zum Abschluss der Primitivfaser gehört mit Nothwendigkeit, da der Nerv selbständig verläuft, eine HENLE-SCHWANN'sche Scheide, und als solche möchte ich die ganze sogenannte innere Scheide an-sprechen. Diese erfüllt thatsächlich, wie BILHARZ angiebt, etwa $^1/_{10}$ der ganzen Dicke, ist aber nicht aus con-centrischen Schichten gebildet, wie BILHARZ nur vermuthete, MAX SCHULTZE aber positiv erklärte, sondern aus reticulärem Gewebe, was ein Blick auf Fig. 22 schon lehren dürfte; ich habe aber, da ich mich in diesem Punkte mit den genannten Forschern im Widerspruch befinde, Gelegenheit genommen, die Formation der inneren Scheide mit Markscheide und Axencylinder noch einmal stärker vergrössert auf der vorhergehenden Tafel als Fig. 21 abzubilden, wo ein Zweifel über die Richtigkeit meiner Angabe wohl nicht erhoben werden wird. Das reticuläre Gewebe schliesst sich zur Schicht, um innen das spärliche Mark zusammen zu halten und es schliesst ebenso nach aussen, wo es gegen die äussere Scheide grenzt. Wäre die Anordnung nicht netzförmig, so liesse es sich wohl nicht so leicht und sicher aus den neunmal stärkeren, äusseren Hüllen herausschälen. Ich habe selbst an einem Aste des Stammes den Versuch wiederholt und bekam mit einiger Mühe ein glattes Fädchen von sehr geringem Durchmesser und durchscheinender Beschaffenheit, in dem man den Axencylinder in un-sicheren Umrissen erkannte.

Wie auch sonst bei den elektrischen Organen und ihren Nerven normale Quellungserscheinungen und Wucherungen Platz greifen, so hat sich hier die bindegewebige Scheide verdickt und ist in den Zustand über-gegangen, wie ihn das Stützgewebe des Nervensystems sehr allgemein annimmt, d. h. in reticuläre Substanz.

Die äusseren Scheiden der elektrischen Nerven tragen einen accessorischen Charakter, sie sind thatsäch-lich in ausgeprägtem Maasse concentrisch angeordnet, in endloser Folge das centrale Fädchen umkreisend und zahlreiche Gefässe sowie marklose Nerven zwischen sich fassend. Der vergleichend histologische Werth dieser verschiedenen Umhüllungen wird am besten festgestellt, wenn man auf den Ursprung des Nerven aus dem Rücken-mark zurückgeht. Man sieht alsdann den Axencylinder und die Markscheide sich in die Substanz der *Medulla spinalis* in sogleich näher zu erläuternder Weise hineinsenken und auch mächtige Bündel von Gliafasern in directem Uebergang auf die dem Mark zunächst liegende Scheide, die Zusammengehörigkeit des Gewebes bestätigend. Die *Pia mater* des Rückenmarkes selbst schiebt alsdann die ersten concentrischen Hüllen über die Primitivfaser, welche sich sofort durch stufenweisen Zuzug weiterer Schichten aus dem gesonderten Bindegewebe des Rücken-markskanals vermehren. Es ist somit unrichtig, wenn BILHARZ behauptet, die Markscheide träte erst ausser-halb des Rückenmarks, die äussere Scheide erst ausserhalb des Wirbelkanals hinzu.

Ein Längenschnitt der Nervenaustrittsstelle zeigt diese Verhältnisse in genügender Deutlichkeit, das Bild ist wegen der in gewissen Abständen das Gesichtsfeld durchziehenden welligen Scheiden von eigenthümlich wildem, wenig ansprechenden Charakter und es wurde daher von seiner Wiedergabe Abstand genommen.

Solche Schnitte zeigten gelegentlich auch eine Besonderheit des Axencylinders, welche zwar unzweifel-haft auf den Einfluss der Präparation zurückzuführen ist, dessenungeachtet aber nicht ohne Bedeutung er-scheint, da aus der Beobachtung Rückschlüsse auf die Natur des Axencylinders gemacht werden können. Man sieht nämlich an Präparaten, die von dem frischen Thier in der Weise hergestellt sind, dass die Schädelkapsel herauspräparirt, oben eröffnet und das Stück *in toto* unter Anwendung von Jod-Alkohol und doppeltchrom-sauren Kali erhärtet wurde, den Axencylinder zuweilen innerhalb der Markscheide am Stamm des Nerven in engen Windungen aufgerollt. Offenbar ist diese Erscheinung so zu erklären, dass der nahe seinem Anfang durchschnittene Axencylinder sich unter der schrumpfenden Wirkung des Alkohols in der Scheide zurückgezogen und in Spiraltouren gelegt hat.

Dieser Vorgang dürfte unmöglich sein, wenn der Strang nicht schon im frischen Zustande eine Consistenz hätte, welche erheblich solider ist, als diejenige des umgebenden Markes; an einen flüssigen oder selbst halb-flüssigen Axencylinder ist solcher Beobachtung gegenüber nicht mehr zu denken. Der Vorgang spricht auch gegen RANVIER's Vorstellung der SCHWANN'schen Scheide, die, als ein markgefüllter Doppelsack gedacht, den Axencylinder mit ihrem inneren Theil überziehen soll; denn wäre daselbst wirklich eine membranöse Abgren-zung, könnte dieselbe den zufälligen Spiralwindungen des ersteren unmöglich in allen Theilen so gleichmässig folgen, dass sich nicht gelegentlich Abhebungen der Membran von dem Inhalt kenntlich machten.

Max Schultze[1] bildete circulär angeordnete Fasernetze zwischen den Scheiden der Nerven ab, die er durch Sublimatbehandlung des Präparates zur Anschauung brachte, während er sie sonst nicht sehen konnte; er reihte sie dem elastischen Gewebe an, obgleich er ausdrücklich Essigsäure und Laugen zu ihrer Darstellung nicht verwendbar erklärt und über ihre Vergänglichkeit klagt. Wie er beim Mangel der charakteristischen chemischen Reactionen sie doch für „echte elastische Gewebe" ansprechen konnte, weiss ich nicht, möchte vielmehr glauben, dass er reticuläre Substanz der inneren Scheide vor sich gehabt hat.

Eine solche Annahme wäre um so wahrscheinlicher, wenn man wüsste, dass er das Material seines Präparates in der Nähe einer Theilungsstelle des Nerven entnommen hätte.

Das höchst sonderbare Verhalten des sich theilenden Nerven ist bisher gänzlich unbeachtet geblieben, obwohl es doch interessiren musste zu sehen, wie die complicirten Scheiden sich dabei der Neuformation anpassen.

Schon makroskopisch ist das oben (Taf. III, Fig. 6) beschriebene Verhalten des elektrischen Nerven bei seinen Theilungen auffallend genug, indem die Aeste in so schroffen Wendungen den Stamm verlassen; man hätte daraus scharfe Knickungen des Axencylinders vermuthen können, wie sie in der Natur bisher nicht beobachtet wurden.

Der Querschnitt einer Theilung (vergl. Taf. VII, Fig. 23) lehrte nun schon, dass der äusserst feine Axencylinder beim Durchtritt durch die mächtigen Scheiden Spielraum genug finden konnte, den schroffen Winkel in sanfter Krümmung auszugleichen. Es finden ja sogar die äusseren Scheiden Platz genug sich innerhalb der allgemeinen Umhüllung um den neuen Zweig zu formiren, nachdem die reticuläre innere Scheide bereits selbstverständlich auch bei der Theilung ihren Platz um den Axencylinder behauptet hatte.

Der Längsschnitt zeigt aber ein noch viel überraschenderes Bild (Taf. VI, Fig. 20), indem er lehrt, dass die neue, abgezweigte Faser innerhalb der Stammfaserscheiden sich mehrfach auf und ab windet, ehe sie sich entschliesst, die mütterliche Umhüllung zu verlassen. Der Schnitt bietet den Axencylinder der Stammfaser in Aufsicht dar, und zwar ist das centrale Ende oben zu denken; die Spaltungsstelle lag ganz unten im Bilde bei *th* der Figur und ist hier mit starker Vergrösserung noch der Stumpf des Zweiges zu sehen, während der Schnitt wie gewöhnlich den frei gelegten Theil mit entfernt hat; es besteht hier also eine kleine Lücke zwischen der Stammfaser und der Abzweigung, welch letztere nunmehr zunächst fast parallel der ersteren rückläufig wird, um dann umbiegend in manichfachen engen Windungen ihrem Austritt aus der gemeinsamen Hülle zuzueilen.

Ich sehe in diesem Verhalten einen weiteren Beleg für die mehrfach betonten, den elektrischen Organen und Nerven eigenen Wucherungsprocesse, welche im vorliegenden Fall zur Herstellung einer grösseren Länge der Theilfaser führten, als in dem gegebenen Raum Platz fand, und so eine partielle Aufwickelung veranlassten. Vielleicht hat diese sonderbare Aufrollung aber auch eine physiologische Bedeutung: es wäre nicht undenkbar, dass auf diese Weise die Länge des Weges, welche der Nervenimpuls vom Centralorgan zur Peripherie zu durchmessen hat, für die verschiedenen Körperregionen ganz oder wenigstens theilweise ausgeglichen wird. Das in Abbildung vorliegende Präparat stammt aus einer Stelle des Nerven, welche dem Eintritt ins Organ sehr nahe liegt, und ich glaube schon jetzt nach Lupenvergrösserung constatiren zu können, dass an den Theilungen der Endäste so starke Krümmungen in den Scheiden nicht vorkommen. Die Aufknäuelung der Nervenäste an ihrem Ursprunge würde so ein Mittel werden, die gleichzeitige Innervation der verschiedenen Provinzen des Organs zu erleichtern, worauf Hr. DU BOIS-REYMOND auch die WAGNER'schen Büschel im Zitterrochen-Organ zu deuten versucht hat.[2] Ist dieser Effekt nach theoretischen Betrachtungen auch nur verschwindend klein, so findet man ja in der Natur häufig genug das Princip zur Anwendung gebracht: Alle Vortheile gelten! Gerade in der wunderbaren Summirung verschwindend kleiner Effekte liegen gewiss viele der bedeutenden Geheimnisse der organischen Schöpfung verborgen.

Auch eine andere wichtige physiologische Frage drängt sich hier unmittelbar in den Vordergrund, nämlich diejenige nach der Vermehrung des Axencylinderquerschnittes durch die wiederholten Theilungen. Die unerwartete Kleinheit der zu messenden Fläche macht die Beantwortung dieser Frage schwerer als zu anzunehmen war, während die Regelmässigkeit des Umrisses wiederum sich auffallend günstig stellte, da er sich leicht auf einen Kreis reduciren lässt. Am meisten oval zeigte sich der Durchschnitt des Hauptstammes in seinem mittleren Verlauf auf dem Organ, wo auch die Scheiden etwas abgeplattet erscheinen; indessen liefern sowohl das Anfangsstück des Stammes als auch die feineren Aeste einen nahezu kreisrunden Durchschnitt.

In dem zur genaueren Untersuchung verwandten Falle theilte sich der Nerv, bevor sich derselbe in das

---

[1] A. a. O. S. 7. Taf. I, Fig. 7.   [2] Zitteraal, S. 293, 417.

elektrische Organ einsenkte, in 25 Aeste, von welchen je zwei feine Durchschnitte immer nebst dem zugehörigen Stück des Stammes im Präparate fixirt und genau ausgemessen wurden. Der Flächeninhalt (F) des Anfangsstückes stellte sich auf: 40.7151 □ μ. Die Fortsetzung desselben mit den ersten vier Aesten: F_1 32.169, F_2 7.068, $F_3 = 5.0893$, F_4 8.0424, $F_5 = 2.8952$; weiterhin der Stamm mit sechs Aesten: $F_6 = 28.2744$, $F_7 = 2.0106$, F_8 1.6273, F_9 0.7237, F_{10} 1.2866, F_{11} 2.8952, F_{12} 0.7237;

das vierte Stück mit vier Aesten: F_{13} 24.629, F_{14} 4.5238, $F_{15} = 1.2866$, F_{16} 1.2866', F_{17} 0.7237; das fünfte Stück mit fünf Aesten: F_{18} 24.63, F_{19} 1.2866, F_{20} 2.9779, $F_{21} = 2.8952$, F_{22} 2.0106, $F_{23} = 2.0106$;

das sechste Stück mit drei Aesten: $F_{24} = 21.2371$, F_{25} 4.5238, F_{26} 6.5155, F_{27} 2.0106; das siebente Stück in drei Endäste zerfallend: F_{28} 10.1787, F_{29} 12.5664, $F_{30} = 6.1574$.

Im Verlauf unter dem Organ bis zum Eintreten der Hauptäste in dasselbe hat der Axencylinder somit folgenden Zuwachs erfahren, den Stamm und seine Verlängerungen als I—VII bezeichnet, bei den nächsten Abschnitten stets Stamm und Aeste addirt, und zur Bestimmung des Zuwachses vom vorhergehenden Stück abgezogen:

$$
\begin{array}{llll}
\text{I— II} & = + & 14.5480 & \text{. (4 Aeste)} \\
\text{II— III} & = + & 5.3725 & \text{. (6 Aeste)} \\
\text{III— IV} & = + & 4.1753 & \text{. (4 Aeste)} \\
\text{IV— V} & = + & 11.1819 & \text{. (5 Aeste)} \\
\text{V— VI} & = + & 9.6570 & \text{. (3 Aeste)} \\
\text{VI—VII} & = + & 7.6574 & \text{. . . . . . . (3 Endäste)} \\
\hline
& & 52.5921 & \text{25 Aeste} \\
\end{array}
$$

dazu der Haupt-Stamm = 40.7151
$$\overline{93.3072\ \square\ \mu.}$$

Somit ist der Querschnitt des Nerven, nachdem er in 25 Aeste zerfallen ist, auf etwas über das Doppelte gestiegen.

Bis hierher bewegt sich dieser Theil der Untersuchung in den gewöhnlichen Methoden der Messung und Rechnung; wenn sich die Aeste aber einmal ins Organ eingesenkt haben und sofort vielfachen weiteren Theilungen unterliegen, so verliert man allen Anhalt für die exacte Bestimmung und ist wiederum auf Schätzung angewiesen. Die physiologische Bedeutung des gesuchten Ergebnisses wird auch dadurch unangenehm beeinflusst, dass der Charakter der Endäste sich beim Herantreten an die Stiele vollständig ändert, indem die an den Endorganen hypothethisch angenommene Quellung auf den Axencylinder selbst übergreift.

MAX SCHULTZE[2], welcher doch seiner Theorie der Durchbohrung der elektrischen Scheibe von Seiten des Nerven zu Liebe nicht umhin konnte, die Fortsetzung des Axencylinders in dieselbe anzunehmen, beobachtete gleichfalls diese Veränderung des Aussehens und giebt an, dass von der Stelle an, wo das Fettmark der Nervenfaser aufhöre, der Axencylinder „als blasser, feinkörniger Strang" weiterlaufe. Dabei ist Nichts über die Durchmesser der beiden Abschnitte gesagt, d. h. das auffallendste Merkmal ist unberücksichtigt geblieben, wie er auch thatsächlich in den zugehörigen Figuren weder den Axencylinder noch seine Fortsetzung in den feinkörnigen Strang genau zeichnete. Zur Verständigung ist es wünschenswerth die Fig. 31 auf Taf. X und Fig. 36 auf Taf. XII nochmals mit einander zu vergleichen: beide sind aus dem nämlichen mikroskopischen Präparat und mit annähernd gleicher Vergrösserung (1600 und 1555) gezeichnet: In dem markhaltigen Nervenfäserchen ist der Axencylinder fast unmessbar fein, der Ansatz eines solchen an einen Stiel dicht an der letzten Theilung wieder erheblich breit (etwa 0.003 mm), die Axencylinder der Endäste unterliegen also einer ziemlich plötzlichen, ungeheueren Anschwellung.

Wo soll man nun den Flächeninhalt des Querschnittes bestimmen? Offenbar ist die Bedeutung dieser Endanschwellung im physiologischen wie histologischen Sinne eine ganz andere als eine die wiederholten Theilungen begleitende Vermehrung des Querschnittes, ohne dass sich dabei der histologische Charakter des Nerven ändert. Der unmessbar feine Querschnitt des Axencylinders in einem Endästchen liegt bereits nahe an der Grenze der Sichtbarkeit, die starke Diffraction an den Rändern des punktförmigen Querschnittes gestattet keine exacte Ausmessung mehr, hier ist also ein vertrauenerweckendes Ergebniss nicht wohl zu gewinnen. Nimmt man die Stielansätze, so gelingt es eher zu einer Zahl zu kommen, da die Messung möglich und durch Rotiren

---

[1] Der ausgefallene Axencylinder wurde nach einem gleich starken Ast gemessen. Von den beiden entsprechenden Querschnitten wurde stets derjenige benutzt, welcher den klarsten Umriss darbot.

[2] A. a. O. S. 7.

unter dem Mikroskop auch die Gestalt des Querschnittes als eine wesentlich kreisförmige festgestellt werden kann. Wird die obige Zahl, 0.003 mm, als Durchschnittswerth der Dicke festgehalten, so ergiebt sich ein Flächenmaass des Querschnittes von etwa 6.5 □ μ. Sicher ist, dass jede elektrische Scheibe einen solchen Nervenansatz erhält; beträgt also, wie oben theils durch Zählung theils durch Schätzung festgestellt wurde, die Gesammtzahl der elektrischen Scheiben in einem Fisch 2 171 252, so bekommt man eine Summe der Querschnitte sämmtlicher Nervenansätze von 14 113 138 □ μ oder abgekürzt **14.113** □ mm.

Da der Flächeninhalt des Axencylinders in der Stammfaser nur 40.7 151 □ μ beträgt, so wäre im gegebenen Falle durch die Theilungen und die Endanschwellung der Flächeninhalt des Axencylinders im Verlauf vom Centrum zum Organ um das 346 760fache gestiegen.

Dieser ungeheueren Zahl gegenüber, welche zwar auf Genauigkeit keinen Anspruch macht, in ihrer allgemeinen Bedeutung aber sichergestellt scheint, wird es schwer an einem direkten Zusammenhang vorgebildeter histologischer Elemente im Axencylinder, die vom Centrum zur Peripherie reichen, fest zu halten; doch möchte ich diese Anschauung gleichwohl nicht gänzlich fallen lassen; jede in dem Stamm enthaltene Fibrille derselben muss aber einen Grad der Feinheit besitzen, der sie gänzlich unserer Beobachtung entzieht, und damit stände auch die Feinheit der Endästchen, in welchen die unmessbar feinen Fibrillen immer noch durch eine Zwischensubstanz vereinigt sein könnten, in gewisser Uebereinstimmung. Auf Rechnung dieser Zwischensubstanz könnte vielleicht die Vermehrung des Querschnittes an den Theilungen hauptsächlich zu setzen sein, während der plötzliche starke Zuwachs an den Stielansätzen bei der ersichtlichen Veränderung des histologischen Charakters nicht mehr so wunderbar erscheint.

Da an mancherlei Axencylindern, wie z. B. an den breiten, bandförmigen der motorischen Trigeminuswurzeln bei Selachiern, an den neuerdings von mir beschriebenen Colossalfasern des *Lophius*[1], von Hrn. RANVIER[2] auch an den elektrischen Nerven der Organplatten bei Torpedo, von Hrn. KUPFFER[3] am *Ischiadicus* von Fröschen und Säugern und vielen Anderen fibrillärer Bau constatirt ist, so darf man an demselben wohl im Princip festhalten und ihn auch da annehmen, wo die Feinheit der Elemente die directe Beobachtung vereitelt. So verhält es sich thatsächlich bei *Malopterurus*, wo weder im Querschnitt noch im Längsschnitt des Axencylinders selbst die stärksten Immersionssysteme eine Andeutung fibrillären Baues erkennen liessen.

An den Balsampräparaten, die mit Carmin imbibirt wurden, sieht man bei erheblicherer Dicke desselben eine stärker brechende Randzone der Substanz sich von der inneren Masse unterscheiden; da sie im Uebrigen das gleiche Ansehen darbietet wie die letztere, sich in gleicher Weise imbibirt, und scharfe Abgrenzung zwischen beiden nicht vorhanden ist, so möchte ich in der beschriebenen Erscheinung nur ein Coagulationsphaenomen erblicken, welchem besondere Structurverhältnisse nicht zu Grunde liegen dürften.

Dass sich der Axencylinder bei der Gerinnung so regelmässig zu formiren pflegt, war mir auffallend, weil der centrale Ursprung ein ungleiches Verhalten vermuthen liess.

---

g. Der Ursprung der elektrischen Nerven aus den Riesen-Ganglienzellen.

Als ich nach Aegypten ging, um die Organisation des *Malopterurus* zu studiren, war mir die Untersuchung der nur von einem Autor gesehenen, nach ihm nie wieder beachteten beiden Riesenganglienzellen, aus denen die elektrischen Nerven jederseits entspringen sollten, eine Lieblingsaufgabe. Handelte es sich dabei doch um ein Object von räthselhafter Natur, welches durch seine, in ihrer Art einzigen Dimensionen die Hoffnung erweckte, bei eingehender Behandlung mancherlei Aufschlüsse über allgemeine Fragen, denen ich seit mehr als zwanzig Jahren meine Aufmerksamkeit gewidmet hatte, zu gewähren. Es kam hinzu, dass eine ruhige, objective Betrachtung der von BILHARZ[4] gegebenen Figur und Beschreibung ganz unvermeidlich die Kritik herausforderte und die Ueberzeugung erweckte: So kann der histologische Bau der Riesenganglienzelle unmöglich sein! Man vergleiche nur die unverständliche, einem sogenannten Igelkolben ähnliche Anordnung des Ganzen,

[1] Ueber den Angelapparat des Lophius piscatorius. Sitzungsberichte der Königl. Akad. d. Wissenschaften. 1884.
[2] Technisches Lehrbuch d. Histologie. S. 729.
[3] Ueber den Axencylinder markhaltiger Nervenfasern. Sitzungsber. d. k. bayer. Akad. d. Wiss. 1883. Heft III.
[4] A. a. O. Taf. III. Fig. 11.

den zart gezeichneten, vermuthlich für den Kern gemeinten Kreis im Inneren und den unregelmässigen, weissen Fleck in letzterem.

BILHARZ selbst bedauerte über die zahlreichen Fortsätze der Ganglienzelle Auskunft nicht erlangen zu können, hatte aber wenigstens einen, den Axencylinderfortsatz, wie er sich mit gewisser Befriedigung äussert, mit Sicherheit verfolgt.

Die Hoffnung auf die Untersuchung dieses hochinteressanten histologischen Objectes hat mich nicht betrogen; bereits in Aegypten selbst konnte ich sie genügend klar legen, und ein Blick in das Mikroskop überzeugte mich, dass BILHARZ den einen (Axencylinder-) Fortsatz, den er glaubte verfolgt zu haben, falsch verfolgt hat. Sein unbestrittenes Verdienst bleibt es, zuerst die beiden Ganglienzellen gesehen und ihre Lage bestimmt zu haben, was bei der ihm damals zu Gebote stehenden Technik keineswegs so einfach war; dieselbe machte es fast unmöglich über die Einzelheiten des Baues vollkommene Klarheit zu erlangen.

BILHARZ' Angaben leiteten bei der Präparation meine Hand, und obwohl die vervollkommnete Technik der Neuzeit viel Erleichterungen bot, hatte auch ich erst mancherlei üble Erfahrungen zu machen, bevor die wichtigsten Thatsachen festgelegt waren. Er gab an, dass die elektrische Faser an der Zelle als Axencylinderfortsatz entspringend, in gerader Richtung nach abwärts vordränge, um das Rückenmark neben der vorderen Längsplatte zu verlassen. Sagittale Schnittserien des Rückenmarks mussten also mit Sicherheit die Zelle und den Nervenursprung enthüllen. Es galt solche mittelst des Mikrotoms herzustellen, wobei das fibröse Gewebe gerade an der Austrittsstelle des elektrischen Nerven nicht unerhebliche Schwierigkeiten macht.

Diese Schnittrichtung bietet auch die Ganglienzellen in ihrer grössten Ausdehnung dar, weil dieselben nicht, wie BILHARZ angiebt, rund, sondern vielmehr linsenförmig gestaltet sind; der Hauptdurchmesser, also der Aequator der Linse, liegt in sagittaler Richtung. Durch einen Transversalschnitt (Horizontalschnitt bei natürlicher Stellung des Fisches) enthüllt sich der kleinere Durchmesser, die Axe der Linse, und zwar erlaubt die symmetrische Anordnung beider Zellen sie in einem Schnitt zu treffen.

Einen solchen stellt die Fig. 18 auf Taf. V dar, wo man die Symmetrie in sofern unvollkommen nennen muss, weil die rechte Ganglienzelle etwas mehr nach vorn gerückt ist, als die linke. Die aequatorialen Durchmesser der beiden Zellen betragen bis 0.21 mm, die axialen ungefähr die Hälfte. Die eigenthümlich unregelmässige Gestalt der Zellen macht die Bestimmung der Grösse etwas willkürlich, da die allseitig, dem Körper mit breiter Basis aufsitzenden Protoplasmafortsätze die Grenze desselben zweifelhaft machen.

Dagegen erkennt man im Innern des feinkörnigen, aber kräftigen Zellprotoplasmas einen prachtvollen, bläschenförmigen Kern von ovalem Umriss. An gut conservirtem Material ist der Umriss des Kernes absolut regelmässig, das Ellipsoid ebenso wie die Zellen selbst abgeplattet. Der sagittale Rückenmarkschnitt zeigt auch den Kern in seiner vollen Ausdehnung, der grosse Durchmesser erreicht die Grösse von 0.06, der kleine hat etwa 0.04 mm. Das netzförmige Gerüst, welches ihn durchsetzt, fliesst am Rande zu einem Kernmantel zusammen, und hier lagert sich auch das solide, rundliche Kernkörperchen an, nachdem es vermuthlich durch den lockeren Theil des Gerüstes abwärts gesunken ist. In dem Kernkörperchen fällt wiederum eine hellaufleuchtende, rundliche Figur auf, welche ich nach Analogie der Kernkörperchen in den Riesenganglien des *Lophius* als einen bei der Gerinnung entstandenen Hohlraum auffasse. (Grösse des Kernkörperchens 0.01 mm.)

Der Umriss des Kernes erscheint doppelt, so dass der Eindruck einer besondern Kernmembran als Verdickungsschicht des Mantels entsteht; das Bild kommt indessen nachweislich so zu Stande, dass die Substanz der Zelle selbst sich gegen den Kern fester abschliesst und so eine optisch verschiedene Schicht entsteht. Trifft der Schnitt durch das Organ den Kern, so kommt es vor, vermuthlich veranlasst durch ungenügende Messerschärfe, dass der bläschenförmige Kern seine Anlagerung an das Zellprotoplasma verlässt, sich zusammenfaltet, der von ihm früher aber eingenommene Raum in voller Regelmässigkeit erhalten bleibt: ein Beweis, in welch solide Gerinnungsform der Ganglienkörper übergegangen ist.

Die erhebliche Grösse und Schnittfähigkeit der Ganglienzelle gestattet es ohne besondere Schwierigkeit bis zu zehn mikroskopische Schnitte desselben Exemplares anzufertigen und der Untersuchung mit starken mikroskopischen Systemen zugänglich zu machen. Leider gilt hier dasselbe, was schon vom *Nervus electricus* gesagt wurde, eine feinere Anordnung des Protoplasmas ist nicht zu bemerken, es ist nicht fibrillär, sondern fein und dicht granulirt, ohne Einlagerung von Pigment.

Der Zellleib rundet sich gegen die Nachbarschaft nirgends mit einem geschlossenen Umriss ab, sondern verlängert sich allseitig in mächtige Protoplasmafortsätze. Das Verhalten dieser Fortsätze ist höchst merkwürdig und verspricht weitere Aufschlüsse über die Entstehungsweise gewisser Nerven darzubieten. Es gewährt dem

Beschauer einen überraschenden Anblick zu sehen, wie die alsbald verzweigten Protoplasmafortsätze sich in ganz bestimmter Weise krümmen, um etwa im Abstand des mittleren Durchmessers der Zelle um dieselbe ein lockeres Geflecht zu bilden, welches sich aber nach einer Seite, der abwärts gewendeten, dichter schliesst als im übrigen Umfang.

Hier bildet sich in dem bezeichneten Abstand von dem Zellleib durch Verschmelzung der benachbarten Fortsätze eine Art von durchlöcherter Platte, die ich die Fussplatte des elektrischen Nerven nenne; denn von ihr entspringt mit breiter Basis der Axencylinder dieses Nerven.

Während also die Ganglienzellen des elektrischen Lappens von *Torpedo*, sowie diejenigen des Rückenmarkes von *Gymnotus*[1] mit herrlichen DEITERS'schen Fortsätzen ausgestattet sind, so dass sie sich ganz besonders zu solchen Demonstrationen eignen, verleugnet auch in dieser Beziehung der *Malopterurus* den motorischen Charakter seines Organs und zwingt uns, dasselbe wo anders unterzubringen.

An sensitiven ebensowenig wie an den als wahrscheinlich anzunehmenden, aber nicht bestimmt zu bezeichnenden secretorischen Zellen des Rückenmarkes hat bisher Jemand einen Axencylinderfortsatz mit Sicherheit nachzuweisen vermocht.

Nachdem nunmehr im vorliegenden Fall die Entstehung einer geschlossen verlaufenden Nervenfaser aus verschmelzenden Protoplasmafortsätzen ausser Zweifel gesetzt ist, darf man mit grösster Wahrscheinlichkeit annehmen, dass überall da, wo Axencylinderfortsätze den Ganglienzellen mangeln, ihre Betheiligung am Aufbau von Nervenfasern durch die gewöhnlichen Fortsätze vermittelt wird, die sich in grösseren oder geringeren Abständen von der Mutterzelle unter einander, vielleicht auch mit benachbarten vereinigen.

Die Daten häufen sich mehr und mehr, welche es ermöglichen werden, aus der vergleichenden Histologie die allgemeinen Grundsätze für diese gerade beim Menschen und den höheren Wirbelthieren so schwierig zu beantwortenden Fragen zu entwickeln. In späteren Abtheilungen dieser Publikation, wenn auch hinsichtlich der anderen elektrischen Fische die analogen Verhältnisse erörtert sind, dürfte es von Vortheil sein, nochmals auf diesen Gegenstand zurückzukommen.

Nur auf eine eigenthümliche Uebereinstimmung möchte ich mit Rücksicht auf das, was ich zu beweisen unternommen habe, nämlich dass beim *Malopterurus* das elektrische Organ kein muskuläres, sondern ein adenoides ist, schon jetzt hinweisen, ohne in die Erörterung derselben weiter einzugehen. Es betrifft das Verhalten der *Chorda tympani*, welche mit dem motorischen *N. facialis* austritt, um in einen *Trigeminus*-Ast überzugehen und in einer Drüse zu endigen. So verlässt die elektrische Nervenfaser das Rückenmark mit motorischen Nerven und schliesst sich *Trigeminus*-Aesten an, um zum elektrischen Organ (einem umgewandelten drüsigen Organ) zu verlaufen.

Das Verhalten der Fussplatte des elektrischen Nerven schien mir so wichtig, dass ich Gelegenheit nahm ausser den durch Vollständigkeit des Ueberblickes ausgezeichneten Abbildungen der beiden Ganglienzellen desselben Rückenmarkes, wie sie Fig. 16 und 17 der Taf. V darstellen, auch noch einen Durchschnitt abzubilden (Fig. 19), wo die Fussplatte im Querschnitte mit dem Stumpf des Axencylinders, der Zellleib selbst aber wegen der Dünne des Schnittes davon fast gänzlich isolirt in einem Hohlraum zu schweben scheint, gestützt durch einzelne Protoplasmafortsätze, die zur Platte hinüberlaufen.

Natürlich ist hier in Wirklichkeit ein eigentlicher Hohlraum nicht vorhanden, sondern die Maschen zwischen den Fortsätzen sind ausgefüllt durch lockeres Gewebe, in welchem Blutcapillaren den vorwiegenden Bestandtheil bilden, seltener sieht man breite Markfasern, doch kommen auch solche und zwar theils einzeln, theils in Gruppen geordnet darin vor (vergl. Fig. 16 unten rechts und links bei „*m*").

Dies Umschliessen eines fremden, parablastischen Gewebes durch nervöse Substanz erscheint auf den ersten Blick auffällig, doch wenn man bedenkt, wie die Gefässe des Embryo unter Sprossung wachsen, die Ganglienzellen aber sich erst spät differenziren und Fortsätze aussenden, verliert die Beobachtung das Wunderbare; festzuhalten ist nur, was mir jetzt über jeden Zweifel erhaben scheint, dass Protoplasmafortsätze untereinander verschmelzen können. Die gewiss für den nothwendigen Stoffwechsel höchst bedeutungsvolle Anhäufung von Gefässen um den Zellleib ist, wie ich an anderer Stelle[2] gezeigt habe, den Ganglienzellen des *Lophius* noch in höherem Maasse eigen.

---

[1] Die Axencylinderfortsätze der Ganglienzellen im mittleren Theil des *Gymnotus*-Rückenmarkes verlaufen so gestreckt, dass man an ihnen mit grosser Leichtigkeit das allgemein angenommene aber sonst schwierig zu demonstrirende Eintreten der Axencylinderfortsätze in der vorderen Wurzel von der Zelle an nachweisen kann. Das genannte Object möge zu diesem Zweck empfohlen sein.

[2] Ueber einige bemerkenswerthe Elemente des Centralnervensystems bei Lophius piscatorius. Arch. f. mikroskopische Anatomie 1886.

Der aus der Fussplatte hervorgehende Axencylinder hat anfänglich noch nicht den regelmässigen Umriss, welcher ihm im peripherischen Verlauf eigen ist, sondern er ist etwas abgeplattet, die Oberfläche zeigt unregelmässige flache Furchen, als wäre eine halbweiche Substanz durch die Behandlung zur theilweisen Schrumpfung gebracht. Dies ist thatsächlich wohl auch der Fall und nur zu verwundern, dass sich in der Peripherie nicht dasselbe Bild darbietet. Der Nerv ist in der Substanz des Rückenmarks offenbar noch im Werden, er liegt ausserdem so geschützt, dass eine gleich feste Organisation wie jenseits des Austrittes nicht erforderlich scheint, und er ja auch der einzelnen Hüllen noch entbehrt, zu denen sich das Material gleichwohl schon im Rückenmark um ihn zu sammeln beginnt. Dies gilt vor allen Dingen von der Markscheide, indem sich sogar eine reichlichere Quantität an Fettmark alsbald unterhalb der Fussplatte dem Axencylinder anschliesst und ihn ohne Unterbrechung durch die Austrittsstelle begleitet, als ihm im späteren Verlauf eigen ist. Besonders lassen die Horizontalschnitte des Rückenmarks unterhalb des Ursprungs die quergeschnittenen Axencylinder neben einander mit ihrer Markumhüllung, die BILHARZ zu Unrecht geleugnet hat, deutlich erkennen; es fehlten ihm eben die maassgebenden, genügend aufgehellten Schnitte, um das Verhältniss richtig zu deuten.

Die Markscheide ist auch natürlich noch nicht wie an den anderen Rückenmarkfasern durch eine bindegewebige Scheide abgeschlossen, sondern nur durch netzförmige Neuroglia. Letztere zeigt aber auch schon eine Anordnung, welche die Beziehung zu dem austretenden Nerven deutlich erkennen lässt. Die Gliafasern bilden ungewöhnlich mächtige, garbenähnliche Bündel, die in ihrer Hauptrichtung der Rückenmarkperipherie am unteren Umfang zustreben und hier mit der soliden *Pia* an der Austrittstelle verschmelzen. Das im ganzen Aufbau des Nerven so deutlich ausgeprägte Princip, den Axencylinder vor jeder mechanischen Reizung, besonders Zerrung möglichst zu schützen, wird somit bis zum Ursprung selbst gewahrt; denn auch die auf den Gliafaserbündeln auflagernde, ausgedehnte Fussplatte mit dem breiten Ansatz des Axencylinders lässt sich in gleicher Weise deuten.

Wie bereits erwähnt ist auch ausserhalb des Rückenmarks der Wirbelkanal selbst mit fibrösem Gewebe so erfüllt, dass eine ausserordentliche feste Einbettung der Nerven erfolgt.

BILHARZ' Beschreibung und Abbildungen lassen von alledem wenig oder Nichts erkennen, vielmehr würde die zarte elektrische Nervenfaser, als Axencylinderfortsatz von der durch die anderen Fortsätze sicher fixirten Zelle entspringend, bei ihrem Verlauf zur Austrittsstelle unzweifelhaft erheblich gefährdet sein, wenn seine Angaben darüber auf Correctheit Anspruch machen könnten. Ich kann nicht umhin zu betonen, dass gerade dieses so wichtige Kapitel zu den am wenigsten glücklich behandelten in der klassischen Arbeit des genannten Autors gehört.

Wir erfahren durch denselben auch kein Wort über die sonstigen histologischen Verhältnisse des Rückenmarkes oder Gehirnes, welches unsere Aufmerksamkeit gewiss auch verdient. Ein Punkt scheint mir dabei wiederum von allgemeiner Bedeutung zu sein, nämlich das Verhalten der Commissuren.

Die queren Commissuren, welche das ganze Centralnervensystem der Thiere durchsetzen, sind bei der dichten Anordnung, dem geringen Kaliber der Fasern und deren schwacher Imbibitionsfähigkeit bekanntlich eine besondere Plage für den Neurohistologen. Obwohl man ganz allgemein annimmt, dass ihre Bestimmung wenigstens hauptsächlich darauf gerichtet ist, identische Theile beider Seiten mit einander in Beziehung zu setzen, so erscheint es fast aussichtslos, durch Präparationen den Faserverlauf im Einzelnen jemals klar zu legen.

Von diesem Gesichtspunkt ausgehend, war es mir bemerkenswerth zu beobachten, dass im *Malopterurus*-Rückenmark unmittelbar um die beiden Riesenganglienzellen sich mächtige Bündel von Commissurfasern entwickeln, welche der Nachbarschaft durchaus fehlen; wie Fig. 18 auf Taf. V zeigt, reicht vielmehr die vordere Längsspalte des Rückenmarks bis hart an das Gebiet der Ganglienzellen heran, wo sie durch die Commissuren eine plötzliche Unterbrechung erleidet.

Der Schluss, dass diese lokale, an die Ganglienzellen gebundene Entwickelung der Commissuren zu diesen selbst eine directe, innige Beziehung hat und sicherlich Verzweigungen der reich verästelten Protoplasmafortsätze in sie eintreten, dürfte wohl nicht von der Hand zu weisen sein.

Sie würden für die gleichmässige, gleichzeitige Wirkung des elektrischen Apparates auf beiden Seiten des Körpers hülfreich eintreten und den einseitig gegebenen Anstoss zur Entladung des Organs schon reflectorisch verbreiten können. Da das Schlagen aber vom Willen des Thieres abhängig ist, so müssen auch Verbindungen mit höheren und höchsten Centren im Gehirn bestehen, und dazu wird ein anderer Theil der Protoplasmafortsätze an den Ganglienzellen dienen.

Wenn diese nicht die Ursprungsstätten, sondern nur die Durchgangsstellen des Nervenimpulses sind, so erscheint es verständlicher, warum beim *Malopterurus* zwei Zellen zu leisten vermögen, was bei den anderen elektrischen Fischen einer grossen Anzahl von Zellen übertragen ist. Die beiden *Malopte-*

rurus-Zellen ersetzen durch die Vielheit ihrer Verbindungen, was die wenig verästelten, aber zahlreichen *Gymnotus*- und *Torpedo*-Zellen durch die Vielheit ihrer Anzahl erreichen.

Die Hauptschwierigkeit bleibt alsdann, dass eine einzelne, keineswegs besonders starke Nervenfaser allein die Fortleitung mit so bedeutendem Effekt bewirken kann, ein Punkt auf den an dieser Stelle nicht weiter eingegangen werden soll, da es nothwendig ist auch die anderen Elektriker, *Mormyrus* mit inbegriffen, zur Vergleichung herbei zu ziehen.

Durchsucht man die Rückenmarkschnittte in der Nachbarschaft der Riesenganglienzellen, so finden sich noch mehrere Zellen von erheblicher Grösse, wie sie dem Fischrückenmark im Allgemeinen nicht eigen sind. Die grössten dürften etwa die Hälfte des Durchmessers erlangen, wie ihn jene haben, und es könnte auf den ersten Blick verlockend erscheinen, in ihnen verwandte, nur weniger vollkommen ausgebildete Elemente zu sehen. Eine nähere Untersuchung zeigt sofort die Unhaltbarkeit einer solchen Auffassung, da diese Zellen mit wenigen, nicht schon in der Nähe verschmelzenden Protoplasmafortsätzen und einem deutlichen Axencylinderfortsatz versehen sind. Natürlich setzt der Verlauf desselben zu vorderen Wurzeln, die Nerven auch nirgends in Beziehung zur elektrischen Faser. Es sind dies also Zellen von motorischem Charakter, in deren Nachbarschaft sich die besonders geartete Riesin eingenistet hat, welche nur wenig mehr nach oben (hinten) gelagert ist.

Die mangelhafte Ausbildung der grauen Substanz des Rückenmarkes überhaupt, zumal das Fehlen eines eigentlichen Hinterhornes erlaubt nicht die Lagerung der Zellen zu Centren höherer Wirbelthiere in eine sichere Beziehung zu setzen.

Die grosse Zahl der wohlausgebildeten Ganglienzellen erinnert an das gleiche Verhalten bei dem stammverwandten gemeinen Wels[1] dessen Gehirn auch dem Zitterwelsgehirn recht ähnlich ist. Die mikroskopische Untersuchung desselben hat Neues bisher nicht ergeben, doch möchte ich die Hoffnung nicht aufgeben, bei der Vergleichung sorgfältig angefertigter Schnittserien auch hierin noch Unterschiede aufzufinden, welche gerade im Hinblick auf den sonst so gleichartig gebildeten gemeinen Wels lehrreich für das Verständniss der elektrischen Function werden könnten; augenblicklich fehlt es dazu noch an dem erforderlichen Material und hinreichender Musse. Besonders günstig wäre dabei gleichzeitig die Anatomie des *Gymnotus*-Gehirns in Rechnung zu stellen, welcher Fisch, wie oben erwähnt, manche Aehnlichkeiten des Gehirnbaues mit *Malopterurus* aufweist, die selbst dem *Silurus* abgehen.

— — —

h. Zur Histologie der Geschlechtsorgane.

Die Anregung, welche durch die Aufdeckung so mancher interessanten Thatsachen in dem Gebiete der Eientwickelung und Befruchtung neuerdings gegeben wurde, hat der gemeinsamen Arbeit viele frische Kräfte zugeführt. Mit einer Resignation, welche, wie ich bekenne, für mich etwas Betrübendes hat, verweise ich an dieser Stelle nochmals darauf, wie dringend wünschenswerth es ist, dass meine Nachfolger die früher gänzlich vernachlässigten Geschlechtsorgane des Zitterwelses mehr in den Bereich der Untersuchung bringen.

Ich setzte es als sicher voraus, einen scheinbar so leicht zu bewältigenden Gegenstand, die histologische Beschaffenheit der Geschlechtsorgane des Zitterwelses in den verschiedenen Jahreszeiten und Altersstufen bei dieser Zeit zu einem vorläufigen Abschluss gebracht zu haben; die Hoffnung ist zu Schanden geworden, weil die mir fest versprochenen Materialzusendungen unter dem Druck der schwierigen, politischen Verhältnisse gänzlich ausgeblieben sind.

Dennoch will ich den Gegenstand nicht verlassen, ohne wenigstens die Notizen zu geben, welche das in dieser Beziehung dürftige Material augenblicklich zu geben erlaubt.

Die makroskopische Anordnung der Genitalien wurde bereits oben besprochen und auf Fig 1 der Taf. I die Abbildung der männlichen Organe gegeben, während die Durchschnitte (Fig. 13 auf Taf. IV) weibliche Geschlechtsdrüsen darstellen.

Die in den schlauchförmigen Ovarien wandständig sitzenden Eier zeigten zu meiner Ueberraschung, obwohl das Präparat einem nur 12.3 cm langen Fisch entnommen war, eine auffallend weit vorgeschrittene Bildung. Nach dem mikroskopischen Befund konnte man kaum Anstand nehmen, sie als Eierstockseier in beginnender Reife anzusprechen.

[1] Zitteraal, Fig. 5, Taf. IV.

Wir wissen nun freilich, dass gerade die Produkte der Geschlechtsdrüsen häufig auffallend lange auf demselben Stadium der Entwickelung verharren, und so mag es auch hier der Fall sein. Vergleicht man aber mit dem soeben bezeichneten Befund die entsprechende Bildung voll erwachsener Fische, so ist man überrascht, nicht nur keinen Fortschritt, sondern durch reichliche Fetteinlagerung zwischen den Eiern, und unvollkommene, wenig widerstandsfähige Gestalt der Eier selbst eher einen Rückschritt zu constatiren.

In dem Kapitel über die biologischen Verhältnisse des Thieres wurde die Ausbildung der Genitalien mit Rücksicht auf die muthmaassliche Laichzeit bereits in Betracht gezogen; offenbar muss man den unter den Fischern sehr verbreiteten Glauben, den ich selbst eine Zeit lang theilte, nur ganz grosse Fische gelangten zur Fortpflanzung, solchen Beobachtungen gegenüber wohl fallen lassen. Dagegen spricht auch der Befund an dem so lange Zeit im Institut lebend erhaltenen Fische, dessen oben gedacht wurde, weil derselbe trotz mässiger Grösse bereits geschlechtlich so voll entwickelt war, dass er muthmaasslich durch die Störung des Laichgeschäftes zu Grunde ging. In den hohlen Eierstöcken dieses Zitterwelses springen die reifsten Eier traubig gruppirt, von lockerem Stroma zusammengehalten gegen das Lumen des Organs vor und haben wohl ihre volle Grösse bereits erreicht (bis 2.5 mm Durchmesser, am Spiritusexemplar gemessen[1]).

Dieselben sind von tiefgelbem Dotter strotzend erfüllt und von einer Dotterhaut umgeben, welche in Aufsicht unregelmässig gefasert, im optischen Querschnitt (Dicke 0.003 mm) daher punktirt erscheint. Besondere Structurverhältnisse lassen sich an dem Spiritus-Material nicht mehr nachweisen. Zwischen den reifenden Eiern sind noch massenhaft ganz junge Eizellen anzutreffen, von 0.1 mm und darunter in allen Grössen bis zu den entwickeltsten; bei einem Ei von 0.12 mm betrug die Grösse des Keimbläschens 0.04 mm.

Fortlaufende Untersuchungen hätten festzustellen, ob die beobachtete Entwickelung der vollen Reife wirklich entsprach, in welchem Monat sie im Freien eintritt und wann die Ovarien die Beendigung des Laichgeschäftes erkennen lassen?

Die Untersuchung des männlichen Geschlechtes würde dabei stets hülfreich zu statten kommen. Sind die Weibchen wenig entwickelt, so zeigen sich die Männchen gar vollkommen unentwickelt. Die Fig. 1 der Taf. I bietet das makroskopische Bild der unentwickelten, bandförmigen Hoden, die mikroskopische Untersuchung enthüllt kaum mehr als dieses Bild.

Obgleich sehr platt geformt, stellen auch die Hoden Schläuche dar; das die äussere Umhüllung bildende fibröse Gewebe trägt nach innen vorspringende, unvollständige Fachwände und Balken, wodurch kanalartige Crypten und Nischen abgegrenzt werden. In ihnen lagern rundliche oder unregelmässig vieleckige Zellkörper von geringer Grösse mit solidem, relativ grossem Kern in dichten Gruppen zusammen; nach dem Innern des Schlauches zu wird das Gewebe immer lockerer.

Es unterliegt keinem Zweifel, dass aus diesen zelligen Elementen zur betreffenden Zeit Samenkörperchen werden sollen; eine bestimmte Phase der Entwickelung lässt sich an ihnen aber nicht sicher feststellen, obwohl das Material sogar einem über Mittelgrösse zeigenden Fisch entstammt. Offenbar herrschte zur Zeit vollste Ruhe in dem Geschlechtsorgane, oder es war sogar die auf eine Geschlechtsperiode folgende partielle Rückbildung vorhanden, wie ich es auch von den meisten der mir zugegangenen weiblichen Exemplare vermuthen möchte.

Die zelligen Elemente der Hoden sind also Stammzellen und Follikelzellen anderer Hoden analog, höchstens dass hier und da sich eine unsichere Gruppe der zur Spermatozoen-Bildung bestimmten Tochterzellen dazwischen mischt; zur Differenzirung von Stammzellen und Follikelzellen wird es wohl hier wie bei anderen Fischen auch gar nicht kommen.

Ist die Geschlechtsperiode im Gange, so muss auch bei den Männchen selbst die makroskopische Betrachtung schon ein anderes Bild geben, obwohl wir nicht die Massenhaftigkeit des Hodens eines Karpfen oder Härings erwarten dürfen, da ja bei den genannten, wie bei den meisten anderen Fischen die männlichen Geschlechtsdrüsen kaum jemals in einem so niedrigen Entwickelungszustand gefunden werden, als es beim *Malopterurus* die Regel ist.

Ich habe daher die Ueberzeugung gewonnen, dass hier noch ein besonderes Räthsel vorliegt, dessen Lösung ich vergeblich anstrebte, so sehnlich ich auch nach der Lösung verlangte, die jedenfalls einen erheblichen Fortschritt zur Enthüllung der Entwickelungsverhältnisse des Fisches überhaupt im Gefolge haben dürfte.

Möchten meine Nachfolger darin glücklicher sein und der Wissenschaft diesen Dienst leisten, dessen Werth ich selbst gewiss zu schätzen wissen würde.

[1] Die oben Seite 5 angegebene Grösse von 2 mm war an den oberflächlicher liegenden Eiern festgestellt worden.

Auch die anderen Organe des Fisches, besonders die doppelte bis zum After reichende Schwimmblase mit ihrer kalkig inkrustirten, äusseren Umhüllung und der eigenthümlichen Gliederung, die Harnblase und die bis zum Kopf vordringenden Nieren sind hochinteressant und verdienten eine eingehendere Würdigung, während das Skelet schon von Bilharz mit einer besonderen Liebe und Sorgfalt untersucht wurde.

Ich muss es mir indessen, im Hinblick auf die zwingende Nothwendigkeit in dem unerschöpflichen Gebiet endlich wenigstens einen vorläufigen Abschluss zu erreichen, wohl versagen in Einzelheiten weiter einzudringen. Hat die noch lückenhafte Untersuchung einer einzigen Species doch schon mehr Umfang erreicht und Musse in Anspruch genommen, als irgend vermuthet wurde!

Ich schliesse daher diese erste Abtheilung mit der Bitte an den Leser, seine Ansprüche an den Inhalt nicht nach der zur Herstellung verwandten Zeit zu bemessen, sondern mit Rücksicht auf die mannigfachen, ganz besonderen Schwierigkeiten des Gegenstandes und den Wunsch des Autors, den zweiten Theil, die *Torpedineen*, möglichst bald folgen zu lassen, die Lückenhaftigkeit nachsichtig zu beurtheilen.

Uebersicht der Ergebnisse.

1. Das elektrische Organ des Zitterwelses gehört zum Hautsystem des Thieres. Die elektrischen Scheiben charakterisiren sich histologisch als elektrische Riesenzellen und sind mit grosser Wahrscheinlichkeit von embryonalen Zellkörpern der Haut herzuleiten, welche drüsige Natur zeigten. Es giebt nur ein elektrisches Organ des Welses, wie es nur eine Hautanlage giebt.

2. Die Anordnung der elektrischen Scheiben in der Haut, welche der Regel nach eine transversale Stellung einhalten und einen nach dem Schwanzende gerichteten Nerzenansatz tragen, erleidet gegen die Endigung des Organs zu eine Einbusse, indem hier auch den Oberflächen der Haut parallele und widersinnig gestellte Scheiben vorkommen.

3. An den Organenden tritt an Stelle des elektrischen Gewebes das sogenannte indifferente Gewebe, welches in der Hautanlage das erstere ersetzt und sich histologisch als taubes, d. h. nicht mit elektrischen Riesenzellen durchsetztes Gewebe, darstellt. Die scheinbar dicht geschlossenen sehnigen Grenzen sind nicht scharf; sie tragen ebenso wie die medianen Theilungen zwischen beiden Organhälften einen secundären Charakter und entstehen wie die Fachwände zwischen den elektrischen Scheiben erst spät unter Zusammendrängung der benachbart verlaufenden Bindegewebsbündel.

4. Die Gesammtzahl der elektrischen Scheiben eines Fisches beträgt nach Zählung und Schätzung über 2 Millionen. In einer Reihe hintereinander vom Kopf bis zum Schwanzende lagern etwa 1600; in einem Querschnitt aus der Organdicke rund 3000; bei einem mittelgrossen Zitterwels enthält ein Cubikcentimeter Organ etwa 14000. Bei kleinen Fischen stehen in derselben Längeneinheit soviel mehr Scheiben im Vergleich mit grossen, als der geringeren Gesammtgrösse des Körpers entspricht. Die Scheiben rücken also beim Wachsthum des Thieres durch Wucherung und Vermehrung der Zwischensubstanz bei gleich bleibender Zahl auseinander (Gesetz der Praeformation der Elemente).

5. Die elektrischen Scheiben stehen ganz allgemein gegen das hintere Organende zu lockerer als vorn, und zwar beträgt das sich hinten ergebende Minus auf die Längeneinheit berechnet in runder Zahl etwa 20 Procent.

6. Das relative Organgewicht (Körpergewicht dividirt durch Organgewicht) beträgt durchschnittlich 3.106 oder, als Index berechnet (das Körpergewicht = 100 gesetzt) 34.769.

7. An den elektrischen Scheiben unterscheidet sich eine breite, festere Randzone von dem mehr schleimigen Inneren. In ersterer lagern die zahlreichen, häufig doppelten Kerne, welche von einem in Fortsätze auslaufenden Hof eines klaren Protoplasmas umgeben sind. Die Substanz der Randzone ist nach aussen zu in geperlte Stäbchen differenzirt, zwischen denen feine Porenkanäle übrig bleiben, die als Streifung des Randes gesehen werden.

An der Vorderseite der Scheiben ist diese Differenzirung schärfer ausgeprägt als an der hinteren; dagegen kommt es an letzterer leichter als vorn bei der Conservirung zur Ausscheidung von Tröpfchen oder Körnchen, die mit Kupferhaematoxylin stark färbbar sind. Das Innere lässt im frischen Zustande keinerlei Structur erkennen, im coagulirten Zustande aber ein unregelmässiges, sehr zartes, körniges Netzwerk wie geronnener Schleim.

8. Die elektrischen Scheiben sind von einer deutlichen cuticularen Membran umgeben, welche sich von der Vorderseite zuweilen in grösseren Fetzen abhebt und dann Eindrücke der vorher dagegen angelagerten Stäbchenenden erkennen lässt. An der Hinterseite ist die Membran zarter, fest anliegend und steht am sogenannten Krater der Scheibe mit dem reticulären Gewebe, welches die Höhlung um den Stielansatz ausfüllt, und mit der Scheide des Stieles selber in unmittelbarer Verbindung.

9. Ebenso verschmilzt die stielförmige Verlängerung der Scheibe mit dem an sie herantretenden Nervenfädchen unter Aufquellung des Axencylinders so vollständig, dass mit keinerlei Reagenz fernerhin eine Grenze festzustellen ist.

Durch diese absolute Vereinigung des Inhaltes sowohl wie der Scheiden charakterisirt sich das Ganze als eine richtige, celluläre Nervenendigung, in welcher das zellige Endorgan wie der Nervenansatz ihre Individualität haben in einander aufgehen lassen.

10. Nach Osmiumsäure-Einwirkung erkennt man im Stiel der Scheibe gelegentlich die Andeutung fibrillärer Streifung.

11. Ein durch Osmium zu schwärzendes Fettmark pflegt die Nervenfaser nicht bis an das Gebiet des Stieles zu begleiten, sondern meist nur bis an die letzten Theilungen. Die Substanz, welche den nun zu einer feinkörnigen Substanz aufquellenden Axencylinder innerhalb der Henle-Schwann'schen Scheide umgiebt, bleibt auch nach Osmium-Einwirkung hell.

12. In den feinsten, den Stielen zustrebenden Nervenfäserchen, wo der ausserordentlich dünne Axencylinder von einer spärlichen Markscheide umgeben ist, finden sich dicht gestellte Ranvier'sche Einschnürungen von gestreckter Gestalt mit meist kenntlichem „Renflement biconique" Ranvier.

13. Sowohl in den Aesten, wie im Stamm des elektrischen Nerven bildet der regelmässig gerundete Axencylinder, an dem fibrilläre Streifung nicht nachweisbar ist, den kleinsten Theil des Dickendurchmessers (etwa ein Hundertstel). Die grösste Masse des Nerven wird durch die Scheiden gebildet, von welchen die auf die Markscheide folgende innere reticuläres Gewebe zeigt und als Modification der Henle-Schwann'schen Scheide aufzufassen ist. Die dadurch abgegrenzte Nervenprimitivfaser wird von concentrischen Schichten scheidenbildenden gewöhnlichen Bindegewebes in grosser Zahl umgeben, zwischen denen auch Gefässe und Nerven verlaufen.

14. An den Theilungsstellen des elektrischen Nerven theilt sich zunächst die Primitivfaser und drängt sich in mannigfachen, vielfach rückläufigen Windungen durch die secundären Hüllen, die sich erst allmählich der Abzweigung anschliessen.

15. Der Axencylinder des elektrischen Nerven tritt, noch von der Markscheide begleitet, in das Rückenmark ein, wo er sich mit stark verbreiterter Basis an eine durchlöcherte Platte anfügt, welche durch Verschmelzung einer grossen Zahl von Protoplasmafortsätzen einer Riesenganglienzelle entsteht. Der eigentliche Zellkörper lagert innerhalb des Flechtwerkes dieser Fortsätze in beträchtlichem Abstand von dieser Fussplatte des elektrischen Nerven. Der Zwischenraum ist besonders durch Blutcapillaren, mit Gruppen von Markfasern untermischt, ausgefüllt.

16. Die beiden Ganglienzellen setzen sich in querer Richtung durch ein die Mittellinie überschreitendes mächtiges System von Commissurfasern in Verbindung.

17. Da der auch am Ursprung nur mässig dicke Axencylinder jede einzelne der nach Millionen zählenden elektrischen Scheiben zu versorgen hat, so muss die Summe der Querschnitte seiner Theilungen zunehmen. Die Messung ergiebt, dass schon bis zum Eintreten in das Organ die Summe der Axencylinderquerschnitte in den Hauptästen auf etwas über das Doppelte gestiegen ist. Im Organ muss die Zunahme an den verstärkten Nervenansätzen der Stiele enorm sein; die Schätzung ergiebt eine solche auf das etwa 346 000-fache des Ursprungs.

18. Der Zitterwels besitzt ein vollständiges Seitennervensystem, welches demjenigen der gewöhnlichen Siluroiden durchaus ähnlich ist. Der elektrische Nerv stellt einen bestimmten Theil des Systemes dar, welcher, meist vom Trigeminus stammend, auch bei den anderen Welsen dem Gebiet des Vagus zugewiesen ist.

19. Die Innervation der Seitenlinie wird nicht von abwärts ziehenden Dorsalnerven versorgt, sondern von einem Ast des vagalen Seitennerven, welcher hinter der Kiemenspalte zwischen dem elektrischen Organ und dem Corium sich zur Seitenlinie begiebt, der er nun bis in den Schwanzabschnitt folgt.

20. Die Seitenlinie ist mit eigenthümlichen Schornstein ähnlichen Communicationsröhren nach Aussen versehen; im Kanal derselben lagern sehr vollkommen entwickelte Sinnesorgane von complicirtem Bau. Im Epithel dieses Kanales sowie der zugehörigen Kopfkanäle finden sich sogenannte „Körnerzellen" von geringer Grösse eingestreut.

21. Die an zelligen Elementen sehr reiche Epidermis zeigt stark entwickelte Kolbenzellen mit Doppelkernen, welche als die Geschwisterkinder der elektrischen Riesenzellen betrachtet werden können. Sie zeigen drüsigen Charakter. Die Epidermisoberfläche wird durch zottenartige Verlängerungen des Coriums stellenweise erhoben, während sie zwischen den Zotten zu schlauchförmigen Vertiefungen einsinkt.

22. Die Geschlechtsdrüsen, zumal die des männlichen Geschlechtes, werden gewöhnlich sehr unentwickelt angetroffen. Die Gestalt der Cloake ist bei beiden Geschlechtern in bestimmter Weise unterschieden.

23. Parasiten finden sich beim Zitterwels nicht nur im Darm, sondern es dringen sich einkapselnde Rundwürmer selbst in das elektrische Organ ein.

Malopterurus electricus.

Tabelle I.

Messungen in Millimetern.

Wägungen in Grm. und Zehnteln.

Nr.	Länge	Dicke grösste	Dicke Lage d. gr. D.	Umfang hinter P.pect.	Umfang vor P.vent. P.anal.	Gewicht Körper	Gewicht Organ	I Lin. lat.	I Lin. dors.	I Lin. vent.	II Lin. lat.	II Lin. dors.	II Lin. vent.	III Lin. lat.	III Lin. dors.	III Lin. vent.	Geschlecht	Fangort	Bemerkungen
1	123	24.7	36.0	72.0	57.0	22.0	—	2.9	1.2	0.5	2.3	1.6	0.5	1.2	1.3	0.0	—	Nil	Spiritus-Exempl. Berlin 10. VIII. 81.
2	296	80.0	90.0	230.0	180.0	682.0	217.8	—	—	—	—	—	—	—	—	—	♀!	Bulak	Organgewicht annähernd weg. beginnender Alkoholwirk. 1. X.
3	320	88.0	102.0	232.0	200.0	652.0	302.0	9.7	3.5	4.0	8.0	3.2	3.3	3.9	0.0	0.0	♀!	Bulak	5. X.
4	111	23.2	—	77.0	73.0	31.0	9.8	3.2	1.2	1.0	5.0	1.3	1.1	2.0	1.3	—	♂	Nil bei Cairo	schlecht erhalten. Brustflossen fehlen. 16. X.
5	194	52.5	51.5	160.0	114.0	194.0	61.3	—	—	—	—	—	—	—	—	—	—	Nil bei Cairo	17. X.
6	331	85.0	102.0	240.0	187.0	771.0	267.0	7.8	3.2	4.5	5.4	4.8	4.2	4.3	2.3	2.0	♀	Nil bei Cairo	17. X.
7	229	59.0	70.0	184.0	145.0	323.0	85.0	—	—	—	—	—	—	—	—	—	♀	Nil bei Cairo	22. X.
8	201	52.0	69.0	158.0	113.0	200.0	63.0	—	—	—	—	—	—	—	—	—	♀	Nil bei Cairo	26. X.
9	204	55.0	69.0	162.0	116.0	231.0	81.0	—	—	—	—	—	—	—	—	—	♂	Nil bei Cairo	26. X.
10	193	48.0	51.0	138.0	108.0	177.0	60.0	—	—	—	—	—	—	—	—	—	♀	Nil bei Cairo	Harnblase rechts v. Mesocolon. 26. X.
11	185	56.0	69.0	150.0	117.0	184.0	62.5	—	—	—	—	—	—	—	—	—	♂	Nil bei Cairo	Harnblase links v. Mesocolon. 26. X.
12	229	69.0	78.0	190.0	159.0	310.0	122.0	6.5	1.0	2.0	4.0	2.0	2.8	1.5	4.0	3.5	♀	Bulak	Harnblase rechts v. Mesocolon. 27. X.
13	237	72.0	82.0	195.0	145.0	393.0	132.0	—	—	—	—	—	—	—	—	—	♀	Bulak	Harnblase rechts v. Mesocolon. 28. X.
14	217	60.0	83.0	170.0	128.0	291.0	104.0	7.2	2.0	2.1	6.4	2.2	1.0	4.2	3.5	1.5	♂	Bulak	Harnblase links v. Mesocolon. 28. X.
15	238	62.0	86.0	178.0	140.0	342.0	107.0	7.0	2.1	3.0	7.0	3.0	2.0	5.1	3.6	2.8	♀	Bulak	Harnblase rechts v. Mesocolon. 28. X.
16	182	54.0	60.0	147.0	105.0	171.0	56.0	5.9	2.0	2.1	5.6	2.0	1.6	3.1	2.5	1.2	♀	Bulak	Harnblase rechts v. Mesocolon. 28. X.
17	195	69.0	75.0	178.0	117.0	216.0	78.0	5.8	2.0	3.0	5.5	2.5	2.3	4.5	3.7	1.2	—	Bulak	Harnblase rechts v. Mesocolon. 28. X.
18	187	54.0	62.0	160.0	108.0	185.0	61.0	4.2	1.9	2.0	5.0	1.9	2.1	5.0	2.8	2.0	♀	Bulak	Harnblase rechts v. Mesocolon. 28. X.
19	146	45.0	48.0	125.0	92.0	98.0	31.5	4.2	2.0	2.5	4.5	1.5	2.0	3.2	2.2	1.5	♀	Bulak	Harnblase rechts v. Mesocolon. 29. X.
20	231	69.0	92.0	215.0	170.0	490.0	182.0	7.8	3.0	2.0	5.3	2.8	1.9	4.8	4.2	1.7	♀!	El. Mansura	Harnblase rechts v. Mesocolon. 23. XI.
21	189	59.5	60.0	167.0	121.0	236	92.0	7.0	2.0	2.7	5.2	1.8	2.2	4.2	3.5	1.5	♀!	El. Mansura	Harnblase rechts v. Mesocolon. 23. XI.
22	270	—	—	—	—	417.0	152.0	—	—	—	—	—	—	—	—	—	—	—	21. XII. Mantey lebend erh.

Bemerkungen zur Tabelle I.

1. Bis Nr. 4 incl. wurde der hintere Umfang vor den Bauchflossen, bei den folgenden vor der Analflosse gemessen.
2. Das Maass für die Lage der grössten Dicke ist von der Schnauzenspitze aus gemessen.
3. Die Rubrik für „Geschlecht" kann nur da als ganz zuverlässig gelten, wo ein Ausrufungszeichen bei dem Vermerk steht. Bei diesen wurden die Geschlechtsdrüsen mikroskopisch untersucht.

Tabelle II.

Organ-Wägungen im Verhältniss zum Körpergewicht.
Anordnung nach den Körperlängen.

Nr.	Körper-länge	Körper-gewicht	Relatives Organ-gewicht	Index	Kör-per-form
6	331	771	2.887	34.67	a
3	320	652	2.159	44.78	a
2	296	682	3.131	31.93	b
22	270	417	2.743	36.45	a
15	238	342	3.196	31.02	b
13	237	393	2.977	33.58	a
20	231	490	2.691	37.14	a
12	229	310	2.541	39.35	a
7	229	323	3.8 (?)	(26.31)	?
14	217	291	2.798	35.74	a
9	204	231	2.851	35.06	a
8	201	200	3.174	31.50	b
17	195	216	2.782	36.57	a
5	194	194	3.164	31.59	—
10	193	177	2.950	33.90	a
21	189	236	2.565	38.98	a
18	187	185	3.032	32.97	b
11	185	184	2.944	33.96	a
16	182	171	3.050	32.75	b
19	146	98	3.111	32.14	b
4	111	31	3.163	31.29	b
Durch-schnitt			3.106	34.769	

Recapitulation
d. rel. Org. Gew.

Form a	Form b
2.887	3.131
2.159	3.196
2.743	3.174
2.977	3.164
2.691	3.032
2.541	3.050
2.798	3.111
2.851	3.163
2.782	
2.950	
2.565	
2.944	

Verzeichniss der Abbildungen.

Fig. 9. Das Gehirn und verlängerte Mark von der Seite gesehen. (Vergr. 2).

B. ol = *Bulbus olfactorius*   L. i = *Lobus inferior*   hy = *Hypophysis*
n. e = *Nervus electricus*, sonst wie Fig. 8.

Fig. 10. Horizontaler Schnitt durch Gehirn und Rückenmark zur Orientirung über die Lage der elektrischen Ganglienzellen. (Vergr. 8).

c. e = Die beiden elektrischen Ganglienzellen; sonst wie Fig. 8.

TAFEL IV.

Fig. 11. Querschnitt des ganzen Fisches in der Gegend der Kiemenspalten. (Vergr. 6; Phot. mit Steinheil's Antiplanet No. 3.)

o = Elektrisches Organ	o. cl = *Os claviculare*	br = Kiemen
op = Kiemendeckel	t. R = Flockige Haut	cor = Herz
cr = Schädelkapsel	M = *Medulla oblongata*	mr = Gerader Bauchmuskel
o. ph = Untere Schlundknochen	au = Gehörorgan	fi = Eingekapselte Filarien
o. ph₁ = Obere Schlundknochen	oe = *Oesophagus*	

Fig. 12. Querschnitt durch die grösste Dicke des Körpers. (Wie Fig. 11).

cl = Wirbelsäule	reut = Magen i = Darm	max = Sogenannter Hautmuskel
M = *Medulla spinalis*	Ms = Obere Hauptlängsmuskeln	mr = Lange gerade Bauchmuskeln
r = Niere	Mi = Untere Hauptlängsmuskeln	mp = Obere Flossenmuskeln
v. n = Schwimmblase	md = Dorsale Längsmuskeln	c. l = Seitencanal
h = Leber	mc = Ventrale Längsmuskeln	fi = Eingekapselte Filarien

Fig. 13. Querschnitt durch den Enddarm etwas vor den Bauchflossen. (Wie Fig. 11 und 12).

ov = Ovarien	v. u = Harnblase	i = Enddarm
	mp₁ = Muskeln des hinteren Gürtels	

Fig. 14. Querschnitt hinter dem After. (Vergr. wie die vorigen; gleiche Bezeichnung).

Fig. 15. Querschnitt durch Fett- und After-Flosse. (Vergr. wie die vorigen).

p. ad = Fettflosse   p. a = Analflosse   mp₁ = Flossenträger-Muskeln

TAFEL V.

Fig. 16. Rechte elektrische Ganglienzelle. (Bals. Präp.; Vergr. 500; Seib. Obj. V; Oberh. Zeichen-App.).

n. e = Elektrische Nervenfaser   n. M = MAUTHNER'sche Faser   m = Breite Markfasern
gl = Neuroglia-Bündel   cas = Gefässe

Fig. 17. Linke elektrische Ganglienzelle aus demselben Rückenmark wie die Fig. 16 abgebildete. (Vergrösserung und Bezeichnung wie dort).

Fig. 18. Die beiden elektrischen Ganglienzellen mit ihren Commissuren, horizontal geschnitten. (Bals.-Präp.; Phot. mit Seib. Obj. ¹/₄"; Vergr. 300).

Fig. 19. Elektrische Ganglienzelle, sagittal geschnitten, mit dem Durchschnitt der Fussplatte des elektrischen Nerven; an letzterer der Stumpf der elektrischen Faser. Zellkörper und Fussplatte nur durch schmale Protoplasmafortsätze in Verbindung. (Bals.-Präp.; Phot. mit Seib. Obj. ¹/₄"; Vergr. 500).

TAFEL VI.

Fig. 20. Längsschnitt eines Hauptastes mit einem stark gewundenen Nebenast des elektrischen Nerven in theilweise gemeinsamen Scheiden. (Bals.-Präp.; Phot. mit Seib. Obj. ¹/₂"; Vergr. 150).

n. e = Stammfaser	c. e = concentrische Scheide des elektrischen Nerven
c. a = Axencylinder der Stammfaser	a. e = *Arteria electrica*
th = Theilungsstelle der Faser mit abgerissenem Stumpf	v. e = *Vena electrica* mit Blutgerinnsel erfüllt
n. e₁ = Abzweigung der Stammfaser mit den Scheiden	
Der Pfeil bezeichnet die Richtung vom Centrum zur Peripherie.	

Fig. 21. Querschnitt des Axencylinders der Stammfaser des elektrischen Nerven mit den inneren Scheiden. (Bals.-Präp.; Phot. mit Seib. Obj. ¹/₄"; Vergr. 500).

c. a = Axencylinder   v. m = Markscheide   c. r = Netzförmige Scheide
c. e = Concentrische Scheide   cas = *Vasa nervorum*

TAFEL VII.

Fig. 22. Querschnitt des ganzen elektrischen Nerven vor dem Abgeben von Aesten. (Bals.-Präp.; Phot. mit Seib. Obj. 1/2"; Vergr. 150).

$c.a$ = Axencylinder

$v.m$ = Markscheide

$v.r$ = Netzförmige Scheide

$v.c$ = Concentrische Scheide

$a.e$ = *Arteria electria*

n = Nervenfaserbündel

vas = *Vasa nervorum*

Fig. 23. Querschnitt des als Fig. 20 im Längsschnitt abgebildeten Hauptastes mit seiner Theilung. (Bals.-Präp.; Phot. mit Seib. Obj. 1/2"; Vergr. 150; Bezeichnung wie Fig. 22).

TAFEL VIII.

Fig. 24. Flächenansicht der Haut des *Malopterurus* mit einem Stück der Seitenlinie. (Unter der Lupe gezeichnet; Vergr. 16).

vil = Zotten

$l.l$ = Seitenlinie

s = Aufsatzröhren des Seitencanals

Fig. 25. Durchschnitt der äusseren Haut bis zum *Corium*. (Bals.-Präp.; Harta. Obj. V; Oberh. Zeichen-App.; Vergr. 350).

cut = Bindegewebsbalken des Corium

vil = Zotte, oben schräg geschnitten

ut = Schlauchförmige Einsenkungen der Epidermis

a = Kolbenzellen auf der Höhe der Entwickelung

b = Zurückgebildete, zusammengefallene Kolbenzellen

b_1 = Durch Ausfall eines Kolbens entstandene Lücke

c = Jugendliche Kolbenzellen

d = geschrumpfte Zellschüppchen der Oberfläche

e = Becherzellen

f = gewöhnliche Epidermiszellen

g = *Leukocyten*?

h = Oeffnungen von Becherzellen in abgetrennten Epithelfetzen von oben gesehen

Fig. 26. Epithel des Seitencanals mit Körnerzellen. (Bals.-Präp.; Leitz 1/16 h. J.; Oberh. Zeich.-App.; Vergr. 1000).

$c.gr$ = Körnerzellen

$t.e$ = Lockeres Bindegewebe

vas = Capillare mit rothen Blutkörperchen

$leuc$ = *Leukocyten*

TAFEL IX.

Fig. 27. Längsschnitt des Seitencanals von *Malopterurus* mit der ganzen Hautanlage und dem zwischen zugehörigen Fascien eingeschlossenen hinteren Ende des elektrischen Organs. (Bals.-Präp.; Hartn. Obj. II; Oberh. Zeich.-App.; Vergr. 70).

cut = Feste Bindegewebsschicht des Corium

x = Taubes Gewebe von festen Bindegewebsbalken durchsetzt

$ap.i$ = Innere Sehnenhaut durch Bindegewebszüge mit der äusseren Schicht in Verbindung

n = Durchtretender Nerv

ep = Epidermis

vil = Zotten

$c.l$ = Seitencanal

$col.t$ = Endhügel

ost = Osteoide Stützen der Wand

o = Electrisches Organ mit flach zur Oberfläche geordneten Platten

vas = Gefäss

Der Pfeil bezeichnet die Richtung vom Kopf zum Schwanz.

Fig. 28. Querschnitt des Seitencanals von *Malopterurus* durch eine Aufsatzröhre. (Bals.-Präp.; Hartn. Obj. IV; Ob. Zeich.-App.; Vergr. 170).

s = Aufsatzröhre

$c.b$ = Basalcanal

n_1 = Nerv zu einem Endhügel aufstrebend

Sonst wie Fig. 27.

$v.l.$ = Lymphgefässe mit Abzweigungen zu dem lockeren Gewebe um das Osteoid

n = Querschnitt des Hauptnerven für die Seitenorgane

TAFEL X.

Fig. 29. Längsschnitt eines Endhügels im Seitencanal. (Bals.-Präp.; Hartn. Obj. V; Ob. Zeich.-App.; Vergr. 350; Bezeichnung wie Fig. 28).

Fig. 30. Querschnitt des Seitencanals mit einem Endhügel. Das den Endhügel mit einem scharf vorspringendem Wulst überragende Epithel drängt weiter gegen das Lumen des Seitencanals vor als der Endhügel selbst. Die geschlossene Röhre des Osteoid's ist nur unten für den zutretenden Nerv durchbrochen, der sich noch im Querschnitt zeigt. (Bezeichnung wie Fig. 28).

Fig. 31. Feines Nervenästchen aus dem elektrischen Organ eines jugendlichen *Malopterurus* mit Ueberosmiumsäure behandelt, dann Gummi-Glyc. (Zeiss h. J. 1/12. Oc. 4; Vergr. 1555).

R = Ranvier'sche Einschnürungen

$v.H$ = Henle'sche Scheide

$v.Sch$ = Schwann'sche Scheide

$c.a$ = Axencylinder

u = Durch Osmium geschwärztes Mark

TAFEL XI.

Fig. 32. Querschnitt elektrischer Scheiben aus der Organmitte, eine darunter mit dem Stiel in voller Länge und dem von vorn herzutretenden Nerven. (Bals.-Präp.; Hartn. Obj. IV; Ob. Zeich.-App.; Vergr. 200).

Pl = Elektrische Scheiben
St = Stiel
F. Sch = Fach-Scheidewände

n = Nerv zum Stiel tretend
vas = Gefäss
nn = Doppelkerne

Der Pfeil vom Kopf zum Schwanz gerichtet. Die Strichelung der Scheibenränder nach Glycerin-Präparaten ergänzt.

Fig. 33. Querschnitt elektrischer Scheiben vom Organende neben der Fettflosse mit widersinnig gestellten Elementen, welche gegen die von der inneren Aponeurose aufsteigenden Bindegewebszüge andrängen. (Glyc.-Präp.; Leitz III; Oberh. Zeich.-App.; Vergr. 120).

Pl = Elektrische Scheiben
† = Zwei Scheiben dos-à-dos
* = Fast entgegengesetzt zum Normalen gerichtete Platten
? = Lücke einer wahrscheinlich bei Lebzeiten des Thieres
zu Grunde gegangenen Scheibe

t. R = Flockige Haut
ap. i = Innere Sehnenhaut
n = Nerv im Organ
vas = Aeste der elektrischen Gefässe

Der Pfeil vom Kopf zum Schwanz gerichtet. Bei Glycerin-Präparaten wird das Schleimgewebe vor den elektrischen Scheiben deutlicher als im Balsam.

TAFEL XII.

Fig. 34. Querschnitt des Kraters einer elektrischen Scheibe mit Stiel und Nerv, darunter die Fach-scheidewand, an welcher die Scheibe durch reticuläres Gewebe locker befestigt ist. (Glyc.-Präp.; Hartn. VII; Ober. Zeich.-App., Vergr. 1200).

K = Krater der Scheibe
Pl = Substanz   *St* = Stiel
F. Sch = Fach-Scheidewand
n = Nerv des Stieles
v. Sch = SCHWANN'sche Scheide
v. H = HENLE'sche Scheide

Die Richtung des Pfeiles vom Kopf zum Schwanz.

Fig. 35. Querschnitt eines Stückes der elektrischen Scheibe mit theilweise abgelöster Cuticula. Auf der hinteren Seite sind einige Bündel der Fach-scheidewand erhalten. (Glyc.-Präp.; Leitz $\frac{1}{20}$ h. J.; Ober. Zeich.-App.; Vergr. 1820.)

Pl = Plattensubstanz
cutic = Cuticula der Scheibe

gr. = Ausgeschiedene Granula in der Scheibensubstanz
F. Sch = Fachscheidewand

Fig. 36. Ein vom Nerv abgerissener Stiel einer elektrischen Scheibe, in dem fibrilläre Streifung sichtbar geworden ist, aus demselben Präparat wie das als Fig. 31 abgebildete Nervenästchen. (Jugendliches Individuum, frisch in Ueberosminmsäure zerzupft, dann Gummi-Glyc.; Zeiss $\frac{1}{12}$ h. J. Oc. 4. Vergr. 1600.)

c. a = Der schon stark gequollene Axen-
cylinder sich bei
th = nochmals theilend

St } = Stiele zweier benachbarter Scheiben
St }
v. Sch = Fortsetzung der SCHWANN'schen
Scheide, zerrissen

Die beiden Enden des Nerven und des Stieles weit von einander entfernt.

Verzeichniss der im Text berücksichtigten Literatur.

1. BILHARZ. Das elektrische Organ des Zitterwelses. Leipzig 1857.
2. E. du BOIS-REYMOND. Dr. SACHSS' Untersuchungen am Zitteraal. Berlin 1881.
— Gesammelte Abhandlungen. Bd. II. Berlin.
— Quae apud veteres de piscibus electricis exstant argumenta. Diss. inaug. med. Berolini 1843.
— Zur Geschichte der Entdeckungen am Zitterwelse *(Malopterurus electricus)*. Arch. f. Anat. u. Phys. 1859.
— Ueber die Fortpflanzung des Zitteraales. Arch. f. Anat. u. Phys. 1882.
BABUCHIN. Entwickelung der elektrischen Organe und Bedeutung der motorischen Endplatten. Centralbl. f. die medizin. Wissenschaften. 1870.
— Ueber den Bau der elektrischen Organe beim Zitterwels. Centralbl. f. die medizin. Wissenschaften. 1875.
— Uebersicht der neuen Untersuchungen über Entwickelung, Bau und physiologische Verhältnisse der elektrischen und pseudo-elektrischen Organe. Arch. f. Anat. u. Phys. 1876.
— Beobachtungen und Versuche am Zitterwelse und Mormyrus des Niles. Arch. f. Physiol. 1877.
4. BOLL. Die Structur der elektrischen Platten von *Malopterurus*. Arch. f. mikrosk. Anatomie. 1873.
5. MAX SCHULTZE. Zur Kenntniss der elektrischen Organe der Fische. Abhandl. d. Naturforsch. Gesellsch. i. Halle. Bd. IV. 1858.
— Die kolbenförmigen Gebilde in der Haut von *Petromyzon* und ihr Verhalten im polaris. Licht. Arch. f. Anat. u. Phys. 1861.
6. R. HARTMANN. Bemerkungen über die elektrischen Organe der Fische. Arch. f. Anat. u. Phys. 1861 u. 62.
7. ÉTIENNE GEOFFROY ST. HILAIRE. Annales du Muséum d'histoire naturelle. Tom. I. 1802.
— Description de l'Egypte etc. Tom. 24 Zoologie. Paris. Imp. de Panckoucke 1829.
8. PACINI. Sopra organo elettrico del Siluro elettrico del Nilo, comparato a quello della Torpedine e del Gimnoto, e sull apparecchio di Weber nel Siluro, comparato a quello dei Ciprini. Bologna 1846. (Annali delle scienze naturali. Luglio 1846.)
9. MARCUSEN. Mittheilung über das elektrische Organ des Zitterwelses. Mélanges biologiques. T. II. Bulletin de la classe phys.-math. de l'Ac. imp. de St. Petersbourg. 1853.
10. PETERS. Ueber den in Moçambique vorkommenden Zitterwels. Monatsberichte der Königl. Akad. d. Wissensch. Januar 1868.
— Naturwissenschaftl. Reise nach Mossambique. Zoolog. IV. Flussfische. Berlin 1868.
— Arch. f. Anat. u. Phys. 1845.
11. SIHLEANU. De Pesci elettrici e pseudo-elettrici. Napoli 1876.
12. W. KRAUSE. Die Nervenendigung im elektrischen Organ. Internationale Monatschr. f. Anat. u. Hist. 1886. Bd. III. Heft 8.
13. BREHM. Thierleben. Abtheil. III. Bd. 2. Die Fische.
14. Relation d'Égypte par ABD-ALLATIF, médecin Arabe de Bagdad. Traduction de M. Silvestre de Sacy. Paris 1810.
15. GODIGNO. De Abassiniorum rebus deque Aethiopiae patriarchis libri tres. Lugduni 1615.
16. ADANSON. Reise nach Senegall übersetzt von Martini. Brandenburg 1773.
17. FORSKÅL. Descriptio animalium, quae itineri orientali observavit. Herausgegeb. von NIEBUHR. Kopenhagen 1775.
18. TUCKEY. Narrative of an Expedition to explore the river Zaire, usually called the Congo. London 1818.
19. MURRAY. The Edinburgh New Philosophical Journal. New Series 1855. Vol. II u. Vol. III.
20. GÜNTHER. Catalogue of the Fishes in the British-Museum.
21. SAUVAGE. Étude sur la Faune ichthyologique de l'Ogôoue. Nouvelles Archives du Muséum d'histoire naturelle. II. Série. Paris 1880.
22. ROCHEBRUNE. Faune de la Séuégambie. Paris 1883.
23. STANNIUS. Ueber das peripherische Nervensystem der Fische.
24. GEGENBAUR. Untersuchungen zur vergleich. Anatomie der Wirbelthiere. Leipzig 1872.
25. VICTOR ROHON. Untersuchungen über *Amphioxus lanceolatus*. Denkschriften der Kaiserlich. Akad. d. Wissensch. zu Wien. Bd. 45.
26. LEYDIG. Untersuchungen zur Anatomie u. Histologie der Thiere. Bonn 1883.
— Ueber Organe eines sechsten Sinnes. Verhandl. d. Leopoldino-Car. Dresden 1868.
— Lehrbuch der Histologie des Menschen u. der Thiere. 1857.
— Ueber die Haut einiger Süsswasserfische. Zeitschr. f. wissensch. Zoologie. 1851.
— Neue Beiträge zur Kenntniss der Hautdecke und Hautsinnesorgane der Fische. Halle'sche naturforsch. Gesellsch. Jubiläumsschr. 1879.

27. FRANZ EILHARD SCHULZE. Epithel und Drüsenzellen. Arch. f. mikroskop. Anat. 1867.

28. KÖLLIKER. Untersuchungen zur vergleichenden Gewebelehre. Verhandl. d. physik.-mediz. Gesellsch. in Würzburg. Bd. VII. 1856.
— Würzburger naturwissenschaftliche Zeitschr. Bd. 1.

29. LANGERHANS. Untersuchungen über *Petromyzon Planeri*.

30. FÖTTINGER. Recherches sur la structure de l'épiderme des Cyclostomes. Bullet. de l'Académie royale de Belgique 2me série. t. LXI. 1876.

31. LIST. Studien au Epithelien. Arch. f. mikrosk. Anat. 1885.

32. G. RETZIUS. Das Gehörorgan der Wirbelthiere. Stockholm 1881.

33. SOLGER. Neue Untersuchungen zur Anatomie der Seitenorgane der Fische. Arch. f. mikrosk. Anat. Bd. XVIII. 1880.

34. MALBRANC. Bemerkung betreffend die Sinnesorgane der Seitenlinie bei Amphibien. Centralbl. f. d. medizin. Wissensch. 1875.
— Von der Seitenlinie und ihren Sinnesorganen bei Amphibien. Zeitschr. f. wissenschaftl. Zool. Bd. XXVI. 1875.

35. STÖHR. Ueber die peripheren Lymphdrüsen. Sitzungsberichte d. physik.-med. Gesellsch. zu Würzburg. 1883.

36. GUSTAV FRITSCH. Untersuchungen über den feineren Bau des Fischgehirns. Berlin 1878.
— Die elektrischen Fische im Lichte der Descendenzlehre. Samml. gemeinverständl. wissensch. Vorträge, herausgeg. v. Virchow u. Holtzendorff. Berlin 1884.
— Dr. SACHSS' Untersuchungen am Zitteraal, bearbeitet von E. DU BOIS-REYMOND. Anhang I u. II.
— Ueber den Angelapparat von *Lophius piscatorius*. Verhandl. d. Königl. Akad. d. Wissenschaften. Berlin 1884.
— Ueber einige bemerkenswerthe Elemente des Nervensystems von *Lophius piscatorius*. Arch. f. mikrosk. Anatomie 1886.

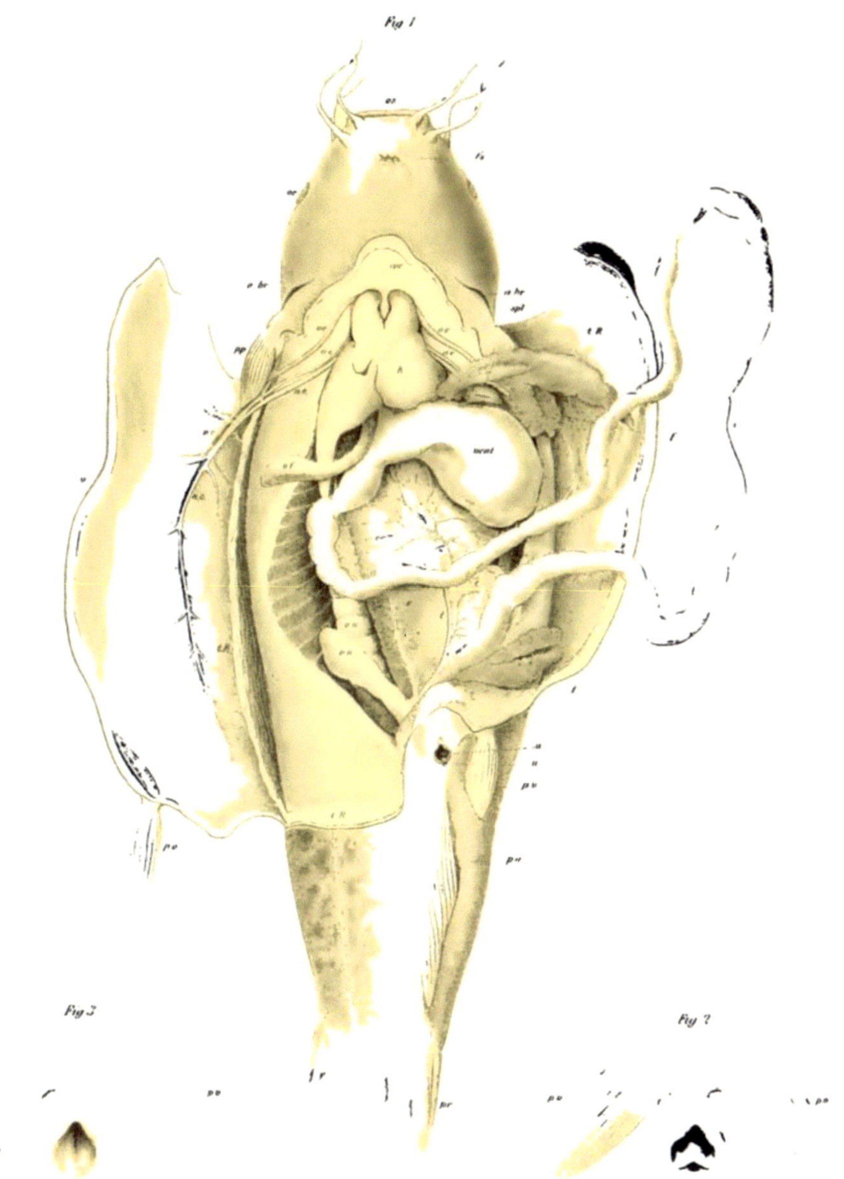
Fig. 1
Fig. 3
Fig. 2

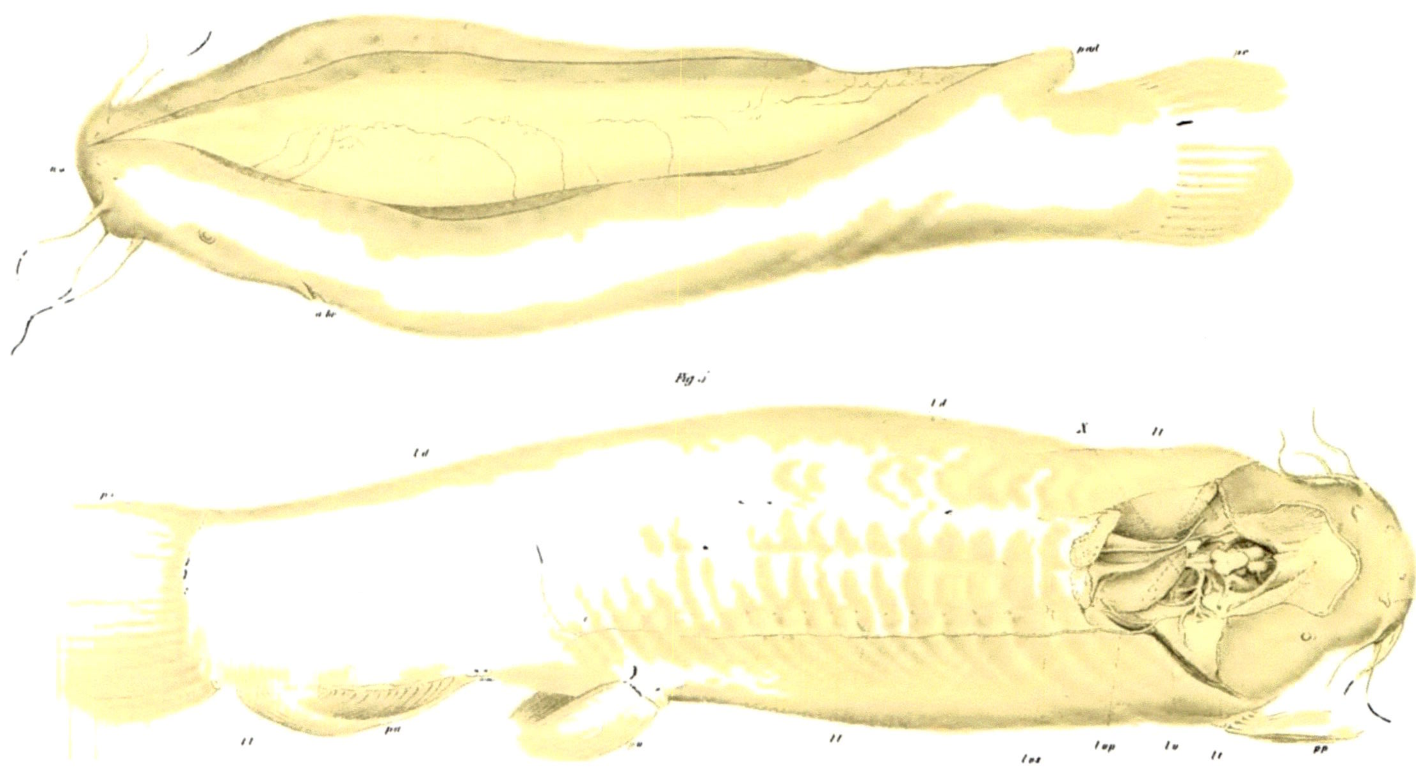
Fig 4
Fig 5

Taf. III

Fritsch Elektrische Fische I

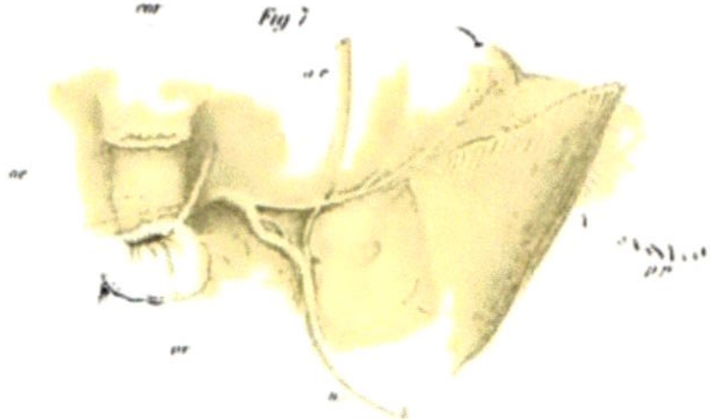

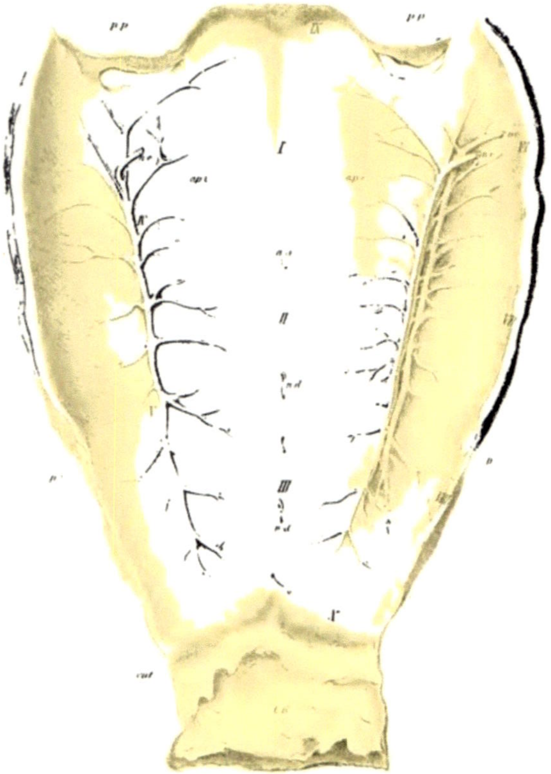

Fig. 8

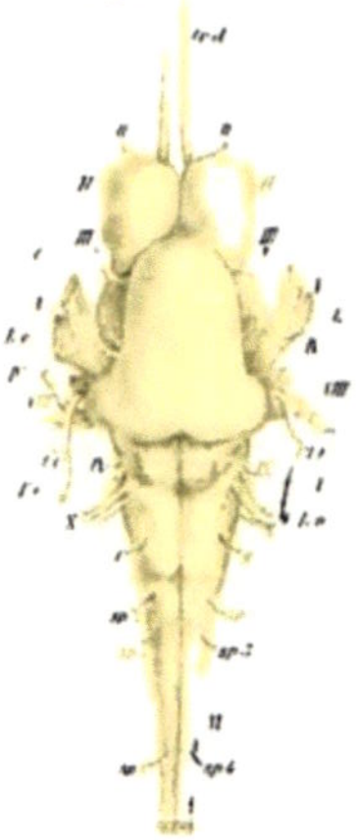

Fig. 9

Fig. 6

Fig. 7

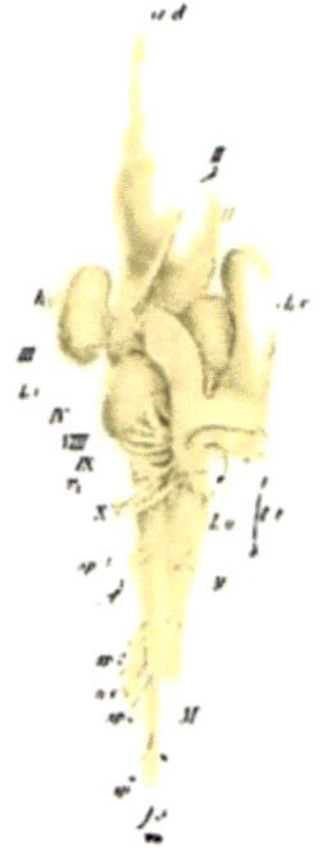

Fig. 10

Verlag Veit & Comp.

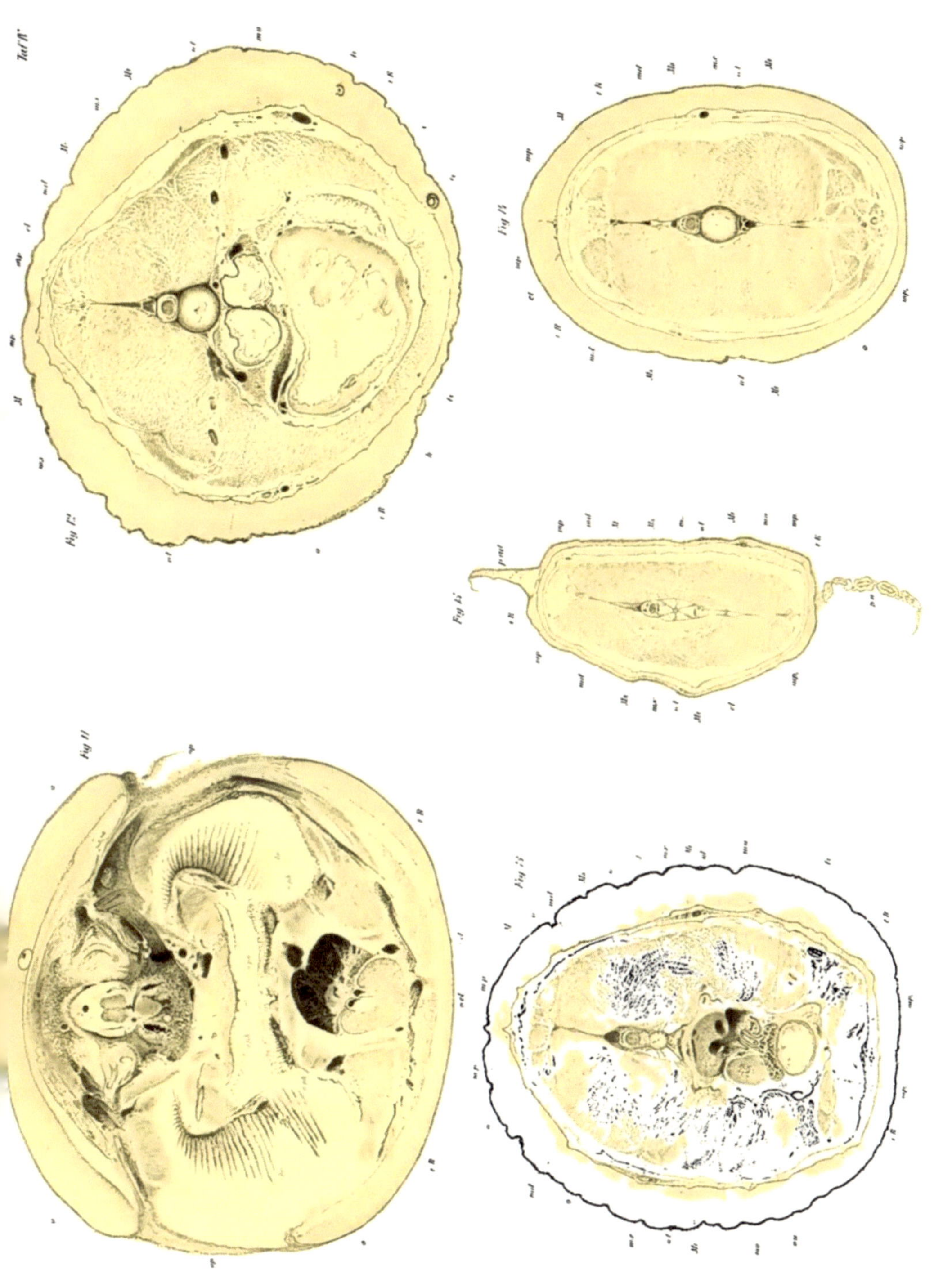

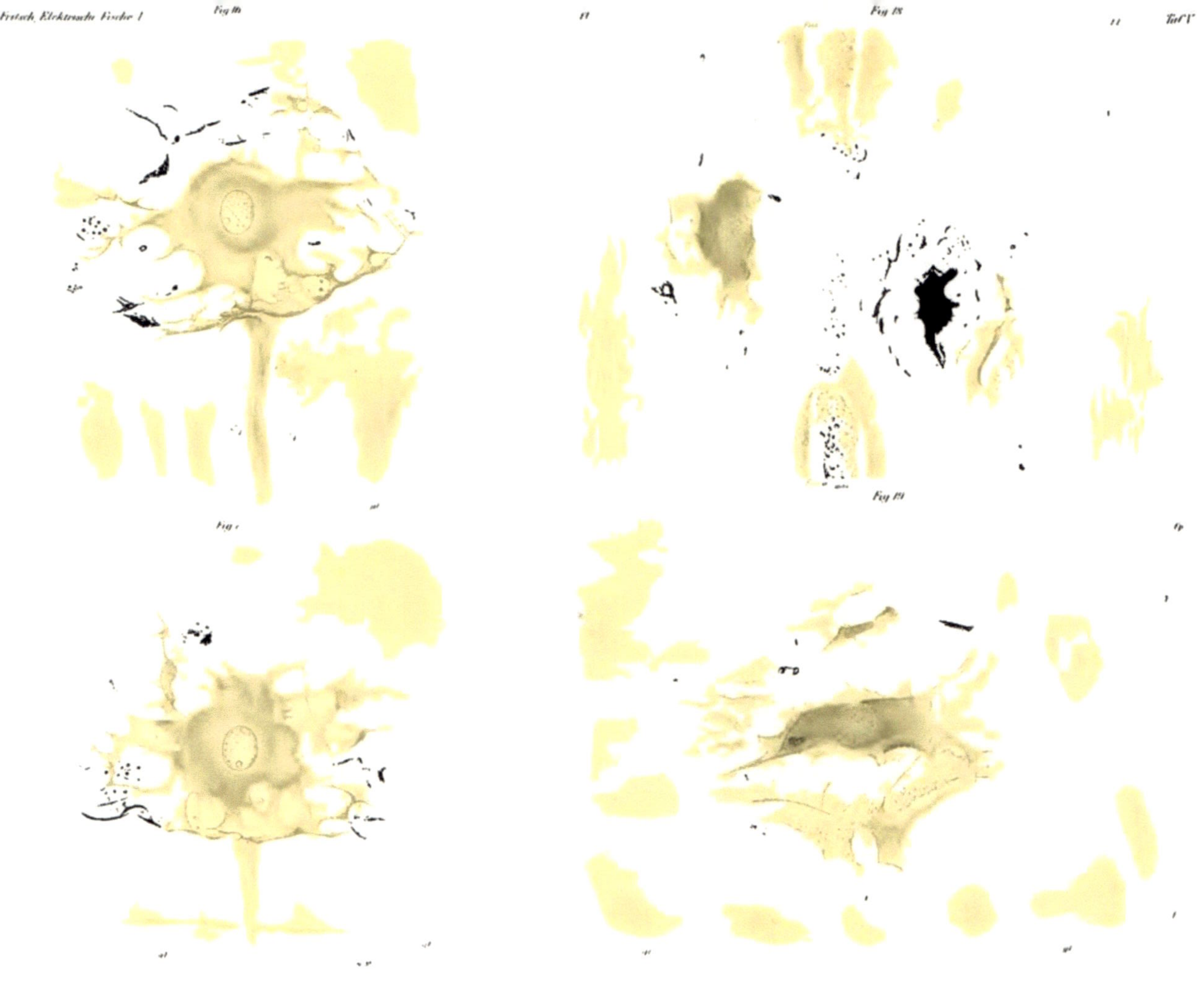
Fritsch. Elektrische Fische I
Fig 20
Fig 18
Taf V
Fig 19
Fig 21
Veit & Comp

Fig. 20

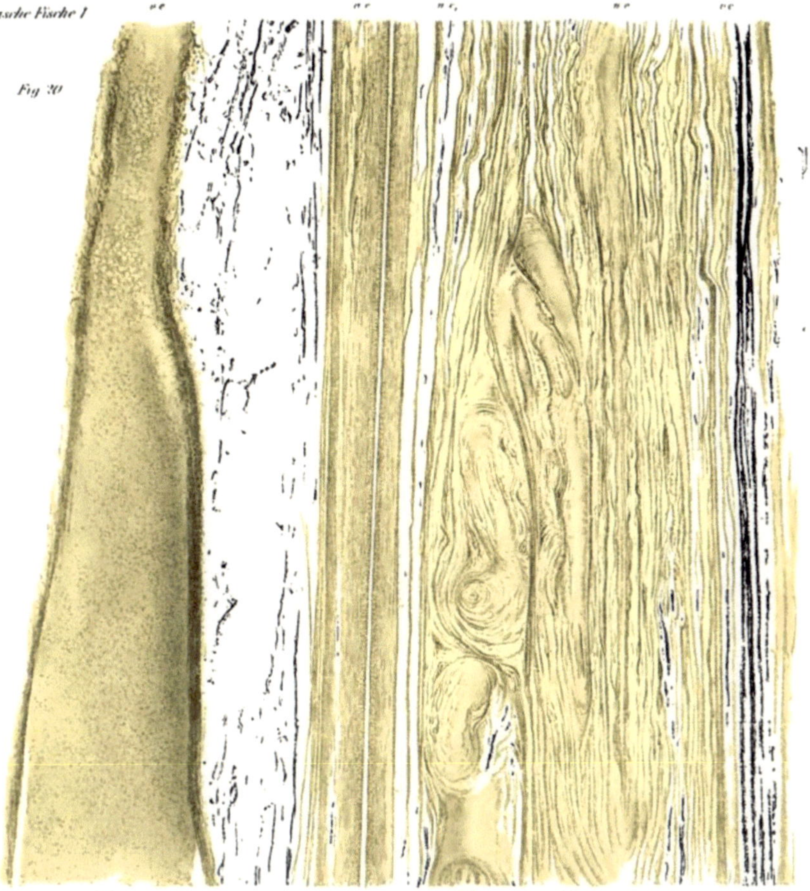

Fig. 21

Verlag Veit & Comp. Leipzig

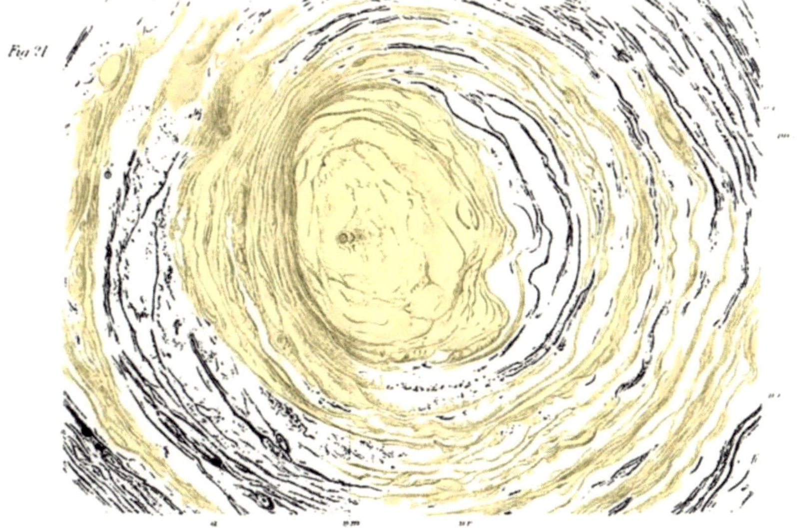

Fig 22

Fig 23

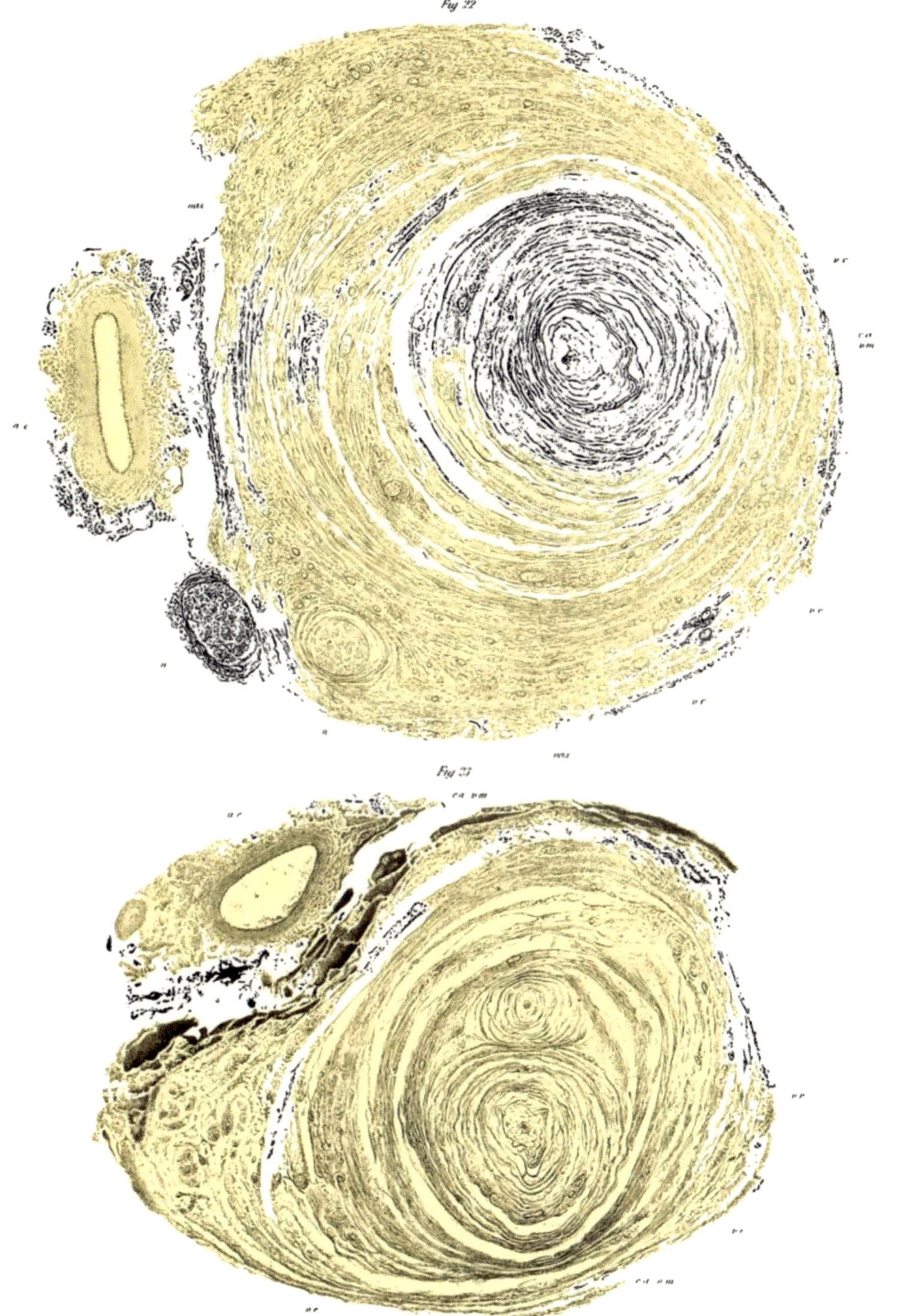

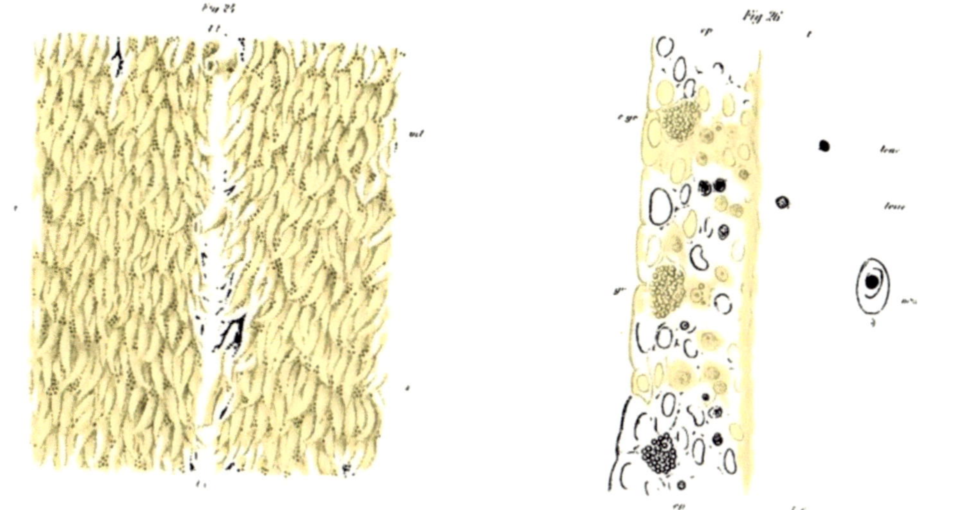
Fig 24
Fig 26

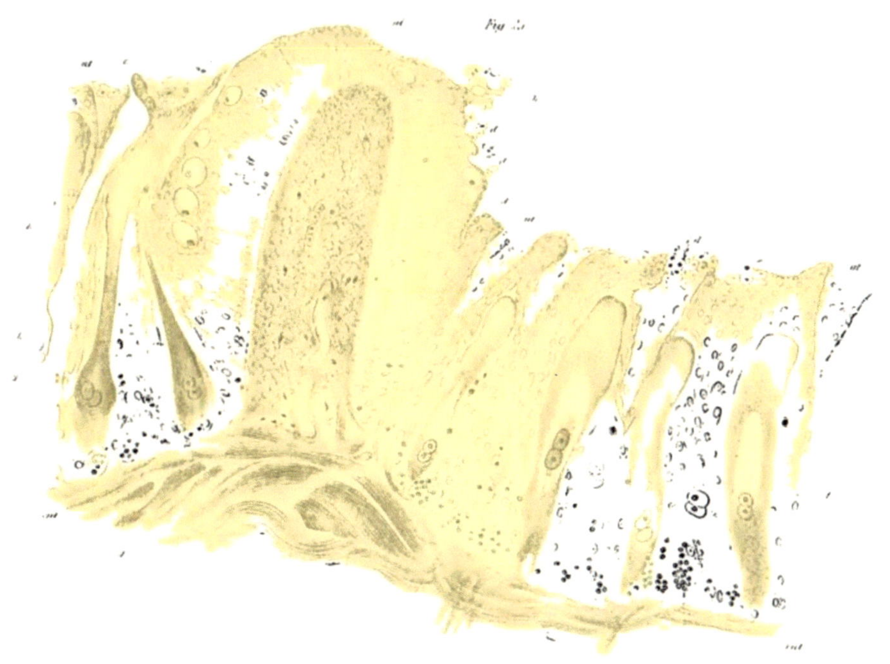
Fig 25

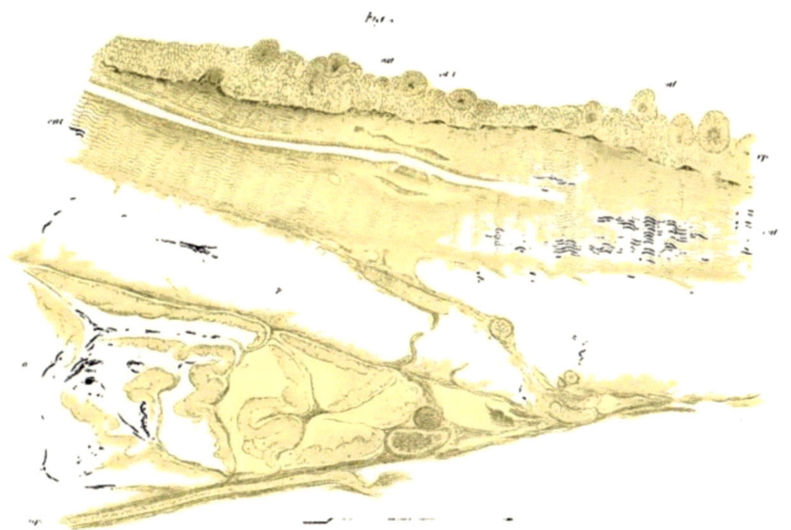

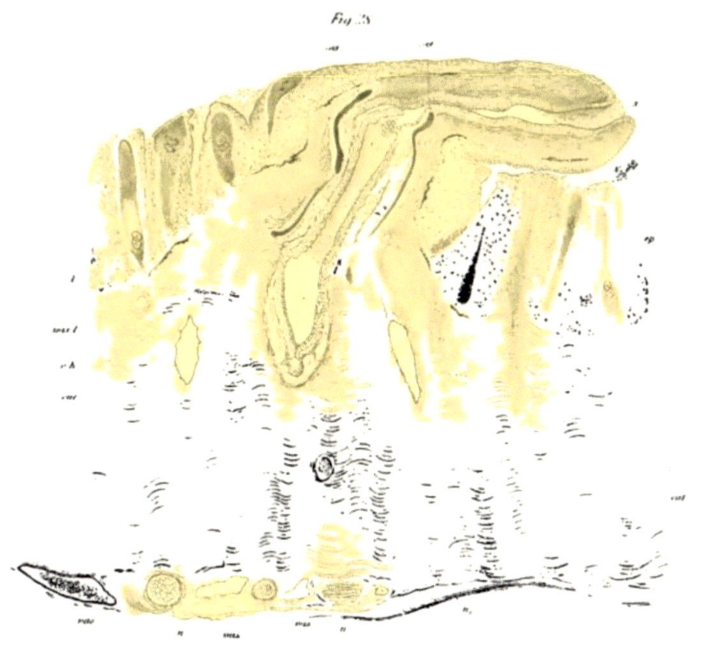

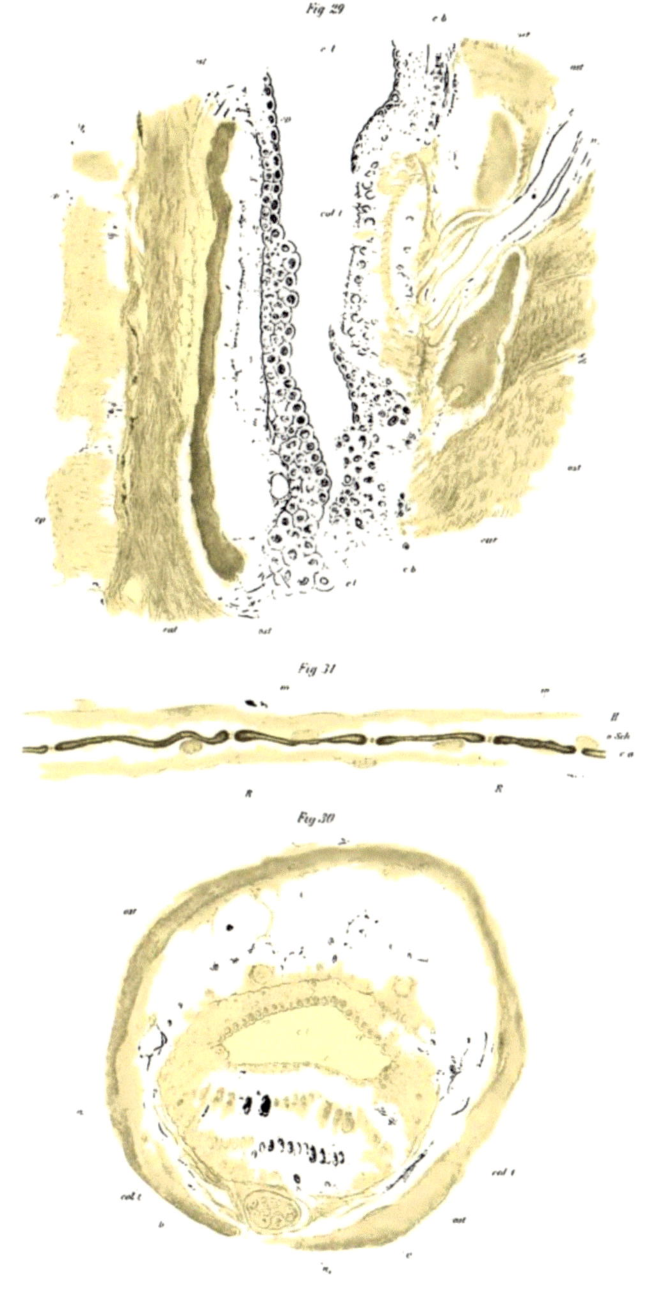

Fig 29
Fig 31
Fig 30

Fig. 33

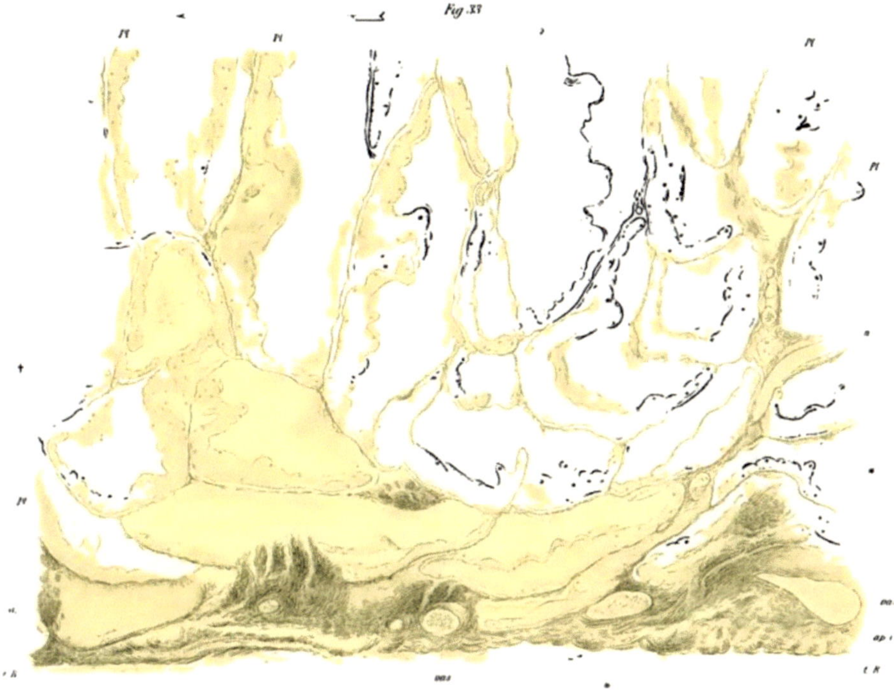

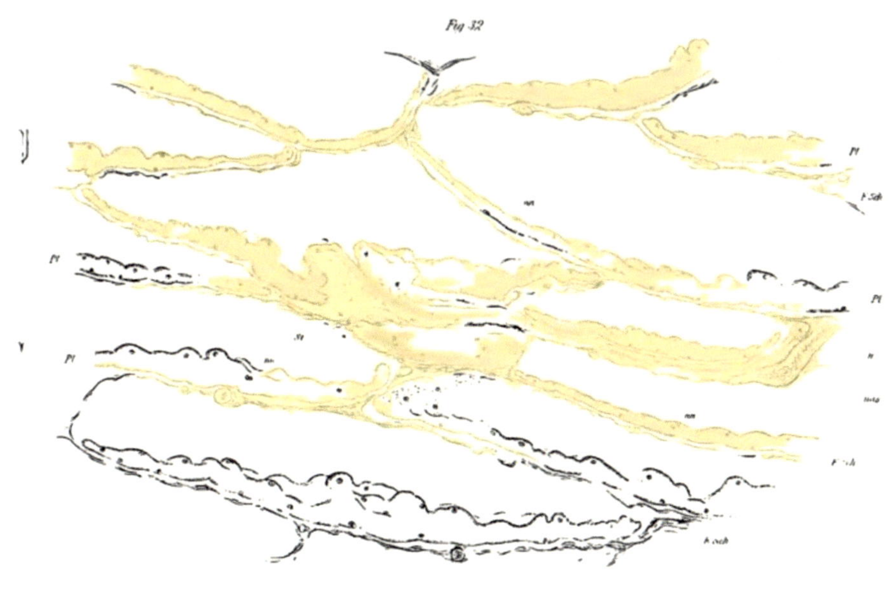

Fig. 32

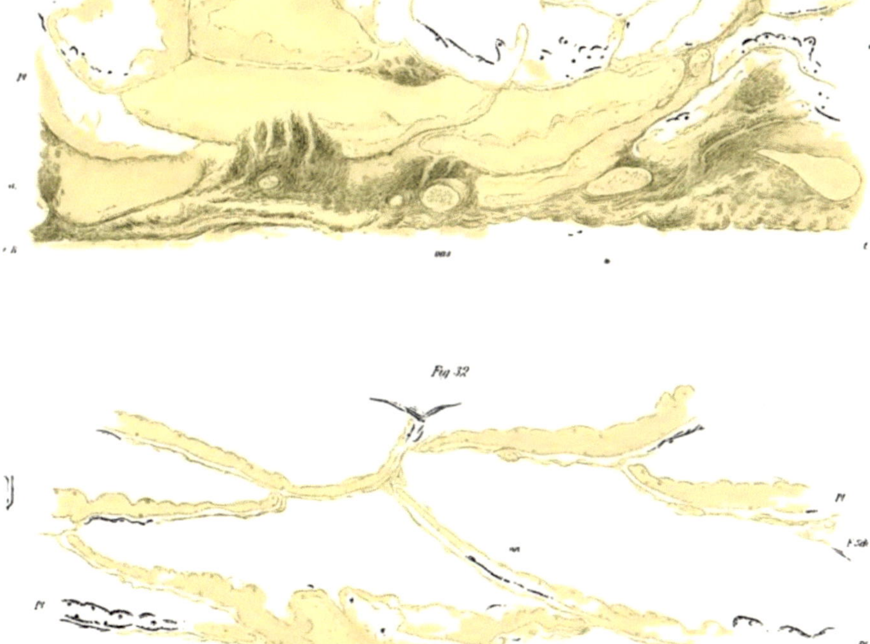

Vest & Comp.

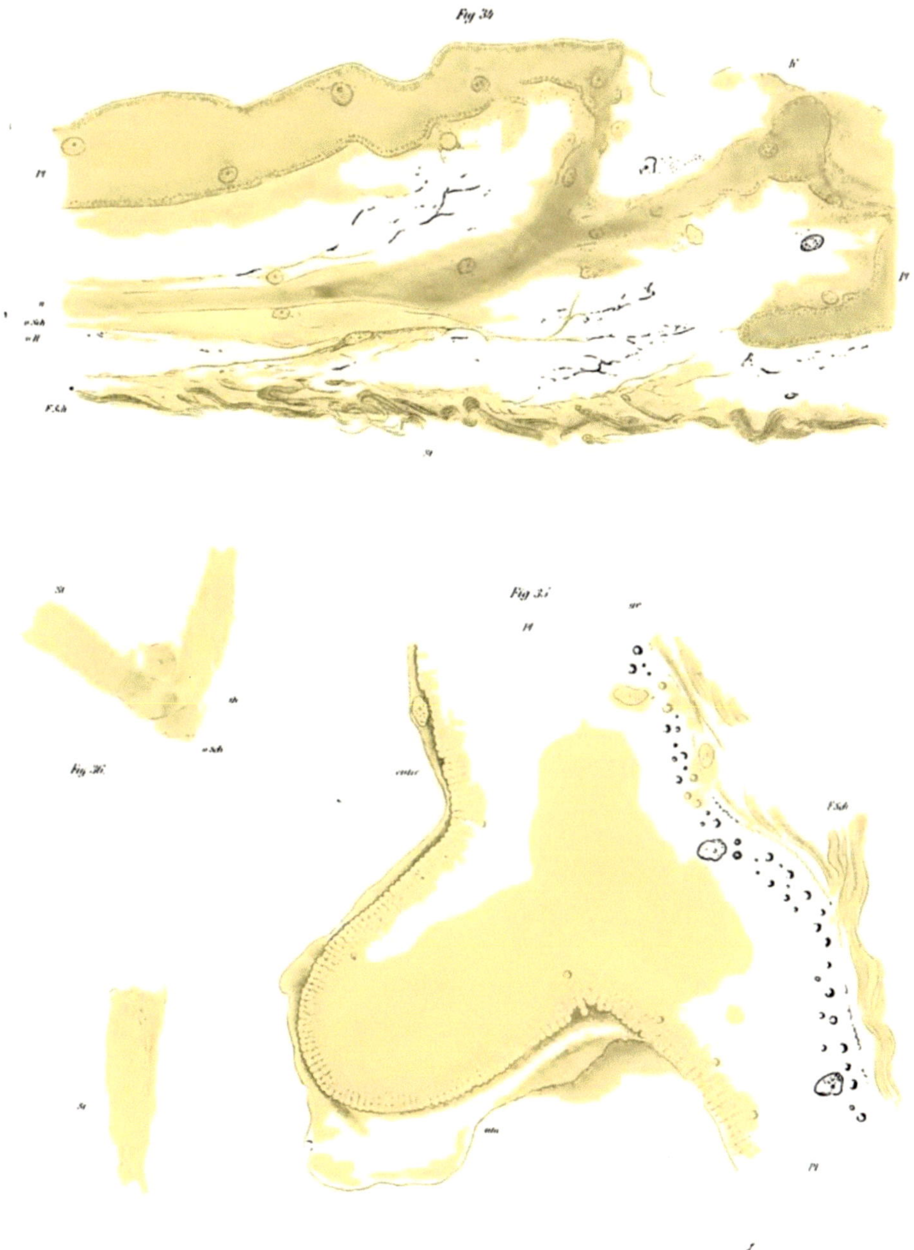
Fig. 34
Fig. 35
Fig. 36